U0362986

化学，不纯粹的科学

（第二版）

［法］贝尔纳黛特·邦索德·文森特

［法］乔纳森·西蒙 　　　　　　著

贾向娜　译

北京邮电大学出版社
www.buptpress.com

著作权合同登记号　图字：01－2018－3283

图书在版编目（CIP）数据

化学，不纯粹的科学／（法）贝尔纳黛特·邦索德·文森特，（法）乔纳森·西蒙著；贾向娜译. ——2版. ——北京：北京邮电大学出版社，2018.8

ISBN 978-7-5635-5467-6

Ⅰ.①化… Ⅱ.①贝…②乔…③贾… Ⅲ.①化学—研究 Ⅳ.①06

中国版本图书馆 CIP 数据核字（2018）第 133574 号

书　　名：化学，不纯粹的科学（第二版）
作　　者：［法］贝尔纳黛特·邦索德·文森特（Bernadette Bensaude - Vincent），［法］乔纳森·西蒙（Jonathan Simon）
译　　者：贾向娜
责任编辑：徐振华
出版发行：北京邮电大学出版社
社　　址：北京市海淀区西土城路 10 号（100876）
发 行 部：电话 010－62282185　传真：010－62283578
E - mail：publish@ bupt. edu. cn
经　　销：各地新华书店
印　　刷：北京财经印刷厂
开　　本：710mm×1000mm　1/16
印　　张：18.5
字　　数：225 千字
印　　数：1—5000 册
版　　次：2018 年 8 月第 1 版　2018 年 8 月第 1 次印刷

ISBN 978-7-5635-5467-6　　　　　　定价：49.80 元

如对本书有意见和建议或本书有印装问题，请致电 010－50976448

前　言

　　我们非常高兴看到《化学，不纯粹的科学》这本书第二版的问世，关于这本书，我们从哲学领域和化学领域的同事们那里获得了众多的正面反馈，这也更加坚定了我们关于化学哲学是一个特别有活力和有前途的研究领域的信念。诚然，并不是所有读者都赞同我们的研究方法，不过，正是读者的批判性反应让我们再次确信，我们在本书中所呈现的立场得到了广泛关注。在仔细阅读本书第一版内容后，我们发现其中存在一些错误，有些是因粗心大意所致，有些是因不明真相所致，于是，在本次出版时，我们对这些错误一一进行了纠正。我们也对参考文献进行了扩充，特别增加了罗姆·哈瑞(Rom Harre)在有关因果结构关系的文章中提出的关于"可供性"的想法。

　　在当今已然是跨学科的学术世界大背景下，我们或许会问：本书围绕化学在现代世界中所处的地位而提出的核心问题是否仍然有讨论的价值？许多化学学者已经摒弃传统学科界限的束缚，譬如他们把目光投向了合成生物学，在那里他们可以继续追逐昔日的梦想，即在实验室中利用合成DNA来创造生命。那么，化学学科这个分类还有意义吗？尽管对如何恰当回答这个问题存有疑虑，不过，最近却已有新闻开始支持对化学给予特别关注。2011年10月6日，法国国会投票决定禁止使

用双酚 A(曾广泛应用于各种塑料制品当中,对健康存在一定危害),
2014 年开始生效。在立法委员们转而反对双酚 A 的同时,"绿色化学"
的观念似乎也已经无处不在、无人不晓,从政府到企业再到基层草根群
众维权组织,都在撰文和谈论应该减少人类活动对环境造成的影响,这
其中也包括合成化学物质所造成的影响。然而,与此同时,每年单在美
国就有超过 300 万吨的聚氯乙烯(PVC)塑料被废弃。① 这些聚氯乙烯
塑料大部分被丢弃在垃圾填埋场,它的自然降解极其缓慢,需要经历长
达数个世纪的时间,降解过程中会伴随邻苯二甲酸类物质的释放,并浸
入周围的土壤当中,而聚氯乙烯也仅仅是几百种大量生产的合成聚合
物塑料中的一种,这些塑料都有着相似的特性。

　　在大家一致论述环境保护的重要性的同时,具有潜在危害的合成
材料用量持续不断地增长,这种理论与现实之间的巨大差距是一种讽
刺,也让人们深感不安。所以,这个现实传递出两层信息:一方面表示
问题已在掌控之中;另一方面也说明,如何解决合成废物问题实则变得
日渐紧迫。对此,以绿色化学和其他将科学创新或技术创新与沟通策
略巧妙结合的环境敏感型科学为范例,化学工业做出了完美的回应。
公众不断询问和猜测:到底何时陈旧有害的化学才能消失并被新的无
害化学所取代? 与此同时,他们也不断得到来自化学工业界信誓旦旦
的保证:总有一天会实现无害化学。持怀疑论者则认为,所有这些"绿
色生产"的说辞存在极大的"漂绿"(即洗白)嫌疑,是利用环境治理的
概念来粉饰和掩盖一切照旧的危险性和污染。

　　但是,环境保护主义者的批判与它所谴责的工业立场一样都是非
常极端的。工业研究与开发确实越来越多地开始考虑各种化学过程对
环境造成的影响,并且以减少废物和提高生物降解能力为研发目标,但

---

① 数据来源:洁净空气净化委员会网站 http://www.cleanair.org/

是这种做法离工业生产政策的颁布还有很长的路要走。譬如,在饮料售卖点用纸质咖啡杯取代原来的塑料咖啡杯毫无疑问是个好主意,然而这并不是合成化学工业对环境问题给出的全局性解决方案。

在本书的结论部分,我们提倡一种上游伦理精神:化学家们需要为他们制造的化合物负责,在毫无限制地生产新合成化学品之前需要学会首先问一问是否真的有必要。不过,本书的贡献却不应该仅止于这个结论,我们的主要目标是反思化学的本质。通过探究化学的历史和随着时间推移在历史进程中反复出现的化学相关形象,我们希望让化学生产者和消费者们清醒认识到化学在当今以及过去的社会中所处的地位。化学不是毁坏自然界无形的恶魔,也不是人类的实体化的拯救者,它是一门具有丰富历史的学科、一门生产性实存的科学。化学如同人类努力探索的许多其他领域一样,也是我们人类创造的。今天,“化学改变生活”这个引自1935年杜邦公司的广告语似乎更适合用于反讽如今不甚健康的现代世界。对本书提出的很多问题经过一番思考之后,我们希望读者朋友们可以看到,对化学本质更好的理解有助于这门学科的重构,或许能再次将这门不纯粹的科学融入人类文明的美好未来中。

总之,我们不认为化学是一个随时间推移可无限期追溯到古代的固定不变的科学研究领域。相反,化学作为一门学科,一直在发生着变化,有相对稳定的时期,也有快速重构时期。似乎随着纳米科学的到来,我们正在经历该领域发生的一个极富戏剧性的转变,一个或许能够看到各大学校园中化学系就此结束的转变,比如被合并到纳米研究所等科研教学单位。如果真的发生这种事情,我们需要记住从化学史中学习到的哲学经验与教训。

致　谢

　　本书第一作者贝尔纳黛特·邦索德·文森特(Bernadette Bensaude Vincent)想借此机会感谢伊莎贝尔·斯坦格(Isabelle Stengers)持续不断的启迪和知识援助。同时文森特对所有那些参加她在巴黎第十大学楠泰尔大学哲学系所做的化学史年度系列讲座的老师和同学表示感谢。讲座带来的思考和专家意见对本书的撰写贡献很大。本书也受益于对几个化学家特别是赫维·巴特(Hervé Arribart)、雅克·利沃(Jacques Livage)、米歇·普沃尔(Michel Pouchard)和乔治·怀特赛兹(George Whitesides)等人的采访以及与同事的协作,尤其是威廉·纽曼(William Newman)和阿恩·黑森布鲁赫(Arne Hessenbruch),他们与贝尔纳黛特·邦索德·文森特对不纯粹科学有着共同的兴趣。

　　本书第二作者乔纳森·西蒙(Jonathan Simon)非常感谢来自匹茨堡大学的特德·麦圭尔(Ted McGuire)和彼得·马切姆(Peter Machamer)助他一臂之力。他也对弗里茨·林格(Fritz Ringer)表示深深的感谢,而弗里茨·林格的早逝使学术界损失了一位学术严谨的知识分子典范。他自然也不会忘记自己门下的研究生们,特别要提到的是奥弗·盖尔(Ofer Gal)、安德·伍迪(Andrea Woody)、西尔·维亚(Silvia Castro)、威廉·萨瑟兰(William Sutherland)、瑞秋·安克尼(Rachel Ankeny)、希瑟・道格拉斯(Heather Douglas)以及米歇尔・詹森(Michel Janssen)。也许他们并不想在这里被提及,不过约翰・沃尔(John Worrall)、约翰・厄尔曼(John Earman)、约翰・诺顿(John Norton)和格莱・莫尔(Clark Glymour)的确在一定程度上影响了作者对科学哲学视角的形成。在漫长而充满不确定性的求职道路上,作者得到了来自汉斯・莱茵贝格尔(Hans-Jörg Rheinberger)、戴尔芬・戈德(Delphine Gardey)、尼克・拉斯姆森(Nic Rasmussen)、让・保罗・戈迪埃(Jean-Paul Gaudillière)、沃尔克・赫斯(Volker Hess)、帕特丽卡・耶(Patricia Caillé)、阿克赛尔・汉德尔罗(Axel Hüntelmann)、约翰・切科蒂(John Ceccatti)和克里斯蒂安・博纳(Christian Bonah)等人的支持和鼓励,在此感谢他们。

　　本书两位作者同时感谢"圈中的思维阻碍者"系列的编辑菲利普(Phillippe Pignarre)以及 Seuil 出版社,感谢他们授权使用贝尔纳黛特・邦索德・文森特的著作《谁感到害怕化学?》(*Faut-il avoir peur de la chimie?*)(巴黎 Seuil 出版社,2005 年出版),这本著作是撰写本书的基础参考资料。

　　我们非常高兴本次出版能将一些插图包括在书中,这些插图的作用已经远远超过了可有可无的附带性说明,而且从形式、内容表达上为本书增添了一抹重彩。在组织编排这些插图时,我们得到了以下单位及工作人员的帮助:费城化学遗产基金会、赢创工业(Evonik Industries)的伊娃・维蒂希(Eva Wittig)、葡萄牙里斯本大学科学博物馆的玛尔塔・洛朗(Marta Lourengo)、英格兰国立医学研究所的米歇尔・格林(Michael Green)和弗兰克・诺曼(Frank Norman)以及来自斯特拉斯堡国立大学图书馆和文献编集服务社的工作人员。同时也感谢来自里昂大学药学院的安尼・邓希尔(Anne Denuziere)提供离子的分析信息。最后,我们感谢帝国学院出版社(Imperial College Press)的编辑团队,特

别要感谢塔沙·克鲁兹(Tasha D'Cruz)负责关照这本书出版的各种具
体事宜。

贝尔纳黛特·邦索德·文森特和乔纳森·西蒙

2012 年 5 月

目　录

第 1 章

引言:化学及其招致的不满

　　环视四周,看一看有多少东西是合成化学品? 当然,对这个问题的回答取决于你置身在什么地方。对于那些有幸徒步穿越哥斯达黎加雨林的读者,或许你们身上穿的衣服正是合成化学品,而本书中显示每个字符所用的笔墨也是合成化学品。在家、办公室或者教室里,你们周围的很多东西大都是由合成聚合物材料加工制造而成的,并且通常使用化学合成染料对产品进行着色,那些代表现代室内设计特征的五颜六色的染料是在工厂中用石油经过一系列化学作用转变而成的。在许多现代化环境,比如飞机、火车、汽车或房屋内部,可能更容易找出几样不属于合成化学品的材料,但其余物件则基本上都是用以石油为原料的橡胶、塑料或者其他合成聚合物经过加工制造而成的化学品。哪怕是天然材料,除了极少数油漆或清漆仍然完全取材于纯天然材料之外,出于不同目的现在也常常会在其表面涂覆一层合成材料。

　　不管喜不喜欢,化学都极大地改变了我们的生活。我们在这里只举三个最常见的有关化学工艺的例子:家用汽车所用汽油的精制、计算机微芯片的制作和化学药物的生产。身处工业化世界里的我们很难想象,如果没有这种生产性科学带来的贡献,世界将会变成什么样子。不过,化学极大地改变了我们的生活这种说法——通常伴随的隐含信息是它使我们的生活变得更加美好——仍然激起了许多人愤世嫉俗的强烈反应。一方面,我们不得不承认,我们亲眼看到化工产品无处不在,今天我们也几乎不可能关闭合成化学工业这个"潘多拉盒子";而另一方面,也有很多人怀疑化学并非不折不扣为人们带来了美好的生活,而鼓吹工业正面形象的人也并没有完全坦诚地面对公众或他们自己。

对现代化学的批判最具敏感性的一点毫无疑问是环境污染问题。的确,许多历史上有名的工业污染案例都与化学有着直接或间接的关系。化学工业对空气、水和土壤的污染历史十分漫长,可以追溯到几百年以前。单单考虑20世纪,化学工业就对几个大的灾难性污染事件负有不可推卸的责任,比如发生在日本水俣市、导致数千人死亡的汞中毒事件以及1984年发生在印度博帕尔市的致死性气体泄漏事件。关于这些事件我们会在第2章中进行详细讨论。这些灾难性事件使得化学工业成了雇主剥削工人、富人剥削穷人以及近代开始认为的北方剥削南方的象征。当然,许多工业,比如鞋业、儿童玩具和服装生产行业为了企业自身的生存,会利用西方国家与发展中国家之间经济、技术等发展的不平衡而谋取更多利益。不过,由于化学工业长久以来的环境污染历史以及消费大量化学品的工业化世界中合成废物比如塑料袋和橡胶轮胎的处置问题,化学已经成为这种不平衡发展和剥削的醒目标志。化学常常被看作是不纯粹的科学,它污染我们的土地,毒害我们赖以生存的水源,污染我们呼吸的空气。

化学哲学

上述形象问题并不仅仅局限于化学工业,还影响到了学术界中化

学这门学科。化学的从属地位如同化学学科本身一样历史悠久。即使
当 18 世纪化学开始以一门独立的科学建立起来之时,人们仍然认为,
它从智力角度上劣于数学和物理学。[1]

今天,化学仍然被视为一门脏、乱、差的科学,它因缺少紧邻学科物
理学的严谨而再次被评为不纯粹的科学。20 世纪的物理学家们很容
易像欧内斯特·卢瑟福(Ernest Rutherford)一样,对其他所有学科做出
并不是很靠谱的大肆贬低,认为"只有物理学才是真正的科学,其他学
科只不过是类似集邮的工作"。而在近现代的许多大学和研究机构里,
化学家们则看到了物理学从优雅之位跌落。"冷战"的结束也终结了
许多雄心勃勃的物理计划,比如罗纳德·里根(Ronald Reagan)的星球
大战计划,结果导致美国许多大学的物理学科入学人数大大减少,这同
时也反映在对物理学科经费的削减上。毫无疑问,现代物理学遭遇到
的最严重的标志性挫败是 1993 年美国国会决定终止为超导超级对撞
机(SSC)的研制提供资金支持。当然,并不是只有现代科学发展趋势
的敏锐观察者才能够看出,取代物理学成为 20 世纪末"热门"领先科
学的并非化学这门科学。其实,物理学的成功继任者是生物学,更具体
一点讲是生物遗传学。的确,化学从未在大学校园中拥有过伟大的声
望,这门学科不受重视的历史,无论是否值得,都将形成本书讨论的一
个主题。

如果以科研经费和教职人员薪水作为衡量标准,则现代科学的学
术等级结构已经发生改变,但是对于很多人而言,理论物理学仍然处于
各学科的最高等级。那些把主要科学兴趣放在寻找开启统治西方哲学
史的"大"哲学问题的钥匙的哲学家们尤其这样认为。"大"哲学问题
包括宇宙的终极本质是什么、我们来自哪里、宇宙是如何运转的等。从
这个角度看,化学当然不会使哲学家们产生兴趣。本书的核心目标是

努力转变施加于化学头顶上的上述哲学观。我们恰恰就从"化学是不纯粹的科学"这个角度出发,有力论证化学的哲学趣味性;化学避免高深理论,它将科学与技术应用完美结合,化学不把保持一致性作为其最高价值。哲学家们常常很轻易就会诋毁化学,因为他们只从物理学标准和价值的角度来评判化学的方法和成就。我们期望能够证明,对化学家的实践方法进行密切观察远比运用陈旧的、最终会毫无成果的还原主义哲学教条来考察化学更加具有哲学趣味。

我们不是最早从这个角度出发来论证化学的哲学趣味性的学者。就论证方式而言,这本书与许多学者的化学哲学书籍相似,著名的学者有戴维斯·贝尔德(Davis Baird)、埃里克·赛利(Eric Scerri)、李·麦金太尔(Lee McIntyre)、约阿希姆·舒默尔(Joachim Schummer)和亚普·范·布拉克尔(Jaap Van Brakel)。[2] 尽管我们并非赞同上述作者阐述的所有方面的观点,但是我们与他们一样对相同的结局感兴趣,就是希望建立独立的化学哲学。我们的终极目标是挑战科学哲学中实证主义观念的霸权主义,虽然这种哲学观在全世界范围内的哲学体系中被广泛传授。

化学的形象

缘何化学会形成上述负面的形象? 更糟糕的是,尽管化学这门学科具有明显的跨界特征,但是它甚至都没有像其他科学一样传达出应有的激动情绪。以电影《黑客帝国》(*The Matrix*)为例,我们可以看到哪怕是在现代课程中被认为没有激情特征的计算学有时候也拥有令人震撼的"霸气",这反映出计算机和机器人已经成为人类克服和改善而不是毁灭居住环境的象征。20 世纪 50 年代,原子物理学一直是科幻惊悚电影片所依赖的核心背景，而自从电影《玛丽·雪莱之科学怪人》（*Mary Shelley's Frankenstein*）发行以来，化学才在大众中激起了一点类似这种带点恐怖色彩的小兴奋。

我们对化学形成的特有印象其实经历了漫长的历史过程。今天，这种印象随着纳米技术的兴起也在发生着改变，纳米技术被公众接受和欣赏为化学打开了新的视角。因此，在后面的内容中，我们将通过检验各种哲学问题并辅助以一些历史思考，来讨论为何化学会遭遇形象不佳的问题。因而在本书结束时，我们希望可以从容回答上述化学形象问题。我们需要穿越并分析漫长的化学史和化学哲学史，从而反映出公众对化学的刻板印象有着根深蒂固的文化渊源，而非由某个现代的特定或固定的状况所造成。

化学是不纯粹的科学这一观念不仅仅来自于它与污染的关联，还与化学本身的混杂本质以及化学不断进行着科学与技术的混合有关。正如我们后面所讲，化学作为技术与科学相结合的典范，不能将自身限制在纯理论的制高点，相反，它总是与生产实践紧密相关，这一点毫无疑问。回看过去的哲学家们比如丹尼斯·狄德罗（Denis Diderot）或加斯东·巴什拉（Gaston Bachelard）的哲学，他们认为有两种类型的科学：一种是理论型的科学，一种是实践型的科学。由此我们可以看出，出现化学是不纯粹的科学这一观念并不稀奇。事实上，狄德罗明确表示他本人喜欢经验性科学，相比纯理论，经验性科学更依赖于实际操作性的工作，他批判最终不产生任何实际成果的纯理论系统的建设。尽管如此，在上两个世纪的进程中，现代物理学的兴起促使纯理论科学超越了其他形式的科学，自然而然将基于实践的科学描述为不纯粹或者低等的科学。当然，如果考虑到化学工作的核心任务之一是对物质进行纯化，那么认为化学不纯粹也颇具讽刺意味。

本书目标

　　因此,我们撰写本书是想通过化学哲学反思化学的形象。尽管我们依靠化学史解读来阐释化学哲学,但我们并不是从传统意义上直截了当地对化学哲学立场进行教科书式的"客观"总结。我们介绍的是我们眼中的化学哲学,强调化学哲学是在化学家对物质的不断实践中形成的。而且,我们也无意将化学史的介绍定位在哲学角度,已有很多其他书籍可供寻找哲学定位的读者参考。[3]所以,最好将我们这本书看作是从历史的角度介绍化学哲学,同时,正如我们所说的,这本书也是我们对这门哲学的独特诠释。在后文中,我们的确提出了一些最重要的与化学相关的问题,这些问题曾在哲学史上留下过印记,但需要读者明白,我们不会只是提供对传统问题的新回答。相反,我们的目的是阐明一种化学哲学的新方法,我们只对我们认为有意义的相关问题给予回答,否则会毫不犹豫地将讨论焦点转向其他问题。在本书结束时,如果你已经被我们的论述说服,又或者对我们的提议感兴趣,你也可以通过做实际事情而不是通过构建理论来了解或更好地了解物质世界,那么这说明我们已经成功传达了我们的核心信息。

本书结构

　　在上述简短介绍之后,我们接下来会从化学作为声名狼藉的污染科学开始探讨它的负面形象。此时,我们想到的是杀虫剂和塑料制品,它们曾经被认为是勇闯新世界的先驱使者,而后来却被看作是化学的末日之兆。这些合成化学制品最初是作为解决问题的万灵丹药被生产和销售的,意在满足战后消费者迅猛增长的消费需求。然而,在不到50 年的时间里,我们看到杀虫剂和塑料制品已经臭名昭著,成为有毒物质和污染物。因此,人们认为化学是一门不纯纯粹的科学,与产生有毒物质的全球化工业紧密交织,这些有毒物质在人类居住的星球上留下了不可磨灭的印记。

我们将在本书的第 3 章把化学的这一受损形象放置于更加漫长的历史背景之中进行思考。届时,我们将讨论炼金术传统的传承,尤其是那些企图转变大自然并凌驾于大自然之上的野心家们放纵的雄心。在接下来的几部分内容中,我们会从挑战大自然并最终模仿生命创造的浮士德式雄心开始谈起,然后一直谈到化学近代史。由此我们应该可以看出,全合成的概念是如何使有机化学家在 19 世纪以一种新的形式复兴了许多古老的雄心壮志。最后我们会提出一个问题:纳米技术是否继承了相同或类似的雄心抱负?

接下来的一章将把我们带入化学研究人员的特征领地:化学实验室。实验室最初是化学家们的专属王国,而今也依然是化学家们专属的实践场所——一个既可以产生理论又可以产生物质的地方。其实,我们想特别强调的一点是:理论和物质是由化学家在实验室里联合生产出来的。在化学领域,化学家们的直觉或者说他们默认的知识,具有至高无上的统治地位,它引导化学家们创造出卓越的成绩,不仅体现在转变物质世界方面,还体现在理论的形成方面。正是与物质世界的潜力和限制都紧密相关、不可分割的理论成了化学哲学特征的基础。我们认为,哲学家们与其轻蔑地把这种与众不同的哲学当作是不纯粹科学的不纯粹产物,倒不如认识到这种不纯粹正是化学的核心吸引力。我们相信,化学有赖于哲学对它进行重新评估并试着理解它,而不是依靠化学家们使他们的化学科学顺应传统科学哲学的陈腐公理化模式。

　　我们会利用更加详实的、来自 18 世纪末的案例继续反思实验室和实验文化对于化学家的重要性。因此，在第 5 章，我们会讨论拉瓦锡（Lavoisier）的一个公开演示壮举，即水的分析与合成以及他如何利用演示实验使其他人相信他的观点。第 6 章将引导我们思考有机合成，这是一个理论与实践密切相连的领域。特别是在有机合成背景下，化学反应才发展成为有用的工具，化学家们的头脑从来没有远离化学潜在的工业应用。我们更会看到，19 世纪的有机化学家们的创造力是如何使他们产生了从零开始创造生命的梦想。

　　在第 7 章，我们进入大家更加熟悉的哲学领域，阐述贯穿化学史的各种传统要素观的"混合体"问题。混合体是由元素构成的化学复合物，与构成元素具有不同的性质，它是所有物质哲学的核心问题。在这个范畴内，我们认为亚里士多德的"四因说"很有价值，它用潜能概念为解决棘手的混合体或者化合物与构成元素之间的关系问题提供了专业词汇。接下来两章讨论化学与物理学之间的哲学冲突，我们不把化学和物理学诠释为两种不同的学术学科，而是将其作为两种不同的了解物质的方式。因为，化学家们感兴趣的是他们可以在实验室中引发、观察和部署具有一定性质的驱动化学反应的要素，而物理学家们则追求隐藏在可感知现象背后的终极成因。这种分别以元素与原子表示的学科对峙导致我们开始思考德米特里·门捷列夫（Dmitri Mendeleev）的元素概念，这个概念在化学中具有重要的历史和哲学意义。我们可以通过门捷列夫的元素概念阐述还原论问题，这个理论在 20 世纪初期引入量子力学之后变得尤为重要了。的确，具有划时代意义的元素周期表反映了门捷列夫对元素敏锐而抽象的哲学理解，而同位素的发现和原子物理学的诞生又使原有的理解受到严峻考验。

　　我们将在第 10 章和第 11 章讨论实证论问题，化学家们经常被贬低为幼稚的实证主义者,尤其是 19 世纪的化学家们,他们顽固地拒绝接受原子的存在。我们将探讨从奥古斯特·孔德(Auguste Comte)到恩斯特·马赫(Ernst Mach)的传统实证主义哲学,并说明为何化学就其方法而言既是实证主义又不是实证主义。然而,化学哲学家威廉·奥斯特瓦尔德(Wilhelm Ostwald)和皮埃尔·迪昂(Pierre Duhem)让我们看到了化学背景下某些形式的实证主义的局限。实证主义引起的原子论讨论也使我们有机会分析已有的并会继续存在的各种原子理论。因而,元素周期表体现的是化学家的独特原子观,它以作为各种化学关系节点的原子为关注重点。

第 12 章最清晰、最直接阐述了我们自己的哲学立场,我们称之为"操作现实主义"。我们认为这个称谓或暗或明地显示出实验化学家们的哲学立场特征。化学家对他们所操纵的(手动操纵或者借助于仪器)化学物质的特定性和习性的关注将他们同理论物理学家们区分开来。然而,这不应该用作反驳化学哲学合法性的借口,化学哲学既不阐释"本质"问题也不寻求统一的理论,而是对科学哲学术语进行重新思考所依赖的基础之一。这样一来,我们为科学哲学体系的重构提供了一个支持证据,而在体系重构中化学应该占据应有的位置。

我们将在反思纳米技术和过去几十年在化学及其邻近学科中所带来的深远转变中结束本书的内容。不错,我们提出疑问:纳米技术是否标志着化学学科的结束? 无论这个问题的最终回答是什么,科学与社会之间的强大关系不会从化学至纳米技术的转变过渡中消失,它还会持续存在。从纳米水平对自然世界的重新审视和对自然世界的兴趣导致了与化学相关的浮士德式雄心的复活。纳米技术不但寻求模拟大自然,而且想超越它,越来越多的预告人工生命和自我繁殖纳米机器的科学幻想将是人类征服生命的前身。

在第 14 章,作为结束,我们会讨论整个现代化学史所引起的伦理问题以及当我们进入纳米技术时代时可以怎样解决这些问题。我们提出了一些一般性的哲学指南,它们会有助于构建与当代纳米革命背景相匹配的新的研究伦理规范。

注释:

[1] J. Simon(2005),A. Donovan(1993)。

[2] D. Baird 等(2006),J. Schummer(2003a),J. Van Brakel(2000)。

[3] 我们特别推荐作者 B. Bensaude-Vincent 和 I. Stengers 的书(1996)。

第 *2* 章

化学与污染

对于很多人来说，"化学"品的对立面是"天然"品，这种泾渭分明的两分法既有彻底性（所有实物要么属于化学品，要么属于天然品）又有排他性（实物不能既属于化学品又属于天然品）。但是不需要由科学家提醒人们也知道，一切天然的实物和材料都是由化学物质组成的，而且，很多产品当我们说它们是"化学"品时，比如航空燃料，也只是意味着它是经纯化的"天然"品。为了说明将"化学"与"天然"对立起来是毫无根据的，化学公司有时会采取策略性的沟通方式，特意忽略不提大众广为接受的这种划分背后所隐含的深刻的社会学或心理学讯息。

化学与天然

化学与天然之间的对立划分反映了化学重工业及其日益繁多的合成化学分支在超过一个半世纪的发展过程中持续遗留下来的印象。在这个算不上很长的历史进程中，化学工业为人们带来的益处和恐惧比其他任何领域都多，或许核能领域除外。我们大多数人对待这个行业的心态都充满矛盾。一方面，我们很难想象如果没有家用漂白剂、空气清新剂、杀虫剂、专业橡胶鞋底和三聚氰胺树脂制作的台式电脑等给生活带来的便利，我们的生活将会变成什么样子；而另一方面，每当我们观察到废物场堆满各种不可降解的废弃物，并且知道这些具有潜在毒性的产物和副产物会渗入土壤中，会污染淡水系统，而且可能是永久性的污染，这时抵制化学品的警钟又在我们心中敲响。臭氧层中检测到的快速增大的空洞是气雾喷射剂化学品中所含的氯氟烃（CFCs）造成的。在为全球工业化付出的代价中化学工业产生的影响尤为显著。虽然迫使危险或者昂贵的工业生产活动分散至各个地方以降低成本投入的举措毫无疑问是造成博帕尔事件的主要原因，但是该事件的发生不单纯属于偶然事件，更多的是一次化学事故。因此，位于印度博帕尔小镇边上的美国联合碳化公司所属生产基地于 1984 年 12 月 2 日晚至 3 日凌晨之间发生致死性异氰酸甲酯气体泄漏事件，这次意外事故造成众多当地居民死亡，这更增加了人们对化学工业抱有的恐惧。这次事故恰好可悲地说明了化学公司是如何在公众眼中建立起负面形象的，以至公众似乎随时会不假思索地谴责化学公司，也不愿意承认化学公司给人们带来的巨大好处。与此同时，化学公司每年投入在广告和沟通活动中的资金似乎并不能够展现化学的正面形象而消除公众对它的负面认识。为什么会这样？部分原因是，化学工业已经成为并且将继续是造成环境污染的重大因素，包括已为人知的和不为人知的。而且，化学家们具有异常惊人的新产品生产能力，而同时，因可利用资源的稀缺，化学家往往不能通过研究确定新产品的潜在危害，更不用说这些新产品的组合会有什么样的潜在危害，所以，潜在的新威胁总是随时会出现。

图 1　利昂·沙德斯通（Leon Soderston）为作者 A. 卡雷西·莫里森（A. Cressy Morrison）的书《化学世界中的人类：化学工业服务业》（*Man in a Chemical World：The Service of Chemical Industry*）所绘插图。该书于 1937 年由位于纽约的 Charles Scribner's Sons 出版社出版发行。来源：私人珍藏。

　　化学工业的负面形象部分也是因为化学作为一门科学的不良形象，这也正是我们将在本书余下内容中想要阐述的主题。例如，有些人认为化学在科学意义上劣于物理学，这种看法使得人们自然而然地将化学归类为技术定位的应用科学，甚至将化学看作只不过是一种造成环境退化的科学。而且，我们已经提到，化学工业确实有导致环境污染的历史。

　　化学工业与污染之间的关联不是从 20 世纪 70 年代才刚刚开始的,它们之间的关系史与化学工业本身的历史一样久远。例如,在 19 世纪,由于人们对科学和技术进步的潜在意义具有强大信念,所以地方污染和产生污染的染料工厂之间的斗争得到成功抑制。第二次世界大战之前,社会与科学家之间达成的浮士德式交易看起来是值得的,科学带给人们无限的希望,它带来的好处会远远超过人们承担的有限的风险。在这种科学乐观主义的鼎盛时期,化学工厂里矗立着一根根巨大的烟囱,它们释放出滚滚的黑烟,不仅以此来代表国家经济的繁荣昌盛,还以此表示社会文明程度的提高(图 1)。

　　科学进步的救赎力量赋予的官方的乐观主义从来都没有成功熄灭抗议者的抗议,因为他们不可能感激接受新化学污染物对环境造成的破坏。想象一下,当一间碱生产作坊开张时,那些生活在法国普罗旺斯地区或不列颠兰开夏郡这些小镇或村落的人们的震惊程度有多高。作坊运转需要充足的水源供应,这意味着生产场地一般会位于河流附近,通常这些地方基本上属于偏远的乡村地区。生产效应简直可以说是立竿见影:不但令人厌恶的黑烟开始从烟囱中滚滚而出并排向大气之中,而且人口数量迅猛增长,从而产生了人口过度密集的工人区,在这里很多人因为污染等问题遭受着病痛的折磨。最初吸引化工作坊建立于此地的水源迅速被污染,因为很少或根本没有对生产过程中使用过的水采取任何净化处理措施,这些水经自然过程循环至此地又再次直接被用于各种用途。

　　化学家们不但组成了专业机构以专门解决卫生和食品安全问题,而且他们在农作物产量提高以及在以挽救生命为宗旨的制药行业的科学创新方面也发挥着根本作用,但几乎与此同时,针对化学家们污染环境的抗议也开始浮出水面,这也算是化学历史上众多具有讽刺意味的故事当中的一个著名案例了。事实上,许多人因新化学肥料研制成功而欢欣鼓舞,因为它们是在世界范围内消除饥饿的有效手段。而在英国,针对工业污染的地方性抗议最早开始于 1830 年,并在 1860 年成为全国性政治问题,从而导致政府在 1863 年推出《碱业法》(*Alkali Act*),该法案规定要对化学生产活动施加一定的限制。[1]

几十年以后,沿着德国莱茵河岸和内克河岸建立起来的染料合成作坊因在河中排放有毒的工业废水而与当地的农场主和渔民们发生了冲突。在河水中发现的含酸量和其他固体废物量虽然有言之凿凿的官方数据报道,但是这些争议仍然属于地方性争议而未引起任何根本性反思,比如在这些地方引入化学工厂是否可取,或者这些工厂的拥有者们应担负什么样的责任等。[2] 无论河水变成了黄色还是绿色,在合成染料和其他现代化工产品的大量生产所带来的巨大利益的对比之下,这些似乎显得已经不再那么荒诞。像巴斯夫这样的公司,其规模已经大到足以应对任何诸如此类的抗议,特别是,当地有越来越多的人口需要仰仗这些工厂来维持他们的日常生计。像这种利益上的矛盾即使在今天也仍然可以致使一些抗议噤声,从而成为工业资本主义与环境之间充满冲突的漫长历史中不可分割的一部分。然而,哪怕因为担忧当地的就业,或者害怕强大的跨国公司反过来从法律上加以指责从而使抗议得以化解,而其结果也只会使大众增加挫折感和累积怨恨,从而助长大众对化学更加广泛的敌意。

文学作品中的化学

在西方文学作品中很难找到具有真正现代感的化学家形象,更不用说正面的化学科学形象。正如海恩斯(Haynes)和舒默尔在对科学家的描写进行分析时所指出的,文学作品中反复出现的人物形象,特别是在 19 世纪,是那种老派风格的神秘学者,其形象更接近于古老的炼金术士而不是今天的化学家形象。[3]这种在人们心目中持久不衰的炼金术士人物形象揭示出,工业化学现实与化学家本身永恒的普罗米修斯式人物形象之间的差距在扩大。从歌德的《浮士德》(Goethe's Faust)到玛丽·雪莱的《科学怪人》,化学家代表的是一个极具影响力和欺骗性(如果不能用疯狂来形容的话)的魔术师形象,他们试图通过卖弄自然世界的黑暗力量来挑战大自然母亲,而实际上他们并未真正主宰这些黑暗力量。化学家的形象基本上可以充当寓言中的人物,蔑视神明或者骄傲自大是他们的原罪。正如《浮士德》或《科学怪人》中,科学家生来就是与魔鬼达成协议以便能够在地球上扮演上帝的人。

　　在亚历山大·仲马(Alexander Dumas)系列小说《风雨术士:巴尔萨莫男爵》(Joseph Balsamo, Meinoirs of a Doctor)中,主人公将催眠术和化学结合起来以操控受害人的大脑,这使本已灰暗的化学家形象雪上加霜。在 20 世纪的发展历程中,化学已经在大多数现代大学校园里作为一门值得尊敬的科学而建立了自己的学科系别,尽管如此,总的来说,长久存留于大众印象中的化学形象还是神秘的炼金术形象而不是现代化学形象。在小说当中,化学代表的几乎是一种怪异的外来科学,它起源于遥远的国度,输入我们的社会中也仅仅是为了使社会变得不稳定。[4]有时人们会承认其他科学对公共利益有所贡献或者至少对经济增长有所贡献,但是唯独化学家们继续被描绘成落寞的研究者,他们(或者偶尔会有女化学家)对化学的激情消耗着他们的生命。化学变成了一种让人沉溺的事物,即使在化学家偶尔处于科学最前沿而并未迷失在神秘过去的时候,他们这些化学能手还是会被从社会中孤立出来。

　　甚至当人们从积极的角度把化学看作是蓬勃发展的现代科学的时候，从它提供的物质效益看，一般也总是认为化学所造成的危害大于其带来的益处，因为化学物质不但污染了环境，而且对传统的精神和宗教价值观起了一定的侵蚀作用。与炼金术士创造的金子一样，化学工业积聚的财富也被看作不义之财，它们打乱了建立在诚实、劳动生产基础上的经济和社会秩序。每当发现某种化工产品会带来一定的健康风险时，人们近乎第一反应就是："我早告诉过你。"的确，对于化学品的工业生产所代表的浮士德式交易（魔鬼契约），很少有作者讨论，更不用说接受它了。

　　理查德·鲍尔斯（Richard Powers）的小说《收获》（Gain）算是一个著名的特例。这部小说的创作以两个故事为两条平行主线来展开。一个故事描述的是某大型多样化经营的化学品公司[克莱尔（Clare）制药公司]的崛起以及与它所在的小镇伊利诺伊州的雷斯伍德镇的共同发展。另一个故事详细讲述了一位名为劳拉·博迪（Laura Bodey）的离婚母亲生病和死亡的过程，她是雷斯伍德镇常住居民，育有两个孩子，后来不幸罹患卵巢癌。当一群患者试图对克莱尔制药公司发起集体诉讼时，劳拉·博迪却拒绝参与其中。

　　她想，如果真对克莱尔制药公司提起诉讼，那么这家公司赔付的每一分钱都是他们应当付出的代价，而这样的一场诉讼可以瞬间将这家公司分崩离析。

　　但是，她的梦想只是想要和平。是否因这家企业她才会患上癌症已经不再重要。他们已经给予了她所想要的一切，除了健康。他们将她的生活打造成梦想中的样子，甚至比梦想中的还要好 6 倍。她的生活发生了如此巨大的变化，以至于连患上癌症这一点都不能使这种改变打折扣。[5]

当人们遭遇这种人类悲剧时需要有非凡的洞察力才能做出这种代价与受益之间的理性分析,而且我们并不清楚如果事情发生在作者本人而不是将要死于癌症的小说主人公身上时,他是否会如此理智。《浮士德》故事的不同结局则正好用以说明这种矛盾性的关系。在某些版本中,靡菲斯特(Mephistopheles)履行了他的职责,将不幸的医生带入地狱,而在其他版本中,浮士德在面临即将来临的毁灭时对自己的行径进行了忏悔,因此他的灵魂得到了救赎。我们还不知道人类与化学之间的现代版浮士德式交易最终结局会如何,但是已然有不少评论者做出了最糟糕的预测。

寂静的春天

蕾切尔·卡森(Rachel Carson)的著作《寂静的春天》(*Silent Spring*)把注意力放在了第二次世界大战后美国日益严重的生态环境问题上。它在杂志《纽约客》(*The New Yorker*)上的连载甚至惊动了美国总统约翰·肯尼迪(John F. Kennedy),让总统对杀虫剂和除草剂的危害产生了警觉,因而专门组建委员会对相关问题进行调查。这本书详细讲述了因希望通过使用合成化学品来征服大自然的错误设想而实施对北美鱼类和野生动物进行的大屠杀运动,这本书在公众中取得了无与伦比的成功,书中提到的问题引起了诸如记者、政治家和商界领袖们的注意。的确,在发表了一系列技术性文章公开谴责滴滴涕农药(DDT,双对氯苯基三氯乙烷)的环境危害却并未产生任何作用之后,蕾切尔·卡森才不得已调用她颇受欢迎的文学技巧而创作了一部面向大众的全面战略型书籍,旨在触动广大人民群众的关注。[6]

《寂静的春天》以未来科幻小说的形式开篇,描述的是一个野生动物完全被摧毁的美国小镇,新年伊始,这里的小溪中不再有游动的鱼儿,枝丫上不再有鸣唱的鸟儿,因而得名《寂静的春天》。小说采取并列式叙事手法,旨在将乡间美丽的田园生活景象与世界被现代化工产品彻底破坏之后的世界末日形象形成鲜明对比。接踵而至的灾难描述占据小说的绝大部分篇幅,灾难情形类似于摩西将瘟疫带到埃及。书的开头描述的被废弃的、荒无人烟的小镇,是以夸张的手法演绎了持续大规模任意使用诸如农药滴滴涕和有机磷酸酯等新型除草剂和杀虫剂所带来的可怕后果。

　　卡森的这本书之所以引人入胜,很大一部分原因在于它集合了作者几十年来从杂志和同事那里搜集和累积起来的令人回味的意象素材和科学信息,而它具有的说服力量则应该主要归功于她从人类学角度的论证。小说第 2 章标题为"忍耐的义务",作者把人与自然的关系牢牢放置于最显著位置,并把化学展现为对大自然发动的一场全面战争。卡森将四分之一个世纪以来人类对环境的破坏与地球生命的漫长历史相对比,从而强调指出,聪明的现代人类是唯一想方设法消灭彼此的一种物种。接下来作者继续强调指出,美国的地方政府和联邦政府所采取的虫害防治措施其实是一个悖论。她认为,政府发明的用以纠正大大小小问题(从弯弯曲曲的乡村公路上会遮挡司机视线的灌木树篱到荷兰榆树病)的救治办法所造成的破坏,远远超过了他们原本想要消灭的疾病本身所带来的危害,因而极少或者根本没有实现他们开始所设立的目标。

　　卡森的这种论证同化学在西方文化中已经获得神秘地位的一系列形象产生共鸣。首先是古希腊有关"药"(pharmakon)的概念,意思是既是毒药又可用于疾病治疗。这种认识在第一次世界大战期间已经与现代化学联系起来,在战场上对付敌人的有毒气体,也同样能有效结束发动这种毒气攻击的军队的生命,结果的关键取决于变化莫测的风向。卡森表示,与战争中大量使用毒气一样,大规模使用滴滴涕农药很容易损害使用者的健康甚至当地的文明。尽管使用者的意图只是杀死"有害"昆虫,但是这种化学武器的主要特点是具有不可选择的致死能力。卡森认为,现代化学的肆意嚣张,问题并非在于化学实业家们的出发点有任何特别的恶意(不过某些阴谋论者也可能不会这么想),而是他们对其化工产品广泛流传的潜在危害性后果表现出一种愚昧无知。这种无知与无限夸大的乐观主义社会形象结合在一起,蒙蔽了大众,使他们认为那些化学实业家们知道自己在做什么,并且能够预见并避免他们的实践活动所带来的任何负面效应。其实,卡森似乎在善意地提示人们,负责滴滴涕农药喷洒的政府机构实际上对这种随意使用滴滴涕的不良效应也同样视而不见,没有给予应有的重视。尽管如此,在作者本人眼中,需要承担罪过的仍然是化学公司,因为这些公司不仅只展现其化工产品好的一面,还对其不好的一面进行美化。

卡森在书中运用的第二个秘密武器是宇宙与混沌之间的对立。经典的宇宙观是一个有序、和谐的世界,而经典的混沌观是不可控的无序状态。卡森认为,大自然的状态是宇宙的具象(和谐、稳定、长期的动态平衡),而人类文明是对这种秩序的破坏。人口的聚集通过建筑和种植改变环境,从而触发不可控的连锁反应而使世界陷入混乱之中。

《寂静的春天》展现的是摩尼教的世界观:它将大自然看作无比和谐的伊甸园,而化学则被塑造为破坏力强大的邪恶力量,是一种不受束缚的势力对大自然的不宣而战。但是,卡森在书中措辞十分谨慎以免让自己落入反科学运动的陷阱,她呼唤的是既具有科学正确性同时又具有政治正确性的新型生态系统。虽然作者相信科学,但她也希望能够看到另外一种版本的生态系统,在这种新型的生态系统中,长期的解决方案代替目前的短期修复策略,从而引导人类实现真正的进步。卡森想要表达的是,我们不能在并未弄清楚生命所有复杂关系的前提下而期望对它实施控制。20 世纪四五十年代的防治虫害运动最明显的失误在于所用杀虫剂具有无选择性毒性。而除了这个失误之外,还有另一个影响更加深远的失误,就是将目标“害虫”想象为无论是传播荷兰榆树病的甲壳虫还是携带疟原虫的蚊子,都可与其他物种独立开来进行防治。因而,卡森提出,科学家们应该更多地去研究不同动物种群与环境之间的各种动态平衡。虽然一些大学的生物学家们在进行这方面的研究,但是有关研究仍然处于初期阶段,而且看上去并不会使那些负责环境管理的人产生兴趣。

卡森也想通过她的书抨击美国以野生动物和环境管理为核心的技术宿命论。采取大量喷洒滴滴涕农药和其他化学药品这一措施的哲学依据是,科学进步伴随而来的必然是现代技术的进步,相比其他传统方法,现代技术方法会更富有成效,这使得现代技术拥护者们看不到这些现代技术潜在的负面效应。卡森表示,美国需要采取另外一条途径,即“好的科学”是基于对生命的透彻了解和对所有地球生命的全面观察来寻求生物学解决方案的。在上述论证中,卡森将思维定位于盖亚(Gaea)神话中的地球概念,即将整个地球视为一个生命体。[7]

我们对《寂静的春天》中的论述进行批判性分析,意图并不是为所有化学事物进行辩护,也不是对该书本身进行抨击。很显然,卡森公开指责的是某些范围内的、希望美国最好将之放弃的化学品和相关土地管理实践活动。我们在本书中引用卡森的论述,目的是探讨卡森为了迫使有关当局推出相关制度以便对现代技术进行风险管理而调用了哪些资源。为了塑造公众舆论,在新的背景下,卡森需要使某些古老的神话桥段与时俱进,以便创造一个现代的神话,它抵制代表邪恶势力新化身的化学，而支持代表良性势力的生态学。

　　此外，公众、政府和工业界对《寂静的春天》这本书的反应程度也充分展示出，这种将寓言和神话巧妙结合的写作手法可以作为刺激政治运动的有效手段。全国农业化学协会意识到这本书会对他们所从事的实业活动造成威胁，所以他们斥资 25 万美元发动电视和平面媒体宣传攻势来诋毁这本书。在做电视宣传时，一名医生指出，如果没有卡森所谴责的"毒药"，那么据他估计会有许许多多患者付出生命的代价。与此同时，一个化学公司也出版了《寂静的春天》这本书的恶搞版本，它以滑稽、讽刺的方式模仿了原作者对荒芜之地的描述。在恶搞版本中，他们描述了一个没有杀虫剂的世界，一个被饥饿和上千种其他自然灾害蹂躏的世界。然而他们做出的这种试图灌输没有化学品的世界将会变得更加恐怖的夸张反应，最多只能更加突出显示出合成化学品既是毒药又是治疗用药这种模糊的大众印象。同时，他们采取的这些回应手段也产生了矛盾效果，因为他们那样做而不自觉地为原著提供了大量的宣传，这样便助长了大众运动，使政府产生更大的压力从而对化学工业进行干预。我们已经提到，肯尼迪总统曾因卡森的小说连载而警觉地意识到问题的存在，而他发动的相关调查也最终导致 1970 年环境保护局的建立以及 1972 年滴滴涕农药的禁用。同年，联合国组织举办了首次人类环境会议，会议在瑞典的斯德哥尔摩举行。在这里，来自全世界的活跃分子们提出对当前环境状况的迫切担忧，主张必须推出国际环境政策来保护地球日益减少的资源。

　　人们常常说，人类从错误中学习并获得成长，这种说法对于技术应用而言再合适不过了。[8] 在《寂静的春天》一书中，蕾切尔·卡森在批判和判断某些观念时产生的失误为他人提供了很多宝贵的经验教训，环境管理者们和化学家们将学到的经验和教训融会贯通到各自的实践

中。化学家们吸取的最重要的一个教训是不应该忽略化学与对大自然
实施草率大规模干预之间的联系。某种化学品可以杀死某种有害昆虫
这一点已不再能够成为在几百万亩农田中地毯式覆盖或喷洒这种化学
品的充分理由。改革之后的化学干预方法是一种害虫防治的综合性一
体化管理方式,在这种管理方式中,杀虫目标更加清晰地得到确定并且
杀虫剂使用仅限于短效产品,这会有利于消除不良副作用。尽管如此,
如果退后一步从全球角度看,我们不能够回避的事实是,杀虫剂的使用
自 20 世纪 70 年代以来在世界范围内仍呈持续增长态势。

杜邦广告语

在《寂静的春天》一书中,蕾切尔·卡森把化学视为对大自然的对
抗,这种摩尼教的世界观有当时特定的历史背景,这与我们现在所处的
背景已相去甚远。当时卡森的反应针对的是化学合成品大量闯入西方
世界。自从 20 世纪 50 年代以来,合成品的最初引入模式如今已经成
功转变成了全面入侵模式。合成化学品在我们的生活中几乎无处不
在,其中隐含两个矛盾对立的特点:一方面,合成化学品隐遁原形,几乎
让人忘记了它们属于化学制品;另一方面,需要通过很多的历史追溯才
能够把它们的化学本质重新拉回视野。举个简单的例子:你最后一次
在厨房里自觉注意到操作台或餐桌的福米加抗热塑料表面是什么
时候?

第二次世界大战后化学工业的繁荣在很大程度上取决于化工产品
的大批量生产。大批量生产反过来需要为产品创造大的需求市场,因
而就需要做广告、搞营销,它们通常会挑战传统的社会或文化价值观
念。例如,1940 年 5 月 15 日,商家把一具重达两吨、包裹在精致尼龙丝

袜中的女士巨型美腿模型矗立在了洛杉矶这座城市的某繁华之地,显然,这是尼龙丝袜的销售广告。在随后的日子里,几千名购物者竞相排起长队来购买她们人生中第一双尼龙丝袜,一则聪明的广告竟然把尼龙丝袜变成了现代女性奢侈品的最卓越标志。[9]

我们不应该忘记,当尼龙制品进入美国市场之时正值欧洲陷入可能会牺牲掉几百万男人和女人性命的一场战争。而且,第一次世界大战期间化学品已经被用于战争,最著名的例子是西部战场中光气和芥子气的使用,[10]而科学在第二次世界大战中的应用则更加深入和直接。第二次世界大战之后,德国某化学公司曾协作生产齐克隆 B(Zyklon B)的故事在民间流传开来。作为种族灭绝行动的一部分,齐克隆 B 这种致命的气体被纳粹军队用于集中营毒气室来对付犹太人和种族灭绝政策中的其他目标人群。原子弹在日本广岛和长崎上空的爆炸更加说明了科学和技术亦可具有巨大的毁灭力量,然而纳粹使用毒气齐克隆 B 的故事却为化学工业打上了极其恶劣的烙印。

但是,即使在第二次世界大战之前,化学公司还在努力进行宣传,以使其产品远离毒气和爆炸物所引发的死亡和毁灭形象。或许化学工业史上最著名的标语就是"借由化学实现更加美好的生活",这个标语由杜邦公司在 20 世纪 30 年代推出,为了反击已经在大众头脑中形成的将化学与军火相联系的负面联想。[11]然而,杜邦公司的这项广告运动具有更加深远的意义,它创造了化学工业的新形象:化学工业通过创造无限丰富的物质而为人们带来新的、更美好的生活方式,从而开辟了人类社会普遍繁荣的新时代。哪怕是针对现代乐观派消费主义的最忠实反对者们也不得不承认商业广告代理的天才宣传禀赋,他们被委任营销聚酰胺 66,这是个令人生畏的艰巨任务。聚酰胺 66 是一种新型合成纤维,俗称尼龙,由杜邦公司的一个化学家团队在华莱士·卡罗瑟斯

（Wallace Carothers）指导下于 20 世纪 30 年代研制而成。

尽管尼龙并不是第一个合成聚合物，但是它的营销方式却构成了化学工业重要发展的一部分，将化学历史与我们的现代消费社会历史联结起来。正是通过这些已经进入 21 世纪的聚合物的发展历史，我们才能够追溯一系列复杂却高度重要的、与人工和自然都相关联的价值观的转变。赛璐珞（旧称假象牙）作为第一个被大批量生产的合成聚合物，由约翰·韦斯利·海厄特（John Wesley Hyatt）于 1870 年合成，它的用途是制作各种娱乐（或体育）项目用撞球。在合成聚合物历史的这段早期插曲中我们可以学习或领悟到以下几点。首先，最初使用赛璐珞是为了制作某种物件，这种物件传统上是用罕见的天然材料生产的，在本例中指的是用大象牙制得的象牙制品。因而，上述情况不属于人工制品仿制"天然"物件，而是用人工材料取代天然材料来制作同一种人工制品。第二，赛璐珞撞球质地劣于象牙制品，虽然前者更加便宜而且两者外观相似，但赛璐珞撞球在性能上却不如象牙制品更加适合于玩撞球。[12]质量较低劣但节省选材成本的权衡在整个历史过程中都一直是"塑料制品"的一个不变特征。的确，塑料是便宜替代品的观念一直保留在人们的意识中，然而实际上，如今工业生产经常为满足某个用途而选择使用聚合物材料，而且其价格也轻易即可远远贵过"天然"材料。

1907 年，比利时化学家和发明家利奥·贝克兰德（Leo Baekeland）将苯酚与甲醛相结合，创造了第一个完全源自人工的聚合物。他给这种产物命名为人造树脂，这种树脂与赛璐珞相比具有不少商业优势，比如更容易制模、即使在非常极端的条件下也仍能保持形状、是非常优良的电绝缘体等。当 20 世纪 20 年代推出这种人造树脂时，它并没有作为天然物质的低成本仿制品被大力提倡，而是从丰富物品品种的角度加以考虑的。它立足于大众文化的富足、丰裕,为便宜、广泛可得的奢侈品提供了材料基础。的确,以稀有和昂贵为传统特征的奢侈品因人工聚合物材料的应用而变成了大众消费品,这又一次说明塑料在战后消费文化结构中所占据的重要地位。

大力提倡聚合树脂的使用也需要克服该类材料的非专属性负面形象,或者说,人工聚合物材料能够适用于很多种用途。不错,今天人们眼中的主要优点在最初的时候被看作塑料的严重缺陷。每种天然物质似乎只适用于一种或最多几种用途,而人造树脂却可以有许多不同的用途,比如可以用以制作梳子、发夹、项圈、纽扣、电话和无线电器材等,这里列举的只是几种人们最为熟知的应用。而且,人造树脂可以染色,这也意味着它可以给出各种不同材料的外观,比如玳瑁壳、琥珀、珊瑚、大理石、玉或者玛瑙。正如它具有多功用性一样,人造树脂犹如变色龙可以被赋予不同颜色,从而使它在公众眼中的价值贬低,因为人们认为上述特点明确表明它是原始天然材料的极其劣质的人工替代品。

但是,在过去半个世纪的进程中,现代工业界在价值观方面发生了根本性变化,上述默认的缺点逐渐转变成了塑料的最重要品质。美国文化历史学家杰弗瑞·米克尔(Jeffrey Meikle)针对美国发生的这种价值观的转变发表了一篇非常有洞察力的分析文章,文章从技术进步方面对这种转变给予了解释:技术的进步使得生产商们不仅可以改变材料的外观——为了使它们看起来不像是"塑料",而且也增强了这些材料在各种用途中的性能,比如机械强度、阻燃性、性能持久性等。[13] 米克尔还列举出广告宣传活动的一系列影响以表达他的某些观点,他的观点对于今天的我们来说十分熟悉,但在当时却是相当新奇的。广告宣传活动基于两种理由来提升合成聚合物在大众眼中的价值。首先,环境方面的理由指出,合成化学的应用如何挽救了宝贵的自然资源(例如合成毛皮挽救了狐狸或海豹幼崽的生命）；其次，化学工业还试图让消费者信服合成产品实际更优于所取代的天然材料。这些化学品满足标准化规范并且可以保证纯度可达 100%。理由中提到，一个没有任何瑕疵的产品应该被视为优越于用具有变数的天然材料制成的产品，既然存在这种可变性，那么由它制作的产品即使不能说是不可靠或者有风险的，也至少很难对产品质量进行预测。

广告宣传活动无疑是观念转变的征兆，而造成对聚合物以及塑料这一概念进行根本性再评价的主要因素是合成材料的广泛采用，特别是在纺织品生产中的应用。只过了一个时代，塑料制品的缺点，即它们在性能和形状方面千变万化的适应性、较低的密度、较低的生产成本，甚至明显的物理瑕疵比如易碎、脆性或延展性，这些都变成了相比竞争对手"天然"产品最大的优点。"尼龙"这个名字本身说明，1940 年前观念的转变已经得到有利推进。与取代丝绸（silk）并以"Silkon""Silkex"或"Silkene"等为名称的化学材料可能引起的联想不同，杜邦的营销团队选择了一个与该天然材料没有明显关联的词（即 nylon）。之所以取"尼龙"这样的名称，是希望通过属于化学材料自己的术语来促销尼龙材料，而不是作为丝绸的廉价仿造品。

对待材料的态度上的变化反映出国内环境的转变，有越来越多的家庭用品由合成聚合树脂制成。而且，这些材料也承担着越来越广泛的功能，能够适应各种需要，从而创造出适合新型美国社会人群——生活在郊区的家庭主妇的丰富产品。"塑料"一词以及可塑性这一概念与适应性是同义词，即指材料可以根据人们的需要或者愿望而改变形状。设计者、建筑师和艺术家们对材料的这种灵活性进行了充分开拓，从汽车的塑料保险杠到丙烯酸颜料帆布油画，他们使用现代材料探索新的美学视野。合成聚合物得到设计师和艺术家等精英们的采用，这使它们赢得了一定程度的尊重,从而激励消费品产生了新的设计方向。而此时,使用柔和色调掩饰塑料品外观或者仿珐琅处理来完成制品已变得没有必要。现在可以将这些塑料制品染成鲜艳的主色调,骄傲地宣告它们作为现代化学工业人工产品的身份。商家开始骄傲地向消费者展示塑料物件,而消费者也开始骄傲地使用和陈设塑料物件,为它们属于人工产品而自豪,不再极力掩盖其非天然产品的事实。1939 年的树脂玻璃德固赛广告清楚表明了这一点,广告大肆吹嘘德固赛材料具有玻璃似的清洁外观却没有玻璃厨具的众多缺点(图 2)。

图 2 德固赛广告。德固赛是一种合成聚合树脂的品牌名称,由罗姆（Röhm）和哈斯（Haas）于 1939 年创造。这种材质具有玻璃的所有优点却没有玻璃的任何缺点,家庭主妇们看着由这种材料制成的经济、卫生的厨房餐具,心中充满钦佩。图片由德国达姆施塔特的企业档案部提供。

在人工制品与天然制品分界线的另一端,只能用作特定用途这一点开始被理解为天然材料的局限,或者说成为天然材料不够灵活的标志,如今隐含负面含义。对塑料制品看法的变革进一步加深和扩大,摆脱传统材质的限制和传统教条的沉重压迫只是 20 世纪 60 年代社会发生的转变的一个方面。回望 20 世纪 80 年代和今天的信息技术时代,我们也可以注意到,合成材料被看作比相应的天然材料更加"虚拟"的材料。而且,如果我们想一想未来的太空时代,如果太空服是皮革或羊毛制成的,那么科幻影迷们对此会产生什么样的想象呢? 塑料与新奇、改变和创新相关,它们作为塑料制品的代称正是这些品质的标志。法国哲学家罗兰·巴特(Roland Barthes)于 1971 年在针对当代传说的分析中描述到,塑料制品的广泛传播使塑料与大自然产生新型关系,因而这种材料简直堪称神奇:

> 塑料不仅仅是一种物质,它简直就是无限转变的理念。顾名思义,塑料真是无处不在、无处不显。的确,这正是塑料的神奇之处,奇在它总是会在自然界突发转变。塑料是神灵附体,与其说它是一个物体,倒不如说它是一缕游魂。[14]

这种"神奇"的转变潜力赋予塑料一种虚拟品质,与倏忽的存在相共鸣,而这也正是我们的时代特征。就像不断侵占环境空间的各种物品一样,现代人类也已进入借由人的灵活性、可用性、适应性甚至短暂性来衡量个体价值的时代。"塑料"一词的引申含义在美国文化中特别丰富,比如塑料人是指一种社交类型的人,他们快乐、肤浅并具有无限适应能力,这种类型的人既是资本主义新精神的产物,又是这种新精神的缔造者。[15]甚至对于反对世界采取新自由主义模式的反全球化运动而言,灵活性或者可塑性依然不失为一种积极的特质。[16]

然而,反全球化运动产生的反响并没有仅仅局限于政治范围内,同时也传递到其他科学领域之中。在大型计算机时代,神经生物学家们习惯于把大脑当作金属线结构来加以讨论,也就是说把我们的头骨看成是其中包含一台构成固定的大型计算机。今天,在这个我们可以随身携带笔记本电脑到任何地方的"灵活"时代,无论什么事物都可以是灵活的:工作时间、假日、家庭、性取向等。神经科学的热门词汇也已经变成了"可塑性"，这当然绝非偶然。如今，大脑被看作是具有高度适应性的神经系统，它可以根据需求转变其功能。尽管可塑性这个概念带来了诸多文化方面的衍生物，然而我们想要表达的核心观点是，无论是让生活变得更美好还是更糟糕，当今塑料时代是缘于化学的引领才会出现，塑料也进入了人们的生活。因此，在现代工业中化学与塑料的关系是无法磨灭的。

如上所述，塑料对于"人工"概念的文化再估值起着主导作用。随着塑料这类材料的推出，过去常常隐隐指代质量低劣的天然产品替代品的"人工"材料一词，已从拙劣仿制这层含义逐渐发生转移，并开始特指那些具有自身可取之处的材料。不难看出，今天的人工制品已经从人们生活的各个层面取代了天然制品。米克尔说得十分恰当，他说，塑料文化表达的是"对技术能够改善大自然瑕疵以达到光彩夺目的完美人工产品的一种信仰"。[17] 因而，20 世纪见证了技术、品味和文化之间矛盾性的相互影响。化学工业中连续不断涌出海洋般浩瀚的人工产品，与此同时，曾经被看作是负面效应产生秘诀的化学如今已经帮助人们实现了乌托邦式的梦想，即一个大胆想象的新物质世界。对合成聚合物的看法已不再局限于指那些人们负担不起天然物品而使用的替代性原材料，而是把它们看作完美匹配现代生活需求的材料，是唯一一类能够根据我们的各种需要进行打造的材料。人工聚合物的无限适应性甚至有望保护现代人类免受日益恶化的环境的不良影响。有一些塑料产品在人们心目中已经被视为理想物品，它们在性质和功能等方面等同于甚至超过了那些由天然材料制成的产品。然而，这种变革的到来并非没有付出惨重的环境代价。

充裕与浪费

从 20 世纪 30 年代开始,合成产品比如尼龙和涤纶(聚酯纤维)所营造的主题是富足、舒适和社会的繁荣。化学让自己承担了这个社会转型的责任,将物质财富定位于大多数收入微薄的家庭都可以承受的范围内。作为奢侈品的万能提供者,化学在 1929 年华尔街崩盘后的大萧条时期展现的是一个特别讨人喜欢的形象。然而这里存在一个悖论,使人们经济富足的这些材料同时也具有高度耐用性。因而,这些聚合物材料如果被应用于制造使用期相对较短的产品则意味着物品被扔掉之后其原材料还需要经历漫长的时间才能被破坏,从而导致产生了废物处置的巨大问题。因此,让·鲍德里亚(Jean Baudrillard)把塑料选为消费文化内在矛盾性的缩影并非偶然。所以,他可以指着以大规模生产短期用品为定位的社会进行嘲讽:"在一个物质(相对)充裕的世界,易碎品取代珍品,这又是另一种维度上的匮乏。"[18]

正如米克尔所述,在 20 世纪六七十年代,人们看到塑料及其制品不但成为现代化和美国梦的标志,而且也成为反主流文化的批判目标,反主流文化将人工合成的聚合物与它大力谴责的物质主义、肤浅的消费文化联系在一起。以相同的逻辑推理,化学成为了崇尚技术的资本主义社会的代名词,在这样的社会里,富足和奢侈的幻影疏离了人们之间的关系。因而在批评家看来,具有"可塑性"虽然也许预示这个人具有灵活性和适应性,但是它也隐含明显的负面含义:具有可塑性的人永远在发生着变化,他或她流于表面并且缺乏任何个性。的确,塑料及其制品是现代化、浪费的消费社会的一个十分贴切的缩影,因而生态保护运动者们鄙视和拒绝这样的社会。在他们的生态保护运动中,塑料小配件是首批被排斥的物件。他们提倡所有的衣物都应该由棉、羊毛或者亚麻来制作,家具用木头制作而餐具用陶瓷制作。"回归自然"的号召提醒人们拒绝使用所有化学合成材料,而同时支持传统的植物疗法并反对使用化学纯活性成分制成的现代药物。

卡森的批判精神在整个现代社会引起强烈反响,其他活动家们也随之利用卡森的论证精髓来谴责消费型社会。对后工业社会过度浪费的批判焦点已经从保护国家动植物转移到了对整个星球的全盘管理。化学工业与汽车工业既是污染源又是牟取暴利者,它们将自然形成的石油转变成可以废弃的人工材料,对环境或者地球上的自然资源从未给予应有的尊重。早期的生态保护运动不仅批判化学工业制造出来的短期人工产品,而且也批判它对原材料和能源的肆意使用。[19]正如我们所见,化学工业的污染性尤其显著,它将有毒废物排入大气、倾入河渠,因而也背负着大自然天敌的千古骂名。而且,"污染者付费"立法的传播也有效给予各种形式的污染以合法性认可,它们不仅对环境造成危害而且也对人类健康造成潜在威胁,在这样的情形下如何让公众放下他们心中的担忧呢!

化学招致的灾难

回望过去的50年,我们很难不把化学工业与严重的大规模事故联系在一起。1976年7月10日,在意大利的塞韦索,奇华顿-霍夫曼-拉罗什(Givaudan-Hoffman-Laroche)生产工厂的反应釜发生爆炸,爆炸释放出高毒性的化学品二噁英[TCDD,二氧杂苣(qǐ)]。37 000人被暴露于这种有毒气体中,伦巴第地区方圆1800公顷的区域遭受污染。

1984年12月3日,在印度博帕尔,联合碳化(印度)有限公司

(Vnion Garbide India Ltd)的一个化学工厂发生异氰酸甲酯泄漏,导致 3800 名成年男女和儿童丧命,40 人终生残疾,另外还有 2680 人遭受非严重性残疾和健康问题。这些精确的统计数字来源于深入彻底的调查以及事故发生后历经的无数次法律程序。在 2004 年该次事件的 20 周年纪念中,虽然媒体报道覆盖度有限(通常由于诉讼正在进行中),但还是可以透过这些有限的媒体报道看出人们对灾难后补偿和赔偿问题的悲观情绪。

2001 年 9 月 21 日,位于法国图卢兹的道达尔-菲纳公司(Total-Fina)旗下的 AZF 工厂内储存的一批硝酸铵发生爆炸,导致工厂工人全部丧命,爆炸同时对周围居民区也造成严重损坏。这次事故使当地居民对化学工业产生了极大愤怒和怀疑。各种调查审讯和专家报告并没有对事故给出确定性结果,因而对安抚人们的恐惧几乎没有起到任何作用。图卢兹居民的恐惧反映出一个事实,即在人口密集的城市地区建造大型化学工厂具有很多潜在危险。当工厂生产或者储存像硝酸铵(一些臭名远扬的爆炸中已经涉及该物质)和光气(第一次世界大战中被用作毒气)这样的危险物质时,更是具有不可估量的潜在危险。

每次工业事故都为工业家们和公众的权威提供了宝贵的经验教训。例如,塞韦索发生的二噁英事故便是欧盟两项工业安全法令出台的背后原因。然而,化学家们比任何其他人都更加清楚地知道,化学中不存在零事故风险的事情。图卢兹的 AZF 工厂事件说明,即使是经过批准拥有符合国际标准化组织(ISO)规范的生产设施也有可能发生爆炸而造成相当大的破坏。所以,尽管日常生活中化工产品无所不在,但在人们眼中,化学依然携带着一股疯狂而不可预测的力量。化学会对人类的生命、健康和财产造成威胁,显然这是不可否认的事实,所以也意味着需要对它加以严格地监管和控制。

人工与天然

至此,我们已经向读者展示,化学和天然之间的对立划分——把所有负面含义都归于化学,比如有毒、脏乱、污染——并不简单是由于不懂得感恩的人轻信煽动或者非理性思考导致的结果。因而,人一方面明白化学带给了他们多少物质利益,多大程度上改变了他们的生活,另一方面依然可以对这门科学及其工业应用持怀疑主义态度,或者至少抱有不确定的怀疑想法。化学与天然对立的背后存在两个事实。首先,化学工业本身通常需要处理具有内在危险性的物质,这种危险性可以存在于原材料或者最终产品之中。再者,现代化学工业的发展有它的历史背景。现代化学工业成长在大规模生产的经济形势下,它需要适应迅速增长的消费型新社会,为社会提供丰富(乃至过剩)的物质商品。历史上,杀虫剂和除草剂的大量使用其背后的逻辑便在于结合了上述两方面考虑,它涉及大面积使用高毒性物质以试图彻底改变自然状况,使它更加多产或者更适于居住。塑料产品的本质是便宜、可以批量生产和具有可丢弃性,这也使得化学被看成虚荣的科学,认为它浮于表面而不真实。如果想参与一场针对当代化学现实的合理性、建设性的大讨论,那么我们需要将化学的历史和文化背景加以考虑。化学公司仅仅策划正面的标语和营销活动还不够,他们还需要解决公众对化学的恐惧心理,包括真实存在的恐惧和想象中的恐惧,而只有认识到化学形象复杂的文化根源,他们才能做到这一点。

注释:

[1] E. Homburg 等(1998)。

[2] A. Andersen(1998)。

[3] R. D. Haynes(1994),J. Schummer 等(2007)。

[4] J. Schummer 等（ 2007 ）。

[5] R. Powers（ 1998 ）, p. 320。

[6] 第二次世界大战期间及以后,卡森曾在美国鱼类及野生动物管理局工作,在这期间她发表了一系列广受欢迎的关于海洋生命传奇的著作:1941 年出版《海风之下》(*Under the Sea Wind*),1951 年出版《环绕我们的海洋》(*The Sea Around Us*),1955 年出版《海边》(*The Edge of the Sea*)。

[7] 考虑了无机组成和有机组成要素之平衡,将地球视为可自我调控的、和谐存在的地球观通过 J. Lovelock（ 1979 ）得到普及,J. Lovelock（ 1979 ）是不同于卡森率先提倡的环境保护主义的另一涌流之源。

[8] 对于该主题的讨论请参考 H. Petroski（ 1992 ）。

[9] S. Handley（ 1999 ）,J. L. Meikle（ 1995 ）,S. Mossman 和 P. Morris（ 1994 ）。

[10] D. S. L. Cardwell（ 1975 ）,Haber（ 1986 ）。

[11] D. J. Rhees（ 1993 ）。

[12] R. Friedel（ 1983 ）。

[13] J. L. Meikle（ 1995 ）,（ 1997 ）。

[14] R. Barthes（ 1971 ）,p. 171-173。

[15] L. Boltanski 和 E. Chiappello（ 2000 ）。

[16] C. Malabou（ 2000 ）,p. 6-25。

[17] J. Meikle（ 1993 ）,p. 12。

[18] J. Baudrillard（ 1968 ）,p. 204。

[19] K. E. Boulding（ 1966 ）,p. 3-14。

第 3 章

炼金术士的诅咒

在上一章,我们通过回顾化学历史探讨和解释了并非从最近才开始的化学信任危机。这种危机与古老的化学传统和对化学的负面认知遥相呼应,从而更加突显出问题的严重性。因而,现代的我们对化学的恐惧反映出的是在漫长的化学历史进程中人们的恐惧记忆的逐步累积,而最初的恐惧可以追溯到至少中世纪时期。对恐惧的记忆在很大程度上是一种无意识行为,但是它却因媒体以及大众喜爱的科学文学和科幻小说的一次次激活而不断被加深。

魔术师和江湖术士

《可恶的手段》(*Sciant Artifices*)以"致博学的能工巧匠们"作为书的开篇,是由波斯哲学家阿维森纳(Avicema)于980—1037年发起的一部措辞激烈的讨伐炼金术的著作。[1]该书翻译成拉丁文之后在13世纪的欧洲哲学家当中广为流传。当然,能工巧匠就是所说的炼金术士,这些怪物般可怕的工匠用他们的手工作品倾覆了大自然的秩序。[2]虽然在中世纪时期炼金术明显属于"技艺"的范畴,但是它的地位却从来没有上升至大学里划分的文理学科的档次。把富有争议性的实验室制备的金属和其他化学治疗药引进到制药系统中,使得围绕化学手段的整体合法性的争论更加透明和具体化。众所周知,巴黎医学院在 1566 年禁止学院内部使用锑金属,而与此同时,化学药品的使用在 17 世纪已经变得非常广泛,这多少与帕拉塞尔苏斯(Paracelsus)这个人有关。[3]

图 3　象征炼金术士"伟大工作"的艺术作品。化学入门展示牌 18。丹尼斯·狄德罗和让·达朗贝尔(Jean D'Alembert),Encyclopédie,planches chimie,Paris:Panckoucke,1751—1765。来源:私人珍藏。

一般而言,炼金术士们与化学治疗药物的支持者们站在同一条战线,他们会以医学争论为托辞来论证"技术性"手段的整体合法性。

阿维森纳写《可恶的手段》这本书的目的,是想要表明炼金术是纯粹的欺骗活动。其主要抨击对象是象征着炼金术的实践活动,比如把廉价基础贱金属(比如铅或者铜)转变成有价值的贵金属银、金等。阿维森纳称这种实践活动为"炼金",他认为这种实践活动只不过是毫无希望的妄想。为了说明立场,他在书中解释了地里的金属是如何形成的,并利用两个论据证明不可能将一种金属转变成另一种金属。

阿维森纳认为,天然黄金与炼金术士口中的人工黄金有本质的区别。后者是仿制品,它模仿的只不过是真正天然黄金的外观。在阿维森纳看来,技艺必然逊色于自然,没有任何人工过程可能将廉价金属转变成另一种金属,更不用说是转变成贵金属。他的论证以亚里士多德原则为前提,即技艺经常会模仿大自然。在亚里士多德哲学中,技艺与自然之间具有类比性反转了终极因素所起的作用:

技艺在一定程度上完成了大自然所不能完成的,又在一定程度上模仿着大自然。所以,如果人工产品是为了一个结果,那么很显然天然产品也是如此。天然产品与早先提到的若干术语的关系,对于两者而言是相同的。[4]

然而,在其《物理学 II》另外一段著名叙述中,亚里士多德关注的则是自然和艺术之间的根本区别。自然存在的事物具有内在的运动和静止原理,而人工物品,例如一张床或者一件大衣,不拥有任何类似的固有变化倾向。人出生自人,但是床却非产生自床。[5]这里的区别属于本体论范畴,经院哲学家宣称,技艺不可能创造出一个本质或者"实体形式"。因而,虽然炼金术士的黄金外观上或许与天然的黄金完全一样,但它总归因为缺少恰当的实体形式而无法与自然黄金真正相同。

阿维森纳提出的第二个论据是关于每种金属的固有性质。阿维森纳认为,这些性质是未知的,因为它们无法被感知。他接着说,炼金术士们不能操控他们不知道的事物,因而不能将一种金属转变成另一金属。如果没有对给定金属物种本质性质的真正了解,那么炼金术士们就不能妄想实现对该类金属的任何转变。所以,关于拒绝相信在天然黄金之外有任何真正的黄金,阿维森纳一方面有很好的理论根据来怀疑炼金术士们所谓的转变涉嫌欺诈,或者说是彻头彻尾的不诚实,另一方面也有原则依据来否定炼金术产生的黄金与天然黄金的等同性。

事实上,阿维森纳翻译的是亚里士多德的《气象学》(*Meteorology*),并以此为依据从哲学角度对炼金术士进行批判,这意味着他利用了一些当时最受尊敬的古代哲学家们的权威。[6]有趣的是,《可恶的手段》不仅成为批判炼金艺术的教科书,也是抨击一系列其他技艺矫揉造作、自命不凡的教科书。因而,自认为创造了植物新物种的农场主们发现,用上面刚刚讲到的第二个论据即可以否定他们所谓的创造。

然而,炼金术士们则发现他们自身受到的待遇简直还不如江湖骗子,一些批评家们将他们的炼金术诠释为一种形式的魔术,甚至是神鬼妖术。[7]托马斯·阿奎纳(Thomas Aquinas)认为,从魔术传统意义的角度看,炼金术既非完全反自然,又非超自然,而是自然之外(来自拉丁语"praeter naturam",意思是在自然旁边或者在自然之外)。对于阿奎纳而言,自然之外的范畴涵盖了所有异常现象或事物,比如妖怪、奇迹、天才和彗星,虽然它们不属于正常自然进程的一部分,但也不能真正将它们视为是反自然的。其实,阿奎纳将炼金术放在这个范畴中是因为他对当时的超自然解释持有怀疑,超自然解释认为在炼金术士的技艺背后隐藏着魔鬼玩弄的把戏。无论炼金术士的技艺是欺骗的产物还是魔术的产物,天主教派采取的态度不会因此有什么不同,他们就是要批判炼金术士。[8]因而,我们可以看出,中世纪炼金术士引发的论战更加突出了自然与技艺之间的亚里士多德划分,而且,当时的那些论战也为把化学描述为反大自然科学这种至今仍然存在的论点提供了彩排。化学被认为逐渐破坏了大自然创造的秩序,比如本应不变的物种秩序,从而背叛了自视等同于上帝的傲慢的人类。总而言之,化学是反自然的。在现代西方文化中流传着一个传说,传说主人公是与邪恶达成协议的科学家,它强化了化学和魔术之间的联系。这个传说有其真实的历史人物原形——一个生活在 16 世纪初的、名为约翰·浮士德(Johann Faust)的炼金术士和占星师,他无比自豪地推广和宣传他在黑色魔术和通灵术方面的惊人成就。[9]

为把戏辩护

虽然备受谴责和攻击,但是炼金术士们却也有很强大的防御能力来保护他们自己。首先,他们可以提供实验演示,采用分析和合成的方法来证明(即字面意义上的证明)他们的产品的真实性。理论方面,他们也努力证明其手段的合法性,从物质的本质而不是外观来论证天然物质和人工物质的等同性。因而,早在 13 世纪,在弗朗西斯·培根(Francis Bacon)开始有关科学和技术的著述之前,远在机械论哲学兴起之前,炼金术士们就试图灌输一种思想,让人们相信人有真正的实力转变大自然。

在这里,我们可以引用署名为"塔兰托的保罗"的方济会修士针对阿维森纳的《可恶的手段》这本书所写的一篇标题为《理论与实践》的文章来证明。他在文中宣称,人类的智力赋予了人类对大自然的统治权,因而允许人对大自然进行操控。[10]"塔兰托的保罗"借用第一性质和第二性质在学术角度的区别来为炼金术辩护。技艺仅适用于第二性质,诸如颜色、气味等,但它完全没有希望改变所操控物质的性质或本质;与此相反,有些技艺像医学、园艺和炼金术等直接作用于物质的主要性质,比如热、冷、湿、干,所以有能力转变所作用物质的性质或者本质,从而可以改变天然物种。此外,有的著述比如盖贝尔(Geber)的《赫尔墨斯之书》(*The Book of Hermes*)甚至进一步明确宣称,人类生产活动优于大自然的生产活动。在没有挑战公认的技艺模仿大自然这一智慧判断的情况下,该作者宣称模仿的成功在于人工物质复制了天然物质的本质属性。这是有可能的,因为技艺使用的是与大自然相同的手段和相同的过程,而且技艺的优点在于能够对天然模型加以改进。[11]

像炼金术这样的技艺,只有在人们能够诱导大自然产生通常它需要在不同状况下自行形成的事物的时候才有可能是真实的。农业是技艺的最好例子,在农业中,人们以更加富有成效地获得人工产品为目标,充分利用了大自然中的现象——谷物的生长和成熟。农业作为技艺的论证围绕亚里士多德的"四因说"展开,所以我们有必要花费一点时间解释什么是"四因说"。

亚里士多德认为,对任何事物或现象的解释都需从四大原因考虑:质料因、动力因、形式因和目的因。以经典的大理石雕像为例来对这四个原因加以说明。质料因是指雕像由大理石构成,动力因是指用凿子作用于大理石块以塑造雕像,形式因是指艺术家在雕刻时头脑中所具有的雕像的形状,而目的因是指雕像的意图功用——装饰、喷泉或者其他功用。根据炼金术的亚里士多德"四因说"支持者的解释,人工产品与天然产品仅在动力因方面(或者生产该产品的动力形式)存在不同。以农业中的一块麦地为例,我们可以看出,质料因对于培植小麦和天然野生小麦而言是相同的,即指小麦本身。在两种情况中,小麦的形式因存在于小麦粒本身,而目的因是饲养动物(人工种植小麦则专门用于喂养人类或家畜)。因而,两种小麦唯一的不同是动力因,在人工种植小麦田中动力因是农夫而不是大自然。

1619 年,丹尼尔·森纳特(Daniel Sennert)出版了他的《亚里士多德化学和伽林化学的一致性与分歧》(*De Chymicorum cum Aristotelicis et Galenicis consensu ac dissensuliber*),他在书中称,炼金术士们转化金属所采用的步骤取自于大自然,所以金属在炼金过程中发生了真实的转变。他也就"技艺不能将大自然结合在一起的东西拆分开来"这种经典异议作出了回应。持这种看法的人认为,关于帕拉塞尔苏斯三元素——盐、硫和汞,即使真的分离出这三种元素,它也必然是人工的产品而不可能与天然元素相同。[12]森纳特在回应中说,动力因本身就是天然的,即使有工匠参与,我们也不应该盲目认同化学解决方案不是天然的这种武断的说法。这是因为,工匠的参与是通过火和热——森纳特所认为的自然因素实现的。尽管化学家实施的转变或许发生在使用人造火炉制造的人工容器中,但它们却遵循与大自然转变相同的途径。因而,化学家使用热和火是合乎大自然法则的,使用热和火的转变过程只不过是产生真正产品的大自然过程得到了控制和引导之后的形式。

通过以上例子我们可以看出,炼金术士及其支持者是如何通过既着眼于质料形式的概念以及自然和手段之间的本体区别,而又不偏离亚里士多德传统,以确保炼金术或化学转变具有合法的哲学空间。虽然化学家们的目的是为了证实他们可以制造等同于天然物质的人工物质,结果这些化学捍卫者们也同时证实了实验方法和化学技术本身的合法性。17 世纪的炼金术士和"化学术士"提倡的炼金术形成了当代欧洲人文文化不可分割的一部分,其特征是相信人类可以掌控大自然。[13]这不只给予了批判者们及时的还击,一些思想家们甚至还认为炼金术士们可以效仿上帝的最高功绩,即利用化学来创造生命。

浮士德式雄心

　　将无生命物质转变成有生命物质是化学家们锲而不舍追求的梦想。例如,帕拉塞尔苏斯认为性交对于文明的男女而言不够有尊严,他试图通过将精子留在马粪中腐化 40 年而制造出一个"人造小人"。[14]创造人造生命的幻想一直借着犹太传说中的假人傀儡(Golem)而活跃在西方文明之中。人所共知,这个幻想通过歌德(Goethe)的《浮士德》和玛丽·沃斯通克拉夫特·雪莱的畅销书《科学怪人:现代普罗米修斯》(*Frankenstein: or the Modern Prometheus*)而与 19 世纪的新科学紧紧相连。雪莱的《科学怪人》最早于 1818 年出版,故事主人翁维克多·弗兰肯斯坦(Victor Frankenstein)是一个才华横溢但过于野心勃勃的医学院学生,他将从停尸房和因格尔施塔特解剖室搜集来的尸体各部件拼凑在一起,并学会了如何利用化学赋予其新的生命。弗兰肯斯坦怪异和恐怖的创造让他发现自己成了人类包括他的创造者(指上帝)眼中令人憎恶的人。弗兰肯斯坦杀死了自己的朋友和家人,以此向他本人充斥着被拒绝、被排斥、被憎恨的悲惨命运复仇。这种被转置到现代科学特别是化学以及最近兴起的遗传工程和人工智能科学当中的普罗米修斯式的狂妄雄心和被"神明"报复的故事回响在整个 20 世纪,而且还被带入了 21 世纪。这个故事曾经启发人们创作出无数版本的艺术作品,其中以这个故事为主题的两部影片《侏罗纪公园》(*Jurassic Park*)和《黑客帝国》最为成功。的确,化学家们时常孕育着创造人造生命的雄心,而具有高度争议性的有关计划似乎至少部分驱动因素是想要证明化学有掌控世界的力量。即使是这类计划几乎完全只限于文学的 19 世纪,化学家们也仍然保留着与大自然竞争甚至超越大自然的雄心。

在 1876 年出版的一本书中,米奇林·贝特洛(Marcellin Berthelot)承认,一个化学家"从来没有希望能在实验室形成一片叶子、一颗果实、一块肌肉,或者一个器官",[15] 而其唯一的抱负是合成直接的有机单元,其复杂程度甚至比植物或动物中发现的最简单的单元还简单。然而,与同时代的其他化学家们一样,贝特洛表示,合成以往只能从生命有机体中获得的物质,最终断送了把生命物质与非生命物质区分开来的"活力"这一概念的意义。的确,1828 年沃勒(Wohler)成功合成尿素这一事件被认为是结束活力论的标志,这一观念的形成很大程度上是威廉·霍夫曼(Wilhelm Hofmann)和赫尔曼·科尔贝(Hermann Kolbe)两位化学家的功劳,因为有些卓越的有机合成方法就是这两位化学家发明的。然而也有与上述观点唱反调者,认为沃勒合成尿素不代表它清晰说明了有机物质中缺少生命活力。沃勒的尿素合成没有遵照贝特洛提供的全合成定义,因为合成没有使用尿素的构成元素碳、氢、氧和氮作为原材料,而是从一个有机物质氰酸铵开始的。尽管如此,尿素的合成的确是有机化学中的一件大事,因为它给化学提出了一个新的问题,即异构问题。由相同元素、相同比例组成的两种物质却可以拥有不同的性质,比如氰酸铵和尿素(化学分子式均为 CON_2H_4),为什么?[16]

虽然只有从元素开始全合成一个有机化合物才能够为反对生命主义提供强有力的辩护,但是正如约翰·布鲁克(John Brooke)和彼得·拉姆贝格(Peter Ramberg)所指出的,有关生命的奥秘与化学合成之外的问题有更大关系。的确,化学的身份认同及其未来定位在这场辩论中危如累卵。对于化学家们而言,重要的是,在一门统一而强大的学科的庇护下,有机化合物的合成(当时有机化合物完全是从生命有机体产生的)提供了将有机化学和矿物化学结合在一起的可能。化学家们不得不承认有机化学中的"有机"与生命有机体中的"有组织"之间有根本的差别,所以器官的组织结构与功能研究留给了解剖学、生理学和生物学,然而在生命体中发现的物质都由相同的元素组成而且遵循与无机化学相同的规律,这一事实是化学家们能够在动植物生理学中建立起化学这门学科的立足点。同样,以农业、生理学甚至医学为背景来思考"应用化学"也变得合情合理。因而,化学的能力问题以及化学领地的合理界限问题是 19 世纪许多科学论战背后的原因,比如对于发酵与自发生成的争论。

化学希望扩大其合法范畴的愿望可以部分解释为什么在 18 世纪和 19 世纪进程中会用唯物主义和无神论来验明化学。化学,即使不能用无信仰来形容,也被看作一门没有敬畏之心的科学,它出于对权力的渴望,恣意置创世秩序于不顾,特别是,它用自命不凡的态度把生命形式简化至化学反应,这是对生命的不尊重。大自然历史不但甘愿充当载体,让上帝创造人类的壮举大获赞誉,并且还为自然神论提供了主要的论据支持,而相比之下,化学却似乎更像是人类精神价值观甚至是宗教信仰的一个祸害。[17]在整个 20 世纪进程中,科学家们都在持续不断地论证把分子生物学还原至化学的可能性。著名的美国化学家莱纳斯·鲍林(Linus Pauling)坦承:"从 1936 年开始,我们的主要研究工作就是攻克生命的本质问题,我认为研究工作是成功的,我和我的学生们所开展的实验研究提供了强有力的证据证明,生命有机体令人惊异的特异性特征比如能够生出与自己相似的后代,是具有互补结构的分子之间发生某种特殊相互作用的结果。"[18]再例如,雅克·莫诺(Jacques Monod)在其 1970 年出版的《偶然性与必然性》(*Chance and Necessity*)中频繁使用"化学制造机器"的比喻来论证从细菌到人类的生命统一观。

无论中世纪炼金术士们是否越过了天然品与人工品之间的边界线，19世纪炼金术士继承者们是否越过了生命体与非生命体之间的边界线，抑或20世纪的化学家们是否越过了人类与细菌之间的边界线，化学已经挑战了许多人类文明的社会和文化价值观背后的最基本分类。因此，在开始被看作环境威胁以前，化学已经被视作人类文明建立所依赖的基本原则的威胁。

从提取物到仿造物

虽然自中世纪以来一直到今天，化学吸引了很多负面关注，但是我们不得不承认，传统中化学技艺也代表着一种古老的智慧形式，它在减缓现代城市生活对环境造成的影响中起着很大作用。在18世纪，像伦敦或者巴黎这样的大型城市中心一般都有成群的女性和儿童在城市各处搜寻和收集动物骨头或者尿液，将之用于化学工厂的生产活动，这些工厂通常建立在城市郊区。这些大城市无疑会比今天拥挤和脏乱得多，但是它们同时却是相比今天的城市更加平衡化的社会体系，它们更加接近于今天非常流行的"可持续化"城市模型。因而，一个复杂的回收再利用系统可为一定范围内的"第二"技艺提供原材料，这其中许多属于化学原料。不错，著名的格言"没有无中生有，亦没有有中生无"的最初建立很可能正是缘于这种回收活动，但它却被错误归功于法国化学家拉瓦锡。

收集动植物产品的工作很长时间以来都是化学艺术的基础工作，主要目的是制作出适合于人类使用的天然产品。例如，我们可以从"氨"一词的起源中窥见上述过程的痕迹。根据传统词源学，该单词来源于名为阿蒙的小镇，镇上的工匠们收集骆驼（或者其他以咸蔬菜为食的食草动物)的排泄物,然后在沙漠骄阳下晒干而得到铵盐(比如氯化铵)。铵盐是某些染料的基本成分,比如金属制品的最后完工所用染料,铵盐也可用于制造药品。同样,使用植物或动物纤维来制造服装织物也是通过一系列化学艺术的研发才得以实现,特别是染色艺术。织物的颜色灵感来于三大自然王国:动物(例如紫色)、植物(例如靛青色)以及矿石(例如天蓝色),织物的颜色大多通过化学手段实现。[19] 需要记住的是,这些技术的研发是出于希望将大自然提供的原材料转变成可利用的形式,化学过程和工艺最初的目的并非是生产新颖的化工产品。而且,虽然一些化学过程和工艺会产生大量的污染,但是人们对工业生产活动造成的生态影响的有关认识还处于初期阶段,生态污染中的始作俑者是噪音污染和职业疾病。

随着时间的推移,自然资源的利用和再利用逐渐被另一个逻辑系统所取代,然而利用和再利用系统则已经重新循环为 21 世纪可持续发展的基本特征。20 世纪见证了经济和工业理性把化学推进到化学生涯的顶峰,工业和消费者都需求由实验室合成的材料来代替天然材料。这种替代过程一度既是化学的最大福佑同时也是它的最严重祸因。在某种意义上,人们可以说制药业是化学工业发展的前身,因为制药业早在 16 世纪即已经独享了属于自己的“化学革命”。正是在这个时期,帕拉塞尔苏斯派的药师们曾试图在当时构成传统药典的动植物提取物范畴内增加通常由金属盐组成的化学治疗药物。但是,只有在 18 世纪的时候,化学家们才开始在实验室中大范围制造各种“人工”盐。主要原材料比如纯碱、硫酸均开拓了新的人工生产渠道,这进一步促进了化学技艺范围的扩展,这里说的纯碱今天已知的化学名称是碳酸钠,它是制作玻璃和肥皂的主要原料。的确,这些原材料的生产加工通常处于蓬勃发展行业的核心位置,只有把这些原材料的生产从难以预料的天然资源中解放出来,行业兴旺的梦想才能够扬帆远航。因而,正当欧洲工业化开始初见曙光之时,化学刚好也通过大规模生产本质相同的替代品而取代了天然产品。[20]

为了更好地理解这里存在的问题,我们有必要对"人工"产品的身份问题进行一下探讨。比如以纯碱为例,它不像塑料,我们不能轻易用"非天然"物质来谈论它。因而,人工纯碱(碳酸钠)与它所取代的天然纯碱没有多少差别,两者均由自然界中出现的材料制备而成。天然纯碱是通过燃烧一种猪毛菜属(Salsola)植物制成的,而人工纯碱是用海盐(氯化钠)和硫酸制成的。在其他化学领域中也可说明人工品和天然品身份的不同,比如18世纪后半叶的化学家们把实验室中分离出来的气体(二氧化碳、氧气、氢气、氮气等)称为"人造空气",以将其与真正的天然大气区分开来。然而,拉瓦锡对气体组成进行考察研究之后发现,大气是由上述若干气体共同组成的,而且甚至可以通过分离和分析"天然"气体而获得这些气体组分。我们在这里讲这段历史的重点,不是为了说明"分离"比"合成"更加具有真实性或更加天然,而是想说明"人工"与"合成"二者不是同义词。[21]人工或者"人造"是人类干预自然发生过程的结果。人工参与程度取决于在对天然材料进行转化过程中所应用操作的数目和类型。因此,我们可以得出结论:人工既不是天然的对立面也不一定是对抗天然,但是天然和人工之间的界限问题仍然有待更多的探讨。

我们首先能给出的观点是,我们不能将天然物品定义为直接从大自然中获得的物品,这样的定义限制性太强而会排除通常认为是天然的物品。太多的所谓"天然"产品都需要经过化学或者物理的操作以使其实现意图的功能。所以,看似天然织物的羊毛或棉花,又或者茜草染料,它们仅仅是看起来比其他非天然的织物或染料更像天然产品。

而它们并不是从大自然中获取后直接加以应用的。的确,材料加工比如羊毛涉及到高度的技术干预,这其中包括对纤维进行分离、清洗并制成羊毛布匹等。[22]

我们想表达的是,我们使用的所有材料都属于人工材料,因为到目前为止,所有材料在使用前都需经过人为干预。这不只是一个单纯的学究式的分析结论,了解现代社会中"天然"这一概念背后的含义是非常重要的。我们认为天然是一个主观性的概念,它所传递的是一个人对某件事物与非人类世界接近程度的感知判断,不论这件事物有没有生命。羊毛与其来源绵羊接近,皮革与牛接近,而植物聚合物赛璐珞则不容易被视为与任何动植物有密切关联。显然这种认识反映出一个现实,从牛皮制作皮革进行的干预对牛皮的转变不如从植物材料制作植物聚合物进行干预发生的转变彻底,所以就天然和人工这方面而言,皮革和赛璐珞之间的不同不是绝对的,它们只是程度上的差别。然而,这种程度上的差别可以导致截然不同的结论,这主要取决于原材料落入天然范畴还是人工范畴。天然材料与一系列的正面形象相联系,比如舒适、熟悉、无威胁、无污染,而人工材料则趋向于隐含相反的含义。然而,如果我们回想一下"天然"原材料的早期取代形式则很容易看出,天然材料和人工材料之间的划分不是基于任何本体上的不同。合成聚合物的推出使得人工与天然的身份问题变得更加复杂,而如果以纯碱生产为例,那么我们的以上论点则会比较清晰。

纯粹与应用化学

在某种意义上,人类文明史也是人工产品的发展史。当人类首次从以狩猎为生转变成以农业为生时,他们已经掌握了许多用动植物皮制作服装、用植物和矿物产品建造房屋的技术。在某个时刻,羊毛开始取代兽皮成为最受青睐的服装织物,这是人工取代天然的最好的例子,不过,这个过渡时期很早以前就已经被人类的记忆所遗忘了。的确,如果穿戴动物皮制品的人因羊毛不是天然的而指摘穿羊毛披肩的人看起来已然十分荒谬的话,那么天然纯碱和人工纯碱之间的差别则更小和更不值一提了。

　　"天然"被"人工"取代是单纯的技术创新问题,还是在这个过程中也有科学的参与? 羊毛织物刚刚推出时很难将之与科学挂钩,但是对于激起工业革命的事物比如纯碱和其他产品而言,它们从未与科学远离。检验一下化学在人工纯碱的推出中所起的作用我们就可以明白这一点。科学的首要贡献即是向人们展示,人工纯碱可以在一系列工业过程中取代天然纯碱。在对植物和矿物资源进行考察与分析的系统计划中,化学逐渐得到广泛应用,化学的兴起不仅是人们接受化学为值得尊敬的学术性科学的强大后盾,也使得搞学术化学的化学家们可以发表和传递他们关于各种工业过程和产品的专家意见。[23]

　　巴黎科学院院士亨利·路易斯·迪阿梅尔·杜蒙梭(Henri Louis Duhamel du Monceau)是将科学应用于协助工业实践活动的新生代启蒙化学家的典范。他于 1737 年证明了从海藻中提取的碱与用植物脂肪酸制备的"人工"取代碱是相同的。杜蒙梭所做的工作很伟大,但如果因为杜蒙梭的前期工作而宣称半个世纪后推出的勒布朗克碱生产工艺只是对杜蒙梭科学结果的应用则是错误的。毕竟,勒布朗克工艺是在进行了许多年的实验与改进工作之后才得以实现正常运转的,而且,勒布朗克甚至花费了更长的时间使这个工艺始终保持竞争优势。关于这个工艺的发明人尼古拉斯·勒布朗克(Nicolas Leblanc)还有一个著名的民间传说,传说中人们把勒布朗克演绎为一个由于国家不承认其发明的真正价值而走投无路、被逼自杀的孤独的天才。然而这个传说给人们留下了错误的印象,其实法国政府不但对这种技术创新感兴趣,而且非常支持对重要原材料的人工生产进行深入研究。由国家资助的机构比如法国科学院,常常围绕这种项目组织有奖竞赛活动。总之,无论大众如何描绘人工替代材料的发明历史,它的产生从来都不是偶然事件。替代是经济学的重要元素,而创新文化与经济学密不可分,从而促使替代过程变得具有绝对必要性。替代物优于被替代物这种情况十分罕见,特别是替代过程的早期,一般都是因为被替代物出现突然短缺才引入替代物。为了在市场上取得成功,人工产品需要证明自身并提供看得见的明显优势,比如替代品是否在经济、金融、物理等方面具有优势。所以,人工纯碱只是随着新生产工艺的改进以及大规模生产,成本有效降低,产品价格远低于其竞争产品,才逐渐变得具有竞争优势的。这种渐进过程为产品——比如推动 19 世纪化学重工业发展的纯碱和其他化学原材料——生产和分配的全面技术体系的发展提供了比较充裕的时间。[24]

人工制品:自然与社会的混合产物

在 18 世纪,所有欧洲国家的政府都支持将新的科学比如矿物学和医学应用到对经济具有重要意义的领域之中,都期望在日益激烈的国家竞争中占据优势。在德意志联邦,受到重商主义的强烈影响,约阿希姆·佰科什(Joachim Becche)坚决捍卫化学在矿业和冶金业中不可或缺的辅助科学地位,并且认为化学对任何国家的财富增长都作出了重要的贡献。在瑞典,政府直接对采矿业产生兴趣,由国家资助的矿务局的作用是在全国范围内加速促进学术化学的发展。例如,J. G. 瓦勒瑞

斯(Johan G. Wallerius)在乌普萨拉大学做报告时把化学学科呈现为
"纯粹"化学因而获得了一个化学职位,是纯粹化学启迪了应用化学的
发展。[25]所以,化学知识与经济优势展望之间的紧密联系让化学实现
了从艺术到科学的转换,不过学术化学家们通常刻意让自己与直接将
化学理论应用于实际的化学任务保持着距离。[26]

　　纯粹科学与应用科学之间的相互交织确保了化学模棱两可的科学
地位,进而也伴随着化学在 18 世纪上升至体面的学术地位。回看当时
各种知识的分类方法,我们可以看出,化学在将自身与自然哲学的融合
方面取得了很大程度上的成功。尽管如此,如果仔细研究《百科全书》
的开始部分关于知识的分类,我们还是可以看出,狄德罗把化学与魔术
先后排在一起并且尽可能远离其他高贵的科学。其他高贵科学的主要
优势似乎在于,人们认为它们可以提供总体世界观。物理学和数学有
望提供"客观的"世界观,因为它们将科学家们置身于所述的物理世界
之外;而化学则似乎被毅然围困在经验现象的世界。然而,哲学家们的
矛盾心理并没有阻止化学成为 18 世纪比较受大众喜爱的科学。在法
国的巴黎和英国的爱丁堡以及在其他欧洲城市,不管课程收费与否,化
学讲座和其他公开演示课程都取得了相当大的成功。传统上,这样的
课程只属于医学生和药剂师的选修范畴,他们将其作为职业训练的一
部分,从中学习化学制备,但是越来越多的课程开始吸引与化学没有直
接职业关系的中产阶级。或许在巴黎出席这些课程的最有名的人物是
哲学家丹尼斯·狄德罗和让·雅克·卢梭(Jean Jacques Rousseau),后
者发展了一套完整的化学科学实践知识。从现代角度看,启蒙运动呈
现出来的景象是一个化学的黄金时代,在这个时代,化学看起来像是一
门颇为吸引人的时尚科学。18 世纪这种对化学的正面认可,可能在很
大程度上是由于当时缺少大型化学工厂。我们已经提到,在 19 世纪当

大规模生产开始,化学的形象即刻崩塌。

如今,从我们对化学的认识以及对其产品的评估中可以看出,化学工业在化学中仍然持续占据主导地位。因而,相比实验室产品,形容词"人工"更容易被应用于工业产品中。的确,"人工"一词的传播是与从手工制作向占据统治地位的商品工业生产的转变相呼应的。在化学中,这种转变与连续生产的方法取代批量加工工艺不谋而合,这一进步发生在 18 世纪的北欧。[27] 然后,在这个工业化时期,天然与人工之间的划分使化学品生产的方式发生彻底转变。没有特别原因可以认为,由新的连续性生产工艺生产的硫酸与分成不同阶段生产的硫酸相比人工化程度更高,不过,连续性生产工艺过程本身的确更加复杂化和不好理解。关于这些新的工业生产工艺,正如汉娜·阿伦特(Hannah Arendt)所说的,它们改变了生产的概念,生产的集中和自动化意味着生产工艺不再是结束的手段而是成为结束本身。[28] 相比阿伦特本人以电为例所作的解释,化学工艺的发展本身更好地阐释了这种复杂的转变。化学工业中的连续批量生产工艺随时可以生产出大量的人工产品,因而也从根本上改变了人类与自然的关系。首先,这些化学工厂对土壤、水源和周遭的空气造成了前所未有的污染。其次,如我们在前文所述,这种现代的连续生产模式生产出来的人工产品构成了现代消费文化发展的关键元素,一个世纪以来这种消费文化导致工业产品和化学废物大量累积。而且,化学品的人工生产使得各国从原材料的地理分布不均等中解放出来。比如,染料和哈伯氨合成工艺造成了不可估量的经济后果和地缘政治后果,这些只是化学实践活动所产生的广泛影响中最显著的两个例子。

正如化学对其他商业领域的转变一样,工业化转变了化学中的生产经济学。最明显的效应是化学原材料生产成本的降低,同时新的生产工艺也确保生产工作条件更加安全,经济利益的考虑促使工厂主们降低风险以便于维持耗资巨大的生产计划的顺利执行。这些在 18 世纪即可获得的新的"人工"化工产品在价格上的戏剧性降低和数量上的戏剧性增高,并没有使其被视为廉价的仿制品。关于商品的本质,生产商、消费者都十分清楚,它们就是大自然或者国际贸易所不能提供的商品的替代品。所以,人工产品至少部分是新兴民族国家一种审慎的政治选择的结果,是为了摆脱原材料等的不可预测性以及国际贸易的限制。

　　无论是来自实验室还是工厂,人工产品一直都是自然与社会共同作用的产物。我们可以从若干不同的角度来理解这句话。首先,加斯顿·巴舍拉在其《理性唯物主义》(*Rational Materialism*)中已清晰阐述,从产品精细加工中工人们有组织的相互协作的运用上可以明显看出,包括天然物质的化学纯化形式在内的人工产品应该都属于社会产品。在实验室环境下,实验室的运转需要尽可能减少研究者、技工和其他助手人员的数量,而工业生产要求配备进行质量控制的技术人员以及负责制定规范和标准的国际专家委员会。这些标准虽然看上去似乎是独立、客观的,其实它们也是信奉各种习俗、惯例的人经协商沟通而达成的协定。其次,人工产品特别是工业产品的存在应该归因于人类社会历史中的意外事件:战争、封锁、经济压力、时尚等。历史上这样的例子有很多,我们可以引用其中一个:第二次世界大战期间,美国和英国被日本封锁和切断天然橡胶供应来源,这最终迫使两国投入前所未有的精力开发和大规模生产合成橡胶。

　　我们从首次合成的聚合物赛璐珞和酚醛树脂的例子中已经看到,这些合成材料相对廉价,或者也许正因如此,消费者通常将它们贬低为质量低劣的替代品。的确,一开始的时候,把这些聚合物材料推向市场所需要的科学和工业投入并没有被看作有利的卖点,而仅仅强调它们与所替代的真正材料之间的差距。人工材料被看作消费者不得不凑合使用的权宜之计,等到他们有了更多钱或者能够买得起真正的材料的时候便弃用这些人工材料。德语单词"ersatz"(代用品)在战争时期被用来称呼限量配给的日常生活用品,现如今也常常被用来形容合成聚合物。这个单词的使用说明,替代产品的推出营造了一种紧张关系,因为替代产品的本质属性威胁到了真品、天然品、社会和技术之间的划分。

从天然到人工的变迁也不可能是瞬间的转变,因为总会存在一个过渡期。这个过渡阶段不仅用来改进材料及其制作工艺,而且也让使用者逐渐适应这些材料的使用以及转变对待合成材料的观念。人工产品本身常常有被取代的危险,接受这样一个事实是参与创新文化的条件之一。在经济达尔文主义运行模式下,在材料使用过程中,相对于竞争材料而言,一旦出现材料的缺点(比如经济、生态、物理、化学、电学等方面的缺点)比重超过了它的优点,则这种材料的应用注定会消逝。因而,取代本身总是处于被取代的威胁之中。的确,现代工业和消费社会的逻辑是取代必定有一天也会被取代。一个完全满足于已有的"老"产品的消费者是持续经济增长的阻碍。

在总结上述对"人工"概念的分析之前,让我们再次把目光转向启蒙运动。在启蒙运动时期,化学对天然与人工之间的传统分界带来的挑战已经使让·雅克·卢梭无比烦恼,同时他也对另一种关键的分界特别敏感,即天然与社会之间的分界。卢梭曾是著名的大自然捍卫者,敌对所有属于人工的事物,是反对科学进步也同样反对艺术进步的哲学原则守卫者。虽然有着这样一种形象,但生活在人工化学品开始取代"天然"的时代,卢梭似乎已经明白,人工品并没有让我们与大自然远离,而是重新将大自然界定为资源的集合,如果这些资源不够完善,那么可以通过人类的干预来对其进行改善。在《论人类不平等的起源和基础》(*Discourse on the Origins and Basis of Inequality Among Men*)中,卢梭提出了"自然状态"这种虚构事物以便于探索"自然"到底是怎样一种概念。卢梭这样做不是在寻找大自然永恒不变的本质,而是在寻找可以施用的概念来解释历史。对于化学家而言,人类的本质,像矿物的本质或者植物王国的本质一样,被定义为完美性的来源。正如社会允许人们获得他们本没有的"人工"心智或者情绪,比如骄傲,同时社会也为在物质世界中引入新的性质提供了条件。所以,在多年致力于研究化学并撰写了有关化学的长篇论文《化学制度》(*Institutions chymiques*)之后,卢梭又被迫重新思考天然、人工和社会之间的关系,这也是必然的结果。在这篇未发表的作品中,卢梭将自然描绘为某种配置有四种工具的实验室。[29]卢梭平行构建了化学与社会,就像社会和文化是以人类完美性为背景进行精心构建一样,化学家重塑大自然是企图使其更加完美。这种对大自然的重塑反过来把社会推入技术进步的无止境竞争当中。对于社会和化学而言,人工源自于大自然而不是镌刻在大自然之中的固有事物。人工的产生不是出自于任何必要性而是出现于偶发状况,并且在人类文明即作为社会一部分的人类生活中合理存在。

　　化学家们总是在极尽所能(但未必是有意识地)不断努力超越极限。在一种唯我独尊的狂妄心态驱使下,化学家们推进了最疯狂的、耗费巨资的各种计划的开展,并且在神秘传说甚至在现实中,因计划的实施而常常受到"上帝"的惩罚。计划的开展成功将许多人工物质引入我们的现实生活。随着化学家的劳动成果逐渐为大众所熟悉,化学对于大众而言也变得不再那么可怕,但是人们对化学家创造的人工产品仍然会持有矛盾态度。像其他能够模糊某些重要分界线的东西一样，这些人工合成的物质既让人赞叹又让人害怕。最重要的是，它们在逐渐削弱我们的社会和文化系统赖以运行的规则，它们的确有这种能力。在建造我们现在居住的现代化技术空间过程中，化学的贡献是，它无法摆脱地将大自然编织成了现代社会这样的结构。

注释：

[1]对于本章这一部分，主要参考文献来源于 W. R. Newman(1989)和(2004)，特别是第 2 章。R. Hooykaas(1972)也从更加浅显的角度对这一主题进行了讨论 p. 54-74。同时还可参考 P. Smith(1994)。

[2]在此，我们使用"怪物"有两层与怪物相关的含义：一层含义是表明某种"怪异"的事物；另一层含义是亚里士多德意义上的非自然的事物，即对抗大自然秩序的事物。参阅 L. Daston 和 K. Park(1998)。

[3]参阅 A. Debus(2006)。

[4]Aristotle(350 BCE)，第 8 部分。

[5]出处同上，第 1 部分，作者译本。

[6]在中世纪时代，将文字归功于享有盛誉的、可能生活在文字发表以前几个世纪的"伪"作者是很多人的一贯做法。而且，当时"作者"一词的意思与今天相比有很大的不同。当时，虽然作者是文字"权威性"的来源，但作者不对内容拥有任何知识产权或者负有任何责任。

[7]L. Daston 和 K. Park(1998)，第 7 章。

[8]炼金术在 13 世纪末最初遭受到多米尼加人的谴责之后，于 1317 年在一宗告发炼金术为欺骗行为的官方争议中，教皇约翰二十二世颁布了一份教皇诏书作为总结陈词，1396 年宗教法庭颁布《反对炼金术》，确定了上述裁定。

[9]D. Lecourt(1996)，p. 64-65。

[10]W. Newman(1989)，p. 433-434。

[11]盖贝尔的 *Liber hermetis*，由纽曼(W. Newman)编辑并翻译成英文 *The Summa Perfectionis of Pseudo-Geber*(《伪盖贝尔的完满大全》)(1991)，p. 11-12。更多

上下文信息可参阅 W. Newman（1989）。

[12]该立场详述了玻意耳对任何元素均持有怀疑主义这一核心主题。加热后得到的元素存在于被分析物质当中吗？还是由火本身的作用产生的？因此,对化学家们的实验证据的合法与不合法的争辩并不是纯粹的认识论问题,而是必定也会引发形而上学的问题。我们将在第 5 章进一步讨论。

[13]这种与技术科学相关的人文主义是 M. Heidegger 的主要目标,他反对人类对世界进行归一化。M. Heidegger（1954）认为技术深远改变了人类的志向以及思维方式。

[14]Newman（2004）,第 4 章。

[15]Berthelot（1876）, p. 271。*La synthèse chimique*（《化学合成》）是 *Lachimie organique fondée sur la synthèse* 的删减版,分两卷于 1860 年发表。

[16]Ramberg（2000）和 J. H. Brooke（1968）, p. 108-112。

[17]发生在 19 世纪末的关于科学必定彻底失败的论战,贝特洛公开站在天主教派批评家们这一边并非偶然。

[18]关于鲍林与沃森（Watson）和克里克（Crick）在揭示遗传背后的化学机制方面的竞赛,更多信息可参阅 R. Olby（1974）,特别是 p. 223-320 这部分。

[19]A. Nieto-Galan（2001）,G. Emptoz 和 P. Aceves-Patrana（2000）。

[20]关于这些原材料大量生产的经典作品为 A. Clow 和 N. Clow（1952）所著。

[21]对于有机合成的最伟大捍卫者贝特洛而言,分析比合成具有更多程度的人工性。按照他的说法,合成仅仅是为了再生产或者模仿在大自然中直接发现的要素。通过对比,一个精心设计的分析可以让化学家们从任何生命有机体中分离出以前并不存在的新的有机要素,从而找出一系列天然要素中的缺失元素。

[22]正如达格涅（F. Dagognet）指出的,羊毛的使用需要一系列完整的技术操作,梳毛、梳通、纺纱以及染色、丝光处理等,"尽管我们或许没有创造材料,但是我们对材料进行了如此大的制作和改善,所以我们主要关注的是技术"。F. Dagognet（1985）, p. 104。

[23] F. L. Holmes(1989)。

[24] 标志化学工业开始的、生产人工纯碱的勒布朗克工艺没有马上被认为是优于其竞争者的。这个工艺存在很多萌芽期问题,首批产品不仅相对而言效率不高而且还具有高度污染性——产生大量的盐酸和硫化物。因而,像其发明人一样,在大革命中这个工艺也经历了艰难的时期,而且也是在勒布朗克自杀后才真正被启用,而当时所处的情形是,1807 年盐税被废除,法国生产受到进口关税的保护。尽管存在这些困难,或者说无疑也是因为这些困难的存在,勒布朗克工艺从未停止过改进,围绕这一工艺逐渐出现许多第二产业,比如生产工艺所需原材料或者对工艺副产品加以利用等。

[25] C. Meinel(1983)。

[26] 关于在 18 世纪末和 19 世纪初在法国确立的学术性哲学化学和药学之间的距离,可参阅 J. Simon(2005)。

[27] 有关化学品生产工业化综述,可参阅 A. Clow 和 N. Clow(1952)以及 R. P. Multhauf(1966)。

[28] H. Arendt(1958),p. 200-205。

[29] 参阅 J. J. Rousseau(n. d.), B. Bensaude-Vincent 和 B. Bruno(2003)。

第 *4* 章

实验室

为何化学家们如此不愿意欣然接受任何普适的哲学观点，以便通过世界之外的阿基米德支点来看待大自然？化学与阿基米德支点在哲学上的区别反映了化学的地理特异性：实验室。尽管实验室所属的物理世界更大，但实验室是为生产付出汗水和辛劳而保留出的空间，在这里人类通过对物质的人工操纵而对物质世界进行测试。顾名思义，"实验室"首先是一个劳动的地方，这个由炼金术士们发明的专属的习知场所仍然是独属于化学家们的领地，直到被 17 世纪开始出现的其他实验性科学采纳。很长时间以来实验室仍然是化学这门科学的独属财产，这促使我们对实验室这个对象进行更加详实的考察，而不只是怀疑它或许拥有回答我们本章之初所提问题的钥匙。即在这个独特的场所产生了什么样的知识以及实验室或许拥有什么样的特殊力量，弄明白这些非常重要。

看一看 18 世纪狄德罗的《百科全书》或者一些其他工具书，我们会发现，它们向我们呈现的实验室印象是一间装满仪器的屋子（图 4），但是实验室远远不止是材料、物件的收集库。实验室是一个执行指令的环境,它能够明确通知装配材料完成什么样的指令,使它们转变成为知识的工具。

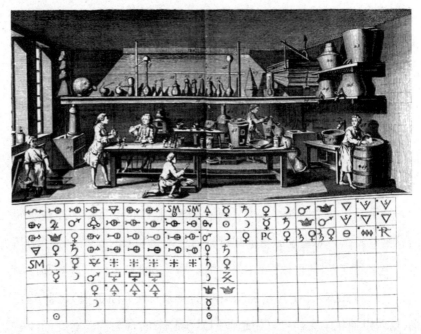

图 4　化学实验室与亲和力表。该表为经修订和扩展后的杰弗洛伊 1718 年发表版本。来源:私人收藏。

　　传统上关于炼金术士的绘画作品常常描绘的情景是,他们在本已昏暗无比的房间里捣鼓或观察着什么,而室内放满了各种大大小小的瓶瓶罐罐和仪器,使室内气氛愈发显得黑暗、诡异。这种阴暗、晦涩的形象既可以从字面意义上理解,也是一种隐喻。这种形象让我们联想到了封闭炼金技艺的讳莫如深以及传说中炼金术士们拥有的神奇力量,最著名的包括能够将贱金属转变成为黄金,或者能够制造长生不老药。在 17 世纪的时候流传着许多刻板印象和传说来贬低炼金术,而与此同时,实验室却逐渐变成一个光线更加明亮、更加通风、更加开放的地方。然而,这并不意味着实验室正在变得像解剖室、自然历史陈列室抑或实验物理学的演讲厅那样“高大上”。实验室不是展示知识的地方,它的用途既不是展示大自然规律,也不是将大自然母亲最隐秘的细节作为奇观呈现给大众。当然你也可以说实验室是一个展示厅,但是它不是一个表演展示厅,而是一个操作展示厅,是一个用于实施转变的地方。把某些材料带到实验室,施以某些操作,将之变成其他的东西,也就是说,原材料在经过一番转变之后得到的产品从来都不同于带入该实验室的原材料。这种转变也包括炼金术士本人,他们在实验室对材料进行各种加工处理,既转变了材料也转变了自身。与个人转变(甚至可以叫做变形)的过程一样,原材料向最终产品进行转变的加工过程仍然是晦涩难懂的,它笼罩着神秘,隐藏在化学反应的迷雾之中。在这个背景下,我们开始明白为何天平会获得具有象征意义的力量,那是因为天平赋予化学家们一种能力,使他们能够监控化学反应的隐藏空间内发生了什么。对重量的精确测量相当于为化学家们提供了一个阿基米德化学支点,以此可以跟踪和控制这些转变的发生。反应物和产物的重量已知,比对反应开始和结束时的重量(两个固定值)之间的差别,这两点使化学家们可以超越他们累积起来的有关实验转变的经验知识。

　　为了实现对物质转变的控制,实验室必须是一个封闭的、精心隔离的空间,以免受到以偶然事件、物质与过程的复杂循环为特征的大自然的干扰。的确,这正是实验室的意义所在———一个颇有特点的矛盾体,在刚刚过去的几十年,科学研究以实验室为依托诞生了诸多有意义的研究成果。实验室是一个特意与外面的世界隔离的地方,因而与外面的世界几乎很少有共同点。然而,实验室之所以存在,其意图也是为了获得关于同一个世界的真理。[1]不像自然学家们,以站在电闪雷鸣中用风筝吸引闪电的本杰明·富兰克林(Benjamin Franklin)这一"神话"形象为楷模,他们爬过大山或者徒步穿越田野,在开放的空间观察大自然,而化学家们需要在室内工作以免受各种因素的干扰。化学家们特意从自然现象中隔离出来以便于更好地理解大自然。这样看来,化学实验室是所有实验性科学的策略原型。而为了取得研究的成功,也要求科学家们对其研究对象制定一系列明确的研究任务。本章的主要目的就是对这个问题进行检验,以便找出化学实验方法的特点。

化学配方书籍

以下操作说明摘自尼古拉斯·莱莫瑞(Nicolas Lemery)的《化学课程》(*A Course of Chemistry*),这本化学教科书取得了很大成功,于 17 世纪将近末期时在法国出版:

切下 6 盎司或 8 盎司品质良好的大黄,在足够量的菊苣温水中浸泡 12 个小时,水面高于大黄四指宽;让水微微沸腾,用一块布过滤液体;重复前述步骤,用同样多的菊苣水浸泡残渣,加热,然后用力挤压残渣,倾出液体;混合浸泡液,让其自然沉降;过滤,滤液置于玻璃容器中,用文火去除水分,直至残留物如蜂蜜般黏稠、均匀。这就是大黄的提取物,把它置于药罐中保存。[2]

虽然当时这种药物制备“配方”构成了化学课本的一大部分内容,甚至直至 19 世纪晚期也不例外,但是我们今天不会讨论化学的这一方面。我们要讨论的是,大多数现代化学家们会认为,上述大黄提取物制备的配方更像是一种烹调方法而不是化学。

的确,化学经常被拿来与烹饪技术比较,科学批评家们时不时拿这个类比来蔑视化学,强调他们所看到的是一个缺乏严格理论的、主要被实验技术统治的领域。烹饪和化学两者之间的联系确实非常明显,毕竟所有的化学实验室都满满当当地布置着各种仪器、设备(瓷器、玻璃器具、烘箱等),就跟我们在厨房里看到的一样。在化学的基础操作方面，两者也有类似的交叉，比如加热、浸泡、溶解、研磨和结晶（参阅图4中所示的仪器）。在哲学家或者科学家口中，化学和烹饪之间的类比常常是一种贬损。这里暗含的意思是，化学像烹饪一样涉及按照配方进行操作，而这些配方的有效性已在漫长的试错过程中确立，所以暗示化学是一种纯动手而非动脑的工作，它远离了通常所理解的科学目标，即寻找具有包罗万象解释功能的理论。因而，在许多学术圈子里，化学经常遭受轻视，认为它与手工职业没有不同。在中学里，化学呈现为一门主要通过书本来获得知识的理论科学，一般被认为不如物理学那样"具有智力性"，或者说，人们对化学的印象是，学生学习化学更多的是机械式的死记硬背。有多少接受过化学教育的学生保留下来的知识仅仅是元素周期表中前几个元素——氢、氦、锂、铍、硼、碳、氮？尽管可能确实如此，尽管他们在获得这些知识的期间也很有可能涉及了很多实践性工作，然而课本仍然是化学最优先的教学方式。

在实验室，《化学课程》这本书一直是化学家们的好伙伴。的确，这本书是炼金术士主题画作的突出特色，为黑暗的环境提供一丝明亮元素。然而，这本书不是理论书籍，它包含的内容是关于正确产生化学变化的操作说明和配方收藏。首批印刷的《化学课程》或者专题论文提供了药物、化妆品、肥皂和其他有用物品的制备信息。在开始几章中，作者讨论了化学元素或者要素，然后转向基本内容，比较详细地描述了如何实现各种物质的制备。毫无疑问，购买某本书的驱动力通常首先就是书籍所提供的类似这种实践性资料。象征炼金术传统的秘籍很早之前就已经让位给了工具手册，比如 *Handbuch* 或者 *manuel*，这些手册无论描述的是配方还是方案，都包含根据规则和处方进行实践活动的精确操作说明。因而，我们可以将手册描述为"实施性文献"，用途不是建立某种论述而是教授一种操作规程，它们提供需要精确遵从的指令。[3]这种动作语言构成了化学论述的核心,当这种语言与实验演示搭配使用时能够传递最佳效果。因而,首先和最重要的,应该将"纸上谈兵"概念应用于上述配方书籍或者手册中,"纸上谈兵"概念由化学历史学家厄休拉·克莱因(Ursula Klein)提出,用以形容在纸上或者在化学家的大脑中对化学式进行各种操作。[4]然而,仅仅通过阅读课本学习化学是不够的,实际的实验工作非常重要,即通过"操作"来学习。因而,化学课本的主要功能是启发学生进入这种实践性工作,从而提供一种"虚拟学徒关系",或者通常情况下,更可能实现一种真正的学徒关系。

因而,书本形式的手册或者"配方书籍"构成了化学手工艺起源不可磨灭的痕迹,代表着冶金学家、玻璃制作家、肥皂制作家、药剂师和染色师的实践操作汇编。手册作为化学实验室的一个重要元素,与需要使用的小药瓶、烧杯或者烘箱一样必不可少。尽管如此,由于化学家们一般会从供应商手里直接购买所需实验试剂,使得这些手册在正确和安全操作实验仪器方面的重要性被模糊掉了,或者至少部分是这样。基础化学品的工业生产在19世纪才真正启航,但是我们可以从更早时期观察到上述购买实验试剂的现象,以拉瓦锡为例,他所用的许多实验化学品都是从擅长制备纯物质的巴黎药剂师那里购买的。[5]当然,在今天,你可以通过因特网订购保证纯度的化学品,它们可以在24小时内送达实验室,节省了数小时甚至数天自己辛苦进行分离、浓缩和纯化的工作。每一个学习化学的学生都知道,在化学实验课中,你会按照实验计划中一系列详细的操作步骤,制备那些可轻易从供应商处购买来的化学物质。当操作反应活性很高的化合物时,一丝不苟、严格按照计划进行操作至关重要,这样可以尽可能降低或消除爆炸或者其他事故风险;一旦发生事故,它便即刻载入该实验室史册。与只用一支笔和一张纸便可以工作的理论物理学家或者在计算机上研发模型的气象学家不同,化学家们担负不起在实验研究中让自己完全不受约束所带来的后果,因为这样做会有丧失生命的风险。化学看似深深固守于具体的操作细节,但它还是以默认的理论框架为指导的,甚至我们所讨论的前现代化学专著也遵从这一点。尽管如此,由于化学与大量特殊相互作用如此紧密相连,以至化学看似不会借助这种(理论)方式来使其所要求的"真正的"科学地位合理化。

化学的这种特殊性导致科学历史学家在对化学书籍的诠释中产生了深远持久的误解。对于大多数历史学家而言,他们很难想象实验性实践能够代替独立的理论,而后者是物理科学的前提条件。这导致许多人认为化学不能产生自己的理论,而只能从其邻近学科物理学借用理论。[6]例如,海琳·麦兹纳(Hé Lè ne Metzger)认为,在 17 世纪末,化学家们被条理清晰的机械论哲学"诱惑",但在将其输入到化学领域后发现该哲学与构成化学专著的经验配方集并不匹配。阿里斯泰尔·邓肯(Alistair Duncan)曾辩称,物质理论是作者们在介绍研究工作时调用的修辞手段,会很快在随后章节的展开中被遗忘,从而反映出化学家们一般而言是只关心建立事实的实际的人。按照邓肯的说法,化学家们不习惯于数学,也不愿在没有确凿经验和观察的基础上形成猜测性理论,他们满足于从"更受尊敬的学科中"借用它们的理论。这种观点类似于罗伯特·西格弗里德(Robert Siegfried)所持的观点,他是这样说的:"在 18 世纪,化学拥有像我们今天所称的理论结构,具有连贯一致的核心公理、假设原理,从中可以找到大量与经验相符合的衍生真理。"[7]然而不幸的是,历史学家们共有的这种偏见使他们无法看到,其实 18 世纪的化学家们已经能够从其分析实践工作中勾勒出概念性和理论性的结构。植物分析和盐的实验研究意义深远地改变了要素或元素的概念,关于这一点我们会在后面的章节中论述。而且,否认化学有自身固有的化学理论的历史学家和化学家们,趋向于将任何理论化工作解读为某种妄想用假说中的微观实体行为来解释宏观现象的企图。阿里斯泰尔·邓肯的话很好地阐释了这个立场:"作为几乎还没有被完全接受为学术上受到尊敬的哲学分支的活动实践者,化学家们感到不得不遵守机械学的解释。"[8]

化学的梦想是希望如同物理学一样,能够从包含每种情况的一般规律中推断出任何给定研究对象的个体性质。由于有这样一个梦想,现代化学历史各时期的无数化学家们都有过共同的经历:他们不得不遵照计划方案、操作仪器、处理化学品,并且一次又一次进行同样的重复工作,就像被下了诅咒。而这些一次次的操作通常都是伴随实验在某个点上出现错误而导致产生失败的结果,这样的失败经历更是加剧了化学家们的挫败感,也迫使他们再次重新开始。我们很容易想到,一个经历了数小时实验操作而疲惫不堪的化学家自然会羡慕像机械力学这样的纯推理性科学的研究者们,在推理性科学中具有预测性的计算已经取代了胡乱的实际操作。从这个角度看,关于化学家的命运生出很多抱怨就不感到意外了。批评家们认定,如果我们可以看到每一个原子,知道每个分子的位置,那么我们便可以将化学(重新)构建为一门推理性科学。只是化学家们注定要在黑暗中摸索前行,限于现象发展水平而从未能够进入到深层实质,只能知其然而不知其所以然。比如,18 世纪早期法国化学最伟大的权威人物之一路易斯·德纳(Louis Thenard)就持有这种立场,他在《化学哲学简论》(*Essay on Chemical Philosophy*)中写道:

关于分子的构成及其性质,如果我们有精确的概念,明确知道支配其组合形式的力的本质,那么几何学者们便可以对各种构成化学的形形色色的现象进行数学计算,那么我们就能够精心构建出一套名副其实的化学哲学。但是,我们发现自己目前所关心的是分子的性质和亲和力的本质,处于这种无知状态下,我们如何能够致力获得科学的一般原则呢?[9]

按照这种分析,是化学家的无知导致了化学理论目前所处的尴尬地位。化学家们不能得出第一原理或者构建出一般规律,他们只能立志去证明从试错的实验过程中得出的尝试性、条件性的归纳性总结。与理想的科学形象相比,化学必定显得捉襟见肘,必定会被看作不完美的。的确,这种不完美的形象曾一直困扰着化学,并且会继续如此。有多少次我们听见化学家们抱怨,他们只能解出最简单原子的薛定谔方程式,除此之外无能为力。比氢原子复杂的原子的薛定谔方程式很难解,这已经导致理论化学家们开始寻求简化法,发展涉及苛刻的迭代计算的近似技术。这些临时性的解再次使人们联想到与烹饪相关的粗糙技艺而不是科学应有的精确性,这种临时性近似解通常被认为是化学的根本性和永久性不完美或者因不纯粹所表现的又一个症状。

一个苦役之地

呈现了化学作为经验性和不完美科学的负面形象之后,我们现在想对该门科学的同一个特点进行一些正面的思考。其实,化学和"精确"科学之间的差距没有必要被理解为是一种瑕疵或者短处,我们也可以把它看作给予这门科学一种特权地位。有些人曾认为,通过研究和劳动获得化学知识保证了化学的自主性,而且更重要的一点是其认识论的独创性。的确,研究、操作、混合、辛苦劳作标志着科学的优点而不是弱点。

化学家一生注定在脏兮兮(而且危险)的环境中进行体力劳动这种印象是关于化学这门科学在其整个历史中的一个标准形象。这种印象是在寻求认知世界的过程中,在较广泛的、脑力与体力相对立的文化争论的背景中逐渐形成的。虽然许多哲学家们,特别是在柏拉图传统中,认为理论和脑力工作相比"只不过是"积累事实的体力实践活动,然而并不是所有人都这样认为。因而,当佛兰德化学家约翰·巴普蒂斯塔·范·海尔蒙特(Johann Baptista Van Helmont)表示"上帝以技艺换取汗水"的时候,[10]哲学家弗朗西斯·培根则把凭经验寻找真理的"蚂蚁"与更愿意编织理论的"蜘蛛"作为对比,提出用快乐的蜜蜂作为媒介来比喻理想科学更加合适:

　　对待科学的人可以分为两种:经验主义者和教条主义者。前者像蚂蚁,仅仅囤积和使用物资;后者像蜘蛛,编织出自己的网络。蜜蜂,居于两者之间,从花园和田野的花朵中采撷花粉,然后通过自己的努力加工并制作成蜂蜜。真正哲学意义上的劳动更像蜜蜂的劳动,因为它既不完全或不主要依赖于大脑的力量,也不会让自然历史过程和机械学过程以原始状态提供的事物躺在记忆中睡大觉,而是在理解中改变和加工这些事物。所以,与其什么也不做,我们更应该把这些比较接近和比较纯粹的(包括实验上的和理论上的)手段联合起来并从中寻找希望。[11]

　　狄德罗创作于 18 世纪中期的《大自然诠释论述》(*Discourse on the Interpretation of Nature*)采取的是类似的哲学二分法,不过,他认为蚂蚁和蜘蛛的工作是截然不同却互为补充的哲学使命。

　　收集事实并建立它们之间的联系,这是两项特别艰巨的任务,所以哲学家们选择将其分开来做。因此,其中一些人花费了毕生的精力收集事实素材,这种工作既是体力劳动又有用处。其他人,即那些骄傲的

"建筑师们"则匆匆忙忙将这些收集到的事实素材付诸应用,不过到现在为止,在经过时间和实践的检验之后,建筑师们建造的理论大厦几乎已经完全被推翻。身上沾满泥土的劳动者在没有指引的情况下继续挖掘,以为迟早有一天会挖出可以摧毁理论大厦的那个元素,而最后留下的遗骸将会是那些随意散落的碎石瓦砾,直到另外一个天才出现并试图将它们重新结合而构建成新的大厦。[12]

狄德罗已经清楚表明,与飘飘然的建筑师相比,他更支持浑身沾满泥土的经验主义者,并且对纯粹理论哲学家的傲慢十分不屑。几乎同一时期,加百利·弗兰索瓦·费内尔(Gabriel Frangois Venel)在为《百科全书》撰写的文章"化学"中类似的姿态也贯穿始终,加百利·弗兰索瓦·费内尔是来自法国南部城市蒙彼利埃的一名医生。在文中,费内尔借用一句习语来表达他的立场,支持化学家们享有培养独有认知风格的权利。化学家的语言可能简短而且晦涩难懂,这正是因为它反映出了化学家们对这个世界独一无二的经验——从科学和化学艺术两者的结合中获得的经验。因此,要理解感性和理性并重的化学科学的特殊地位,我们需要考虑化学在与世界的经验互动过程中所调用的手段。事实上,化学传统上调动了所有感官知觉,它们需要彼此协调达到一致。

一目了然

对于 18 世纪哲学家们而言,视觉是最具优先权的感官,而各种不同感知之间的关系则是需要重点关注的问题。从几个著名难解之谜中可以明白这一点,特别是与威廉·莫利纽兹(William Mdyneux)这个名字有关的。1688 年,莫利纽兹曾提出一个疑问:一名能够通过触摸将球形和立方体区分开来的盲人在重获视力后是否能够单凭看这两种物体便可以将二者区分开来？后来，约翰·洛克（John Locke）便开始研究莫利纽兹提出的这个问题。[13]

哲学家们并不害怕将认知能力与官能感知能力相联系，在 1749 年出版的著作《论盲人书简》（*Letter on the Blind*）中，狄德罗跟随的是笛卡儿（Descartes）的观点，他们认为盲人与数学家们一样，使用的都是抽象推理。

费内尔认为，化学家的特点之一是他们非常依赖于自身具有的"一目了然"的识别能力。除了视觉上的一目了然，这种能力还隐含其他方面："通过感觉进行判断的能力对于化学工作者而言是一目了然的能力，而实际上这完全归功于他在经常处理某种材料时逐渐培养出来的一种习惯。"[14]通过这种方式，费内尔强调，技艺娴熟的艺术工匠在形成其特征性的内在和非语言形式的知识过程中需要各种感知之间的结合和统一。与笛卡儿式判断能力或者天生的眼光不同，这种一目了然的能力不是与生俱来的。相反地，它是从孕育实践本能或直觉的人一生的实践经验中习得的，是艺术工匠的专业工具。

一方面，从经验中习得的知识其特殊之处在于它是属于某个体的特定知识。对于通过推理即可获得知识的情况，无论实施推理者和制定主题者是谁，通过推理都应该可以促成结论的产生，一般而言，这种知识可以与其他人互换。另一方面，一目了然的能力不具有互换性而只专属于个体。的确，在许多科学和非科学的领域中，经验、兴趣、智慧、耐心或单纯的顽固等特质结合在一起使某些个体形成其个人习性，从而使他们能够看出其他人看不出的东西。[15]我们借用其他领域的一个例子来说明：一个超声领域的专业技术员不难指出胎儿的心脏和四肢在哪里，而外行人看到的只是光影的闪烁和运动。

在费内尔看来,一目了然的能力是"艺术家"的特征,我们可以从"艺术家"一词的双重层面意义上去理解。艺术家首先是一名艺术工匠,这是《百科全书》中所记载的该词的首要含义;艺术家身为一名工匠,通过不断地实践,已经将自身训练成为几乎可以代表一系列技术的用作交易筹码的个体。其次是作为具有创造性天才的"艺术家"的含义,康德(Kant)在《判断力批判》(*Critique of Judgement*)一书中把这种创造性品质与单纯模仿作了对比。然而,天才的康德却不能够描述出创造从何而来。这种"默认""颖悟"知识的神妙莫测的本质与费内尔对化学的看法是一致的。因而,费内尔在撰写关于富有经验的化学家的预知或者预感时再次跟随了狄德罗的哲学立场:

经常需要进行重复性操作的习惯赋予体力劳动者们一种近乎灵感的预感能力,哪怕是那些最淳朴简单的领域中的工人们。然而,他们的错误在于,与苏格拉底一样,他们对于这种能力本质的认识是错误的,他们认为这种能力是一位熟友——魔鬼使然。苏格拉底在评判人类和权衡其状况方面经验异常丰富,对于最复杂微妙的情形,他会秘密进行准确而精密的内部计算,然后给出几乎从未失误过的正确预测。他从个人情感角度来评判人类,像有品位的人那样评判思维产品。实验物理学中的伟大技术人员们的直觉也是同样道理。他们经常密切观察大自然的运转,所以他们可以用最奇怪的实验相当精密地预测出大自然接下来发生的过程,以达到挑战大自然运转的目的。因而,重点不是在实验过程和结果中提供指导,这些直觉提供给那些开创实验哲学的实验物理学家们的最有价值的服务是向他们灌输一种预言精神,这种预言精神可以使他们嗅察到未知的过程、新的实验以及尚未发现的结果等。[16]

以上所述主要是关于感悟性的问题,这段话的引用有助于我们理解化学家的习性。一般而言,现代实验科学没有感悟的位置。如同主观性一样,感悟通常被简单认为是不精确的来源,说得更糟糕一点,即是错误的来源。而在这里感悟被给予正面评价,它被呈现为一种认知能力,一种抓住事实的直觉能力或者天赋。[17]然而费内尔表示,从更广义层面上理解,感情甚至激情在化学家的实验知识背景中占据一定的位置,引用柏克尔(Beccher)的话就是"对化学的欣赏属于疯子般的激情",从而将这种疯狂变成了一种价值。唯有化学家有勇气从事无休止的实验劳动这份职业,眼巴巴看着自己所有的时间和金钱被研究吞噬殆尽。经过从认识论层面到道德论层面的一番思考之后,费内尔转移到了政治和社会层面,将化学家们描述为"值得我们感激的公民"。[18]由此我们看到,在启蒙运动中实验知识如何表明感情和激情的运用以及如何反映科学家的政治和道德价值观。

尽管当代西方文化在很大程度上得益于启蒙运动,然而我们显然已经不再享有生活在那个时代的科学家或哲学家们当时的思想或者说心态:似乎感悟、感情和激情已经被人们从实验室中驱逐出去了。实验科学现在被设想为一个规范化、条文化的过程,这个过程由假说的形成、实质结果的推演和理论的实验检验组成。然而,正如哲学家和化学家迈克尔·波兰尼(Michael Polanyi)的哲学所示,在这个过程中感悟并没有完全被排除在外。在他 1958 年出版的《个人知识》(*Personal Knowledge*)中,波兰尼强调了"隐性知识"对于实验科学家的重要性。这种知识是非语言表达的,只能通过实践习得,它与科学家的头脑和手完美结合,从而使他们获得了只属于自己的一种技能。[19]波兰尼捍卫"自由"科学,而某些英国社会学家、科学家比如贝尔纳支持将有用的科学研究进行集中式规划,在波兰尼的辩护中,隐性知识的概念就是一个重要元素。波兰尼通过《科学自由协会》(*Society for Freedom in Science*)

发表个人主张,他认为科学家们应该是完全独立的,他们有权利自由选择任何他们想要研究的方向。有趣的是,费内尔也主张这种科学的独立性,不过仅仅基于专家们或者行家们能够依靠其能力"嗅察出"真理,而并未能够为他的判断提供任何明确合理的依据,更不用说提供任何客观数据来支持其判断。费内尔甚至反对使用测量工具,因为它们有可能会削弱已经融入化学家自身的判断能力,而这种判断能力代表的正是化学家的专业技能:

化学家从来不会利用温度计来估算加热程度或者利用标记秒数的时钟来估算蒸馏中的连续液滴数,正如工人们所说的,他们可以用自己的手指充当温度计,而他们的头脑中也有时刻运转的时钟。总而言之,因为方便的关系,只要足够用,化学家总是会更喜欢使用大致而合理的指示物来指导他们的日常操作。[20]

一个纯化之所

无论化学家的感知能力如何训练有素、直觉如何精确,或者对化学知识如何充满激情,单凭化学家手动操作技能的累积还不足以让化学伪装在科学中占有一席之地。尽管如此,费内尔强烈要求《百科全书》的中产阶级读者群认可化学是份值得尊敬的职业。[21]

那么,化学家们是怎样成功获得 18 世纪下半叶所尊享的社会地位的呢? 部分答案在于,他们运用仪器和其他材料来检验并确保各种产品的质量和纯度,因而从中获得了权威。像许多其他当代化学家们一样,费内尔本人在分析矿物水的工作中也赚到了钱。通过测定矿物水中各种矿物盐的含量,化学家们可以确定其治疗特性以及检测任何潜在的有害杂质。拉瓦锡在年轻时也做过这种分析工作,它需要使用各种测量仪器,尤其需要比重计(或者称为密度计),拉瓦锡称之为"化学家的流体称量天平"。然而,在用比重计提供可靠测量之前,需要根据比重计在各种已知密度的液体中的行为比较对它进行校准,所有测量都需要在相同温度下进行。因此,比重计的可靠性取决于能够熟练使用一台准确的天平以获得液体的独立密度值和一支温度计以确保测量在相同温度下进行。这样一来,任何测量工具的可靠性都取决于其他工具的运用,所有手段结合在一起建立起一个由严格的方法与规则控制的实验空间。的确,正是通过努力完善测量工具从而使拉瓦锡得以从他和让·艾蒂安·盖塔(Jean-Étienne Guettard)的地质调查工作中的化学分析转移到成熟的实验室化学工作之中。因而,拉瓦锡是从盖塔那里首次学会了重量分析技术——日后成了他的新化学不可或缺的重要组成部分。在拉瓦锡手中,这些技术会将实验室转变成一个证据之所,我们在后续内容中会看到这一点。然而,如果没有必要的物质"纯化"的基础准备工作,分析工作是不可能实现的。

所谓的纯化概念包括至少两层不同的含义。第一层含义的纯化,其相关的工作包括从矿井开采的矿石中制备有用矿物质,或者纯化药用植物提取物以获得安全、有效的药物。药剂师们传统上被认为是这门艺术的大师,他们采用温和的方式分离出植物"最直接组分"的纯态形式。这一点很重要,因为一名药剂师的声誉就在于他获得纯的提取物的能力,而且,作为商人,他的生计也依靠他的声誉支撑。然而,在这个背景下的纯度概念既包含暂时性也包含惯例性,因为是由化学家的检验和标准建立了纯度标尺,原则上来说,这些检验标准或纯度标准是无法防止自身不受到任何攻击的。

纯化概念的另一层含义涉及通过分离出各个构成组分而确定物质主体的确切组成。这层纯化含义最好的例子是元素分析,它已经成为现代化学的一个顶梁柱。关于第二层含义的纯化,对纯度的追求会更进一步,不仅包括所有物质的分离,而且还包括消除所有特异性,即消除任何与物质起源相关的事件或条件。正如拉瓦锡所提到的,化学的目的是让所有的化学物质成为通用的、仅由其元素组成作为其独特特征的非特异性实体。

化学实验的主要目标是分解自然实体,以便于单独研究构成该实体的不同物质。

因而,随着化学的不断划分和细分从而向更完善化方向发展,以至于很难说哪里会是分析的终点。[22]

通过耗时的实验工作而进行的划分和细分过程构成了天然物质名副其实的"嬗变",在某些方面让人联想到传统的炼金术。在分离出其构成组分或者通过重复溶解、蒸馏和结晶进行纯化之前,从大自然中提取的这些物质首先需要经过多个步骤处理以分离出某些部分。经过了一系列过程后,所得到的实验物质已经与原来的特质性天然物质完全不同。在剥离了天然历史、生产条件和提取中使用的技术之后,"原材料"转变成了化学物种——一个纯粹的物质抽象。实验物质的特征性质需要是"典型"的,从而使其无法从传统意义上加以辨认。例如,水在化学实验室作为溶剂不应该品尝起来像是马尔文水、地中海水或者来自依云的天然矿泉水。它应该完全没有味道,应该是"纯粹的"水,一般视为不适合于人类食用的水。这种转变使天然物质变成布鲁诺·拉图尔意义上的"物质",是人工建造物,可以担保"从操作到作用的改变而不必相信建造、收集、固有性或超然性之间存在差别"。[23]一旦这种高强度工作使实验物质变成其理想状态,它们就可以担当实验科学场所中大自然代表的角色。而赋予这些实验物质"科学"的名称和符号则将有助于角色的诠释,最终,这些物质可用分子式来表示。盖顿·

得·莫尔沃(Guyton de Morveau)、拉瓦锡、贝托莱(Berthollet)和富科鲁瓦(Fourcroy)于 1787 年提出化学命名的变革,旨在提供一个体系,其中按照孔狄亚克分子式,"事实、用词和观点将会是同一个印章的三个印记"。[24]如此,他们将不再使用任何表明该物质地理起源或者其发明人的名称。名称用于反映所命名物质的组成,因此将元素的自然史简化至不相干的符号。许多经过纯化和稳定化并用标签表明组成的实验物质现在已经成为行为可预测的可靠试剂,而且从来不出现意外。所以,这些物质与被驯化后用于辅助探索荒蛮丛林的野生动物有得一比。它们构成了未知的、混杂的、富饶的大自然王国内可靠的基准点和界限明确的科学文明之所。

1787 年的命名改革不仅仅是为这些理想纯度的反应物起了中性的名称这么简单,它还指出,"简单物质"的名称,即那些不可以被进一步分离的物质,应该用化学字母表中的字母来表示。从这些字母开始,化学家们可以将分析过程反过来,将字母拼凑起来重新构成原来的物质。因而,根据拉瓦锡的说法,新的命名是事实及相关观念的"一面忠实的镜子"。这种将名称自身作为一种分析工具的命名观基于法国哲学家艾蒂安·德·孔狄亚克(Étienne de Condillac)的很多著作,尤其是他的《逻辑学》(La Logique)一书。受到洛克经验主义哲学的启发,孔狄亚克把分析看作人类大脑的"自然逻辑",允许从简单过渡到复杂。对孔狄亚克以及拉瓦锡而言,这种从简单到复杂的进展是理解世界的唯一方法,因为这类似于从已知过渡到未知。正如儿童的自然学习过程,是把简单的单词与与生俱来能够感觉到的简单意思相关联一样,化学学徒也只能从简单物质的性质的有关知识开始学习化学艺术。如果化学家在不了解简单物质的知识的情况下追求由简单物质组成的复杂物质的有关知识,从经验主义模式看,他注定会陷入歧途。从简单到复杂的哲学方法让化学呈现为一种具有特别明显的教学效果的"知识系统"。拉瓦锡的课本以矿物、植物和动物的标准次序囊括了大自然的三大王国,而现在的化学资料是严格按照简单物质和复合物质来组织分类的。此外,用抽象命名法来记录物质,其目的是想以此反映物质的复杂程度。[25]从相关哲学发展过程可以看出,重复性实验室分离和纯化工作使化学能够阐明其自身以"元素"和"化合物"表达的科学逻辑,因而这种繁重和重复性劳动其实非常重要,而这些"元素"和"化合物"逻辑在很大程度上可以担保化学所要求的科学自主权。

一个社会场所

20世纪法国哲学家加斯顿·巴舍拉常常强调科学的社会维度,而仪器的使用可以表明化学具有社会维度。科学仪器的部署不仅需要调度一批生产者和技术员,还需要建立一些要求整个实验界都同意遵守的规范和标准。化学家们的纯化工作很好地说明了一个科学事实的产生(或构建)所必需调动的社会资源,以致纯化变成了巴舍拉描述他所指的"现象技术"时最喜欢借用的化学技术。

总而言之,我们可以说没有纯化即没有纯度。没有什么比纯化技术能更好地证明当代科学具有突出的社会性质了。的确,纯化过程和工艺只能通过各种反应物的参与才得以开发,而这些反应物纯度则需要通过某种社会保障得以担保。如果哲学家能够意识到生产纯品物质所需要的真正的当代工艺处理技术,他们应该不会认为上述过程是肤浅的。他们很快会知道,纯化过程不是一个人的活动,它需要有一条生产线、一系列的纯化操作,总之,实验室加工厂今天已经变成一个基本现实。[26]

历史上,实验室加工厂(简称实验工厂)在 19 世纪某些欧洲大学中首次设置,这里的学生们接受的是分离和纯化技术的训练。位于德国吉森的实验学校由尤斯图斯·冯·李比希(Justus Von Liebig)于 1830 年创建,是第一家实验培训性质的学校,其目标构想是在尽可能短的时间内培训出很多富有经验的化学家们。李比希让学生接受高强度的实践训练,这种训练可轻易占据他们一天 8 小时的时间。几十名学生在他的实验室里同他并肩工作,通过不断练习把最复杂、最需小心谨慎的操作变成学生的常规操作。这种组织模式在处于工业化进程中的各国传播开来,英国、法国和美国的大学、学院都纷纷采纳这种模式。[27]化学实验室,无论是机构式、家庭和个人式,还是工业式,都成了由不同等级人员构成的集体空间——实验室领导、研究人员和技术人员,所有运行都按照合理化和日趋固定的劳动分工系统进行。大学或者技校里的实验室为越来越多将来需要在工业或者民用服务业谋职的学生们提供学徒职位。

当实验室逐渐变成财富的社会空间时,它们也被转变成了由国家、企业或者有钱人资助的官方机构,有钱人常常以实业家基金的形式给予赞助。因而,化学在 19 世纪末西方世界范围内的知识重组中担任着关键角色。在这个知识重组运动中,科学不仅变成了工业生产不可缺少的一部分,社会的方方面面也在实践着科学,目的是提高技术效率以及在商业界获得经济掌控权并增强民族国家的军事力量。[28]一方面,以实验室为基础的学校供应了一大批接受科学训练的劳动大军,他们精通最错综复杂的分离和纯化技术。这些学校在学术界内外获得的成功对于技术和工业渗透到传统的大学系统中具有很大的贡献。另一方面,19 世纪末,特别是在合成染料工业背景下,企业研究型实验室的数量成倍增长,因而加强了实验室作为知识探索空间和技术探索空间的双重使命。就这样,实验室整合成一系列研究所,发展方向定位技术创新,而这种举措又反过来将工业生产的方法和价值融入到实验室的科学构成之中。

一个仪器之所

在结束本章之前,我们回过头来再次考察我们开始时提到的实验室装备或者说实验工具。任何化学研究实验室或者化学工业实验室中都配备了相当数量的仪器,以便于实现迅速、便捷和相对准确的物质含量分析。传统上,化学家们会按照标准操作步骤让未知物质与若干已知试剂进行反应,进而确定这些未知物质的构成。例如对于无机化合物,一系列的检验反应排除或者确定化合物中某种特定元素的存在(图5)。李比希是有机化学领域中进行这种分析的先锋人物。他发明的钾球是其在吉森的实验室中的著名成就之一,它为确定任意给定有机化合物中碳和氢的含量提供了相对容易的方法,他的学生们通过钾球能够准确、快速地完成碳、氢含量分析。[29]精密和定量测定可以保证商品的纯度,还可以用于实施商品的标准化,这不仅有助于工业生产的质量控制,还对化学研究发展到有机化学的基团水平以及研究在化学、药学和毒理学中的应用作出了贡献。

这些分析工具综合起来给予了化学家们作为专家的社会权威性,我们在这里仅列举两个例子:法律诉讼案件(特别是怀疑中毒的案例)中和土壤分析中。事实上,分析化学在19世纪发展成为具有自身权利的一门专业,这不仅指的是它能够鉴定复杂混合物内的特定化合物,也指的是它的分离和纯化技术。无论采用重量分析法还是体积分析法,都必须运用化学工艺,并且前提是要求对所涉各种反应物都有充分的了解。历经千辛万苦从混合物中分离出某元素的一个经典历史范例就是玛丽·居里（Marie Curie）从沥青铀矿中分离出镭，她在分离中采用了化学分离技术，并且与能够监测其分离进展的物理测量技术相结合。虽然这个艰巨的重复性工作涉及多次重复结晶操作，并且需要利用从物理学中借用过来的仪器来测量溶液的放射性或者光学活性，但是这些仪器的使用对于所分析物质的手工化学操作的繁重而言简直是小巫见大巫。

图 5　"化学钢琴"——用于鉴定无机化合物的一系列试剂。依次使用试剂盒中的化学试剂可揭示出溶液中某些特定离子的存在。图片由辛特拉拍摄，葡萄牙里斯本大学科学博物馆收藏。

现如今情况已经发生了变化，现代化学实验室里配置了名目繁多的各种物理仪器，有大型的，有小型的，还配备了分析结果的数字读数功能。在酸度计、质谱仪、核磁共振仪、红外光谱仪研发出来之后，研究实验室以及工业实验室里都配置了这些设备，用于测量、检验、控制和分析等（图 6）。化学在 20 世纪 50 年代至 20 世纪 70 年代经历的深刻转变曾被戴维斯·贝尔德（Davis Baird）等历史学家们描述为第二次化学革命。[30]这种变革深刻改变了化学实践活动。化学家们现在已经不再用化学反应确定物质的构成，而是利用各种仪器使用很小的样品量进行非破坏性分析，从而得出待分析物的物理性质。然而问题来了，正如一些批评家们所表达的：难道这些发展意味着化学已经被物理学占领了吗？[31]

虽然这些本来起源于物理实验室的分析仪器在今天的化学实验室里占据了很大比重，但是化学家们并没有因此变得完全依赖于物理学家们。这是因为新的仪器并不是以最终封闭的黑匣子形式转移到化学实验室的，尽管有时化学家们仍然常常不知道仪器的工作原理。将核磁共振仪或者质谱仪引入化学实验室的化学家们会与仪器制造者进行沟通，以便于使物理仪器能够适应自己领域的需求。随着时间推移，对于化学家而言，曾经是外来物的仪器已经变得越来越熟悉，所以化学家不需要依赖物理学领域的同事也能够对数据给出理论上的解释。而且，基本上是化学家们通过教学和课本传播了新的技术，从而深远改变了化学课程的设置。所以，即使化学中引入了许多物理仪器，但是化学保存其方法学自主性的能力很有可能是由于这些仪器不是从已经确立常规方法和应用的物理学中的简单输入，而是在物理学与化学有机结合基础上的输入。实际上，这些仪器花费了几十年的时间才得到认可，它们摒弃了复杂而需要小心翼翼的人工分析的技术，使分析更加快速和有效。这种适应和挪用过程的另一个后果是化学系变得需要越来越多大型和昂贵的设备，从而使得该门学科也变得相当昂贵。通过使用这些高科技的仪器，化学不仅进入了"大科学"时代，还拓宽了化学的专业技能范围，能够分析极微量样品中的痕量物质。此外，仪器的非专属性或者说多面性很容易造成需要对化学研究计划进行重新界定。所以，虽然引入仪器时意图只在研究考察某一类物质，然而这些分析仪器能促使新研究领域产生或者促使最初的项目涵盖更多新类型的物质。

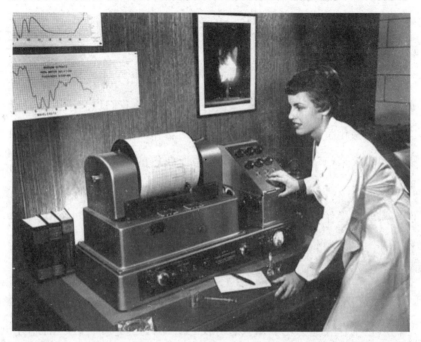

图 6　这张匿名宣传照片显示一名女士在使用一台红外光谱仪（*Perklin-Elmer Model* 21）。不仅仪器被放置于一个干净整洁的环境中（除了那只有掐灭烟头的烟灰缸之外），而且相框里的核爆炸蘑菇云也突出表明这种仪器起初是与物理学而不是化学有关的。1955 年，Applera/*Perklin-Elmer* 收藏品。转载自化学遗产基金会。

　　仪器的演化也为化学文化带来了更多微妙的变化。新仪器的使用改变了分析的概念。分析不再是"字面意义上的"对原材料的分隔、再分隔以获得拉瓦锡提出的简单构成，而是检测（未经分离）物质的性质，通过这种仪器分析手段，化学家可以推断出构成物质的各部分是什么。与传统的分析技术相比，光谱分析法最明显的优点是它的非破坏性，而且它的工作原理与化学的实验传统大相径庭。从物理学中吸取过来的分析技术，其目标分析物也发生了改变。在使用化学试剂的经典方法中，目标分析物是元素与元素之间的关系、各种组分和化合物彼此之间的反应（相互作用）倾向。光谱解析法则取决于原子和分子的量子力学性质，无论是吸收光谱还是发射光谱。而且，结构可视化和操纵逐渐变成了主要分析目标。就这样,化学不知不觉已经身处复杂的概念之中,原子和分子(不可再分的宏观物质)被推到前头,成为化学反应的主角。

最后,分析仪器在化学中的重要作用也导致了关于资质的疑问,特别是如何将技术员与研究科学家区分开来。这使我们想起了以前讨论的作为实验化学基石的"隐性知识"。仪器和测量专家拥有的专业知识是用成效来衡量的,而不是用化学家所获得的习惯或直觉般的综合技能来衡量。红外光谱专家需要非常熟悉仪器并能够解释分析结果,而不需要在操作反应以生成待分析物质方面是专家。我们想说,一定有一种"仪器逻辑",它鼓励对当代研究中的学科界限进行界定、再界定甚至消除学科界限。化学不是唯一存在学科身份问题的科学。[32]

总之,虽然在过去的300年间化学发生了剧烈的演变,但是实验室却仍然是阐释和建构化学知识的特权之所,因为这是知行合一的地方。无论是化学家出于对知识的秘密的、孤独的渴求,还是作为社会和等级化的生产空间,实验室一直是化学家们工作、粉碎、转化、组装或者纯化物质材料进而形成知识的地方,而最终目的通常是商品的大规模生产。

最后,我们想用以下几个问题来结束这一章:化学家们对其实验室工作成果的自信源自哪里? 他们如何做到说服自己和公众去相信他们所建构的人工产品有效提供了天然产物及其形成过程的有关信息? 换句话说,化学家们如何逃脱汉娜·阿伦特在其《人类境况》(The Human Condition)一书中指出的恶性循环?

所以,如果当今科学在面对窘境时通过指向技术进步以"证明"我们面对的是大自然给予的"真正秩序",那么这似乎已经陷入了一个恶性循环:科学家们构想出某些假说,并围绕假说设计和实施实验,然后用这些实验来验证假说。显然,在这件事情上,他们的对象是一个彻头彻尾在假说中存在的自然。

　　换言之,一个实验世界似乎总是能够变成一个人造现实,而这个现实虽然可以增强我们的制造力和行动力,甚至创造一个世界——一个以前任何时代连做梦和幻想都不敢想象的世界,然而它也不幸地再次将我们禁锢在我们自己的思想造就的监狱中,禁锢在一个我们自己创造的模式里,这一次的禁锢力量甚至比以往任何一次都更强。[33]

注释:

[1]关于实验室空间和功能的人类学、社会学和认识论方面的讨论,请参阅 B. Latour(1979)和 H. Collins(1985)。

[2]N. Lemery(1675),p. 375-376。N. Lemery(1677)英文版本,p. 228。

[3]关于通过各种规定和描述对人体进行训练的经典描述,请参阅 M. Foucault(1977)。在福柯(Foucault)的著作中,训练几乎仅仅具有负面的含义,但谈到炼金术传统时我们可以给予训练一个正面的、准宗教层面的意义,将之理解为一个我们获得对物质世界和我们自身掌控的前提条件。

[4]"The Creative Power of Paper Tools in Early Nineteenth- Century Chemistry"(19 世纪早期化学中纸张作为工具的创造力),U. Klein(2001),p. 13-34。

[5]参阅 F. Aftalion(1991),特别是第 1-3 章。

[6]这解释了福尔摩斯(Holmes)具有讽刺意味的思考:"18 世纪化学史学家们将注意力转向了化学的教义、教学法、机构设立、语言以及对化学学科界限的重新界定上。"化学历史学家们所编写的主题内容至少是化学家们在各自实验室中做过的东西,F. L. Holmes(1989),p. 17。

[7]R. Siegfried(2002),p. 113。

[8]A. Duncan(1996),p. 27。

[9]"*Essai de philosophie chimique*"(《化学哲学简论》),J. - L. Thenard(1834—1836),第 5 卷,p. 409-519,引用 p. 409。

[10]这句箴言在 Van Helmont(1648),1966 版,第 5 期,p. 524 中有引用。可参阅 W. Newman 和 L. Principe(2002),p. 180。

[11]F. Bacon(1620),第 1 部分,格言第 95 条,p. 349。

[12]D. Diderot(1753),p. 191-192。

[13]J. Locke(1689),第二册,第 9 章,第 8 段,p. 146。

[14]F. Gabriel(1753),"Chimie"(化学),D. Diderot 和 J. D'Alembert(1751—1765),第 3 卷,p. 420。

[15]"习惯"描述的是一个人行为的总和,包括身体行为和心理行为,以及他们在世界中的存在方式。在社会学中,习惯这个概念与布尔迪厄(P. Bourdieu)紧密相关,详情参阅 P. Bourdieu(1979)。

[16]D. Diderot(1753),p. 196-197。

[17]J. Riskin(2002)。

[18]F. Gabriel(1753),"Chimie"(化学),D. Diderot 和 J. D'Alembert(1751—1765),第 3 卷,p. 421。

[19]M. Polanyi(1958)。

[20]F. Gabriel(1753),"Chimie"(化学),D. Diderot 和 J. D'Alembert(1751—1765),第 3 卷,p. 420。

[21]由于价格昂贵,狄德罗和达朗贝尔的《百科全书》注定只适合于富人们使用。虽然本书自称要描述当时所有的技艺与科学,但是它从未实现它所主张的综合性。关于《百科全书》更多更深入的历史,可参阅 R. Darnton(1979)。

[22]A. -L. Lavoisier(1789),由 Robert Kerr 翻译。

[23]B. Latour(1996),p. 44。

[24]这是在介绍《化学命名法》(*Méthode de nomenclaturechimique*)时引用的拉瓦锡的一句话。参阅 G. de Morveau 等(1787),p. 13。

[25]虽然这个系统非常适用于比较不复杂的无机化合物,然而对于有机化合物拉瓦锡也不得不采用老式名称,这意味着命名系统在动植物王国中以失败告终。关于这个问题的更详细讨论可参阅 J. Simon(2002)。

[26]G. Bachelard(1953),p. 78。

[27]关于李比希实验室教学法的重要性的一篇经典文章可参阅 J. Morrell(1972),

更多最近的研究可参阅 W. H. Brock(1997)。

[28]知识体系中发生的这种转变在 D. Pestre(2003)中有描述。关于化学中这一现象的阐释,我们可以读一读 H. Le Chatelier(1925),书中化学家支持对科学研究进行以现代合理化工业为模型的重组。

[29]A. Rocke(2001)第1、2章。

[30]D. Baird(1993)和 P. Morris(2002)。

[31]这个问题在 C. Reinhardt(2006)中进行了讨论。

[32]我们可以引用分子生物学和气候学中计算机模拟的重要性来说明仪器逻辑也为其他科学范畴提出了建立清晰的学科身份问题。

[33]H. Arendt(1958),p. 287-288。

第 5 章

实验室中的证据

　　早前我们提到,狄德罗和费内尔所呈现的化学家的形象是一个有技能的工匠,这有助于建立一个劳动科学的正面形象:所有知识都是经过科学家辛勤的汗水换来的。尽管在 20 世纪的进程中,物理仪器的不断引进为化学实验室带来了诸多改变,但能够"一目了然"仍然是一个好的实验者的核心品质。这种能力将科学定位于某种特定的研究方法,即指示法。卡洛·金兹伯格(Carlo Ginzburg)在其历史性著作中对类似于夏洛克·福尔摩斯(Sherlock Holmes)的这种方法进行了详尽阐述,福尔摩斯的方法是指化学家寻找可以获得的任何线索,然后跟随这些线索打开渠道以进行深入研究。[1]这种方法既需要有直觉力,也需要有形式化或者可以形式化的推理。然而,无论是狄德罗英雄式的工匠的辛苦工作,还是金兹伯格侦探般的科学家的直觉,都没有能够建立起化学真理,或者战胜其他化学家而提出一个对自然的解释。这就是费内尔和狄德罗所提倡的"感性经验主义"被拉瓦锡的实验化学新风格取代的原因。我们将以拉瓦锡最著名的关于水的分解与合成实验为例来阐明这个转变,并试着理解"证明工作"(这里借用了巴舍拉的表达法)都涉及了什么。

化学实验作为公共景观

1785 年 2 月 27 日和 28 日,拉瓦锡邀请来自皇家科学院的同事以及国外来访的一些朝臣和科学家来到位于巴黎阿森纳的他的个人实验室。[2]就这样,经过精心挑选的大约 30 位客人应邀见证一个已经成为或者即将成为象征化学革命的化学实验。拉瓦锡提出,要在这些达官显贵面前演示如何分解相当量的水(当时有些人认为水属于一种亚里士多德元素),并收集和称重分解产物。如果这个场面还不算壮观的话,他将把这些新元素重新结合生成水。演示中所有这一切都离不开纯度测量和气压计的验证,以消除任何手中藏有诡计或花招的嫌疑。这个公众演示实验可以看作现代实验科学几项关键发展的进一步延伸。如同玻意耳(Boyle)与他的空气泵一样,拉瓦锡也需要在壮观和说服力之间取得平衡。拉瓦锡的实验意图是向亚里士多德观众(认为水是不可再分的元素)展示与他们的深刻信念背道而驰的事实,而同时又不容置疑地展示,实验不存在任何诡计或者这些世界性大人物再熟悉不过的表演作秀成分。透明装置特别是玻璃反应容器的使用,的确是向人们演示不可见大自然运作过程的一个关键的技术贡献,尽管除此之外还有很多贡献因素。所以,虽然我们不能够"看到"真空或者水的合成,但是我们可以看到玻璃仪器中没有发生非自然的事件或者出现不利局面,而一个在不透明的金属坛子里发生的反应则将非常有可能引起各种怀疑。[3]

拉瓦锡也借用了当时最新的科学奇观舞台布景风格,阿贝·诺伦特(Abbé Nollet)是这种风格的主要倡导者。在诺伦特的表演中,故事的主角是最近刚被控制、征服的高压电现象,他的展示震惊了渴望见证这种科学新奇事物的一干巴黎中产阶级大众。尽管拉瓦锡也有意展现水实验的精彩和壮观,然而,他并没有选择电表演的爆炸和火花这种浮夸的表达方式,而是选择了一个冷静的风格,这更符合来自皇家科学院的大人物形象,也与拉瓦锡披露一个深刻的自然真理的实验目标相符。

拉瓦锡的化学展示结合了精心控制的物质的分解与合成,它将在19世纪为其他科学明确树立一个可以效仿的榜样。因而,在众多学者之中,心理学家们和历史学家们在探求一门科学是如何取得其觊觎已久的地位时,正是以此为模本的。[4]

然而在这里,我们想检验这种公众实验的穿透力到底何在。为了将玻璃容器内壁上观察到的几滴水珠上升至科学证据的地位,需要做什么? 有哪些事先假定? 的确,拉瓦锡把自己置于已被长期普遍接受的"科学"见解,即水是不可分割的元素的对立面。

然而对拉瓦锡来说,与流行观点对立并不是生平头一回,早在1777年他就开始研究另外一种元素的分解,这种元素就是空气。在空气分解研究工作中,拉瓦锡得到了若干开拓性的新发现,使化学家们可以区分出三种类型的空气:固定空气(二氧化碳)、脱燃素空气(维持生命所必需的或者非常适合呼吸的空气)以及可燃空气。拉瓦锡将它们看作可分离的不同的无形物质,而不是采用当时的标准解释,即不同形式的空气元素。[5]1778年7月,拉瓦锡向科学院宣读了自己的一个专题报告,题为《关于火物质与可蒸发流体的结合以及弹性无形流体的形成》。在该文中他说,所有的空气或者无形流体都是由一种特别的基本组分或者基团与火物质结合而成,这种火物质后来被拉瓦锡称为热质。[6]事实上,拉瓦锡认为与热质的结合解释了某些物质的气体本质,而"基本组分"则承担气体物质的其他方面,比如氧气或者氢气(拉瓦锡对脱燃素气体和可燃气体的称呼)的特征性质。原则上,如果这个"基本组分基础物"可以通过某种方法从其热质中分离出来,则可以获得该物质的液体或者固体形式。所以,虽然不同气体外观看起来类似,但是它们基本上是不同的气体。拉瓦锡的生理学实验似乎确证了这一观点,因为生命有机体的肺只固定一部分用来吸入空气。因而,动物的代谢作用以燃烧或者煅烧方式来分解大气,将脱燃素空气或者生命空气(氧气)转变成固定空气(二氧化碳)。[7]

　　然而,水的分解并没有按照空气分解的逻辑进行。有几个化学家,包括拉瓦锡本人在内,曾经尝试在空气或氧气中燃烧氢气,通常认为他们由此可以获得一种酸甚至是固定空气,然而结果却似乎什么也没有。

　　显然,有两件事诱发了拉瓦锡的水分解与再结合实验。第一,1783年拉瓦锡听说了英国化学家亨利·卡文迪什(Henry Cavendish)关于通过点燃可燃气体和氧气的混合气而产生水的报告。第二,1783 年 7 月,拉瓦锡与蒙日(Monge)一起被任命为皇家科学院五人委员会的成员来评审蒙特哥菲尔(Montgolfier)有关热气球的发明。委员会对热气球的功能和潜能进行一番研究后,开始思考可以充填热气球的热空气的替代物。可燃气体(或者氢气)是很有意思的候选气体,因为这种气体密度小而且当时已有可以轻松制备这种气体的方法。[8]

仪器的判决性

　　现在对涉及水的分解与合成的双实验进行更详细地考查。我们从实验的第二个阶段开始讨论,即水从其气体构成元素重新结合形成水。在准备收集和仔细称量之前,拉瓦锡在反应容器的器壁上观察到了什么呢? 是水,是抽象的现代化学意义上的水,而不是来自依云或者巴黎的水。这里的水,拥有作为化学物质的"特征性质",除此之外没有任何更多的个体性质。因而,水参与的是实验室相关的普遍意义上的抽象运动,意味着已经剥离了与水的自然存在相关的变化性和独特性。

这种抽象化或者普遍化过程在上述案例中是如何体现的? 首先,它需要固定试剂——可燃空气(氢气)和活力空气(氧气)的身份。但是当时在进行这个实验时,对这些气体的鉴别并非没有争议。从水还原得到的氢气与沼气或其他来源的氢气是否是同一种物质,对此化学家之间存在异议。而且,拉瓦锡需要让观众相信实验终产物从本质上讲确实是水。然而,拉瓦锡并没有身处绝境,因为他已经从前几代化学家那里继承了各种测试技能。例如,用石灰水鉴别固定空气,利用火焰和动物试验区分氧气和氢气等。[9]他也配备了自 17 世纪开始开发的各种指示剂,包括被玻意耳广泛使用的石蕊试剂。

在 1783 年春天的一次巴黎出行时,查尔斯·布莱戈登(Charles Blagden)告诉了拉瓦锡关于卡文迪什在一个密闭容器中点燃可燃空气和脱燃素空气的混合气体而得到纯水的故事。所以,当拉瓦锡动手实施相关实验时,水的合成在很多化学家中已经传开,只不过这个现象仍然有待验证。这对于拉瓦锡来说甚至更加重要,因为与卡文迪什不同,拉瓦锡希望论证的是实验现象涉及的水是从它的构成元素彼此结合而成,并非只是水元素从一种形式转变成另外一种形式这么简单。拉瓦锡怎样才能说服他同时代的化学同行们,水其实是两种不同元素形成的化合物,而不是他们大部分人认为的水是一种元素? 很显然,拉瓦锡必须竭尽全力。而我们也会看到,他为了说服其他化学家们,的确做了不遗余力的努力。首先,他需要逐渐颠覆一些同事最根深蒂固的信念,然后利用他们的动摇,使他们思维的天平从一种确定性转移到一种中间的、刚好处于平衡的不确定状态,最后再轻轻推动他们朝着一个坚定的、新的信念偏移。用操作一台天平来做这个类比最合适不过了,因为天平正是这位化学家的首选仪器,用以改变其他化学家对水的本质的认识。

随着时间推移,天平已经成为拉瓦锡作为现代化学创始人的象征。拉瓦锡正是运用天平来证明其具有开创意义的一句座右铭:在化学反应过程中"既没有无中生有,也没有有中生无"。这个质量守恒概念不仅有望把化学从基本上属于定性的充满同情、反感和缥缈要素的"炼金术"本体论印象中脱离出来,同时也可以作为理性思考过程的一个有力比喻,是开启实验说服力的钥匙。通过平衡产物和反应物,拉瓦锡的重量实验旨在打破争论的平衡,使其向着他对水本质的解释的方向倾斜。

在这里我们插播一段内容,也是我们希望坚持的一个事实,即拉瓦锡既不是化学反应质量守恒观念的原创者,也不是在化学中使用天平的原创者。"没有无中生有或者有中生无"的观念可以在古人的著作中找到,拉瓦锡之前的许多物理学家和化学家都把它奉为公理。例如,范·海尔蒙特曾明确提出:"万物都不会无中生有。此物体的重量来自具有相同重量的其他物体。"[10]

尽管有不少历史学家或者化学家坚持这样认为,但拉瓦锡并不是将精密天平引入化学中的人,因为天平已经被炼金术士、药剂师和分析师们使用了几个世纪。天平对很多定性纯度检测不可或缺,对确定金属的重量必不可少,是确保硬币真实性或者确立铝合金等各种合金性质的关键。

然而,拉瓦锡的天平却不仅仅是一台精密仪器。它是一种物化形式的收支平衡、量入为出的知识策略,拉瓦锡作为收税员在日常记账活动中以及从国内外角度思考理性经济学时经常使用这种策略。拉瓦锡推广普及了权衡优缺点这一原则,他在其积极参与的各个领域中都会运用这种方式判断一种说法的价值。[11]

我们提出了拉瓦锡的原创性问题,同时也可提出他是否是第一个构想出像水的分解与合成这种成对反应形式的人。他是否是第一个利用某物质的分解与合成这种手段来确定或者说服其他人关于该物质的真正组成的人? 这种方式似乎也并不是拉瓦锡的原创,因为炼金术士们很早就实践了这种相辅相成的破坏和重构过程,以此作为一种手段来反击他们所受到的耍花招的指控。的确,某些历史学家曾经认为,"spagyric"(与炼金术有关)一词或许起源于希腊单词"span"(分离)和"agerein"(放在一起)。[12]帕拉塞尔苏斯把分析放在化学实践的中心位置,但是由于他更关心的是制备药物而不是展示实物的组成,所以他关注的是分离而不是重新结合。然而,17 世纪初范·海尔蒙特和丹尼尔·森纳特都将分离与合成结合在一起来证明他们的化学主张。而且,仔细研究过范·海尔蒙特实验的历史学家们会发现,海尔蒙特在反击亚里士多德原理说中,特别是他的玻璃分解和重构实验,已经表明精密称量反应物重量的重要性。[13]

所以,很显然这些早期的化学家们接受分解和重构化合物是通向真理的合法途径。他们相信事物本身,例如构成混合物的一个组成元素,可以通过某些操作使其消失,然后再重现以表明它的存在。正是化学方法这方面的特点引起了康德对格奥尔·厄恩斯特·施塔尔(Georg Ernst Stahl)理论的崇拜,也致使康德将施塔尔视为把物理学引向"最伟大的科学之路"的创始人物之一。

当伽利略(Galileo)让已事先确定重量的小球沿着斜面滚动时,当托里拆利(Torricelli)让空气携带事先计算好的等于一定体积水的重量时,或者更近一点,当施塔尔通过取出某些东西然后又修复的方式将金属变成氧化物以及氧化物变成金属时,有一道曙光划过自然科学学生们的大脑。[14]

的确,分解与合成展现了化学科学的基本构成,并在几个世纪的进程中不断得到检验和完善,它赋予化学家一种阐释某个或者某类物质性质的手段。这种极具说服力的手段在化学家们的争议中不断磨炼和完善。而有关争议对于化学的构建也起着非常实际的作用,因为是它们使化学家发挥了应有的作用。在整个科学历史中,化学家们常常被怀疑是江湖骗子,因而直接导致他们一直担心是否有资格被视为自然哲学家,即与实验或者理论物理学家们建立在相同基础上的自然哲学家。

怀疑主义的影响力

这个精心设计的实验展示过程对至少从范・海尔蒙特时代以来化学家们都一直饱受的批判作出了回应。你怎样才能确定你通过分析揭示的原理存在于你获得这些要素的化合物中呢? 你怎么排除这些物质有可能并不是从所谓的化学分解操作中重新生成的? 的确,玻意耳在他的《怀疑的化学家》(*Sceptical Chymist*)中就以此为论据质疑其同时代的其他化学家们所提出的各种元素的存在性。无论分解物质的技术有多么高超,化学家们从来不能摆脱掉的一个怀疑是:他们所认为的物质的基本构成,事实上只不过是实验操作带来的人工产物。消除这种质疑的方式之一是降低驱动反应的加热强度,可以使用介质辅助的加热方式,比如水浴或者长时间浸在水中。所以为了展示物质的组成,分解需要与原初物的合成或再合成相结合。

这种相辅相成的综合分析法可以用来消除化学家对原始分解过程和结果的疑虑吗? 如果我们再仔细研究一下拉瓦锡关于水的分解与合

成实验,对这个问题的回答似乎应该是不可以。听说卡文迪什在1783年6月做的实验后,拉瓦锡和拉普拉斯(Laplace)一起通过合成展示了水的组成。拉瓦锡用他的"充气容器"将已知体积的两种气体充到一个普通的玻璃容器中,然后用电火花点燃混合气体。经过反复试验,他们确定了两种气体的正确配比,认为这个比例是给出"最明亮、最美丽火焰"的最佳比例。点燃混合气体后,他们看到玻璃反应容器被蒸汽模糊并在大约20分钟内凝结成液滴覆盖了容器内壁。他们做了一系列检验以确保液体是水,比如用向日葵水、紫罗兰水剂、石灰水和其他水进行比较验证。第二天,他们向科学院的同事们报告:"水不是简单的物质,而是由等量的可燃空气和活力空气组成。"[15] 相关实验记录经由布莱戈登、塞若尔(Sé Jour)、拉普拉斯、拉瓦锡、范德蒙(Vandermonde)、福科鲁瓦、勒让德(Legendre)和梅斯尼埃(Meusnier)签字,以证明在科学院公开大会上宣读的上述结论真实有效。[16]

但是,这种结论甚至对于实施实验的人来讲都并非确凿无疑的。正如历史学家莫里斯·多玛斯(Maurice Daumas)所指出的,所涉及水的纯度仅仅纯粹依靠一些定性的结果。[17] 拉瓦锡用从几何中得出的公理来弥补定量数据的缺乏:

因为两种空气是从充气容器中通过皮革制成的柔性管带入反应罐中的,而这些管并非绝对不透空气,所以当进行燃烧时不可能完全肯定两种气体的确切数量。尽管如此,因为与几何学一样,在物理学中总和也等于各部分的相加,而且我们在这个实验中仅得到了纯水,并没有任何其他残留物,所以我们相信我们有资格得出水的重量等于用于形成水的两种混合气体的重量。[18]

通过几天后拉普拉斯写给他在瑞士的同事让·安德烈·得吕克(Jean-André Deluc)的一封信判断,他对这个实验充满怀疑。拉瓦锡也意识到这个演示中存在不足,在《科学院专题论文集及史料历史与回忆录》(*Histoire et mémoiresde l'Académie*)上发表专题论文回忆录的时候,他把数学家同事加斯帕德·蒙日得到的定量结果加了上去。蒙日在法国梅济耶尔军校也做了水的合成实验,他不仅对两种气体的体积进行了非常精密的测量,还精密测量了所有涉及的物质的重量。虽然有一定作用,但是累积具有一致性的数据并不足以证明水的组成是什么。这就是为何拉瓦锡于 1784 年又重复做了水的实验,然后准备在 1785年 2 月进行一场宏大、正式的演示。

证据的代价

　　思考水的分解与重构实验使我们得出另一个普遍性的结论,即这个分解与合成过程并不像看到的那样直观。证据看上去比实际的实验事实看起来容易获得,而其实实验需要调动各种资源——理论的、技术的和直观可行的。因而,如果我们仅仅考虑分解过程,拉瓦锡必须获得让·巴普蒂斯特·默尼耶的协助,后者曾是梅济耶尔军校的学生。这里存在一个问题:为了释放出水中的其他组分,那么应该进攻水中含有的氢还是氧呢?为了回答这个问题,拉瓦锡使用了他在罗埃尔(Rouelle)的化学课中学到的亲和力表中所包含的经验知识这个宝贵财富(参阅图 4)。他知道,若从组合物 AB 中取代组分 B,需要引入对 A 亲和力比 B 更高的组分 C。这个推理使他选择了对氧具有显著亲和力的"铁"来从水中消除"氧元素"。拉瓦锡动用了工程师默尼耶的工程技术以完善实验装置,在一根加热的铁管(枪杆子)中引入水,每次一滴。

　　水完全分解,管中自上至下没有看到水的存在;水中的氧元素与铁在煅烧下结合。同时，释放出的可燃元素进入无形状态，比重大约是普通空气的$\frac{2}{25}$。[19]

实验看起来已经足够直观了。不过，还有很多技术问题需要克服。铁管本身有分解倾向，为避免其发生分解，需要将铁管包裹上铜丝。而且，因为存在煅烧过程，所以如何测量铁重量的增加远没有想的那么简单，而这个测量是检查水分解所释放氧元素数量所必需的。

拉瓦锡追求的定量演示所需的装置远比普里斯特利（Priestley）和卡文迪什的集气槽装置要复杂和先进得多。拉瓦锡再次与默尼耶协作，并让当时巴黎技艺最精湛的仪器制作师麦格涅（Mé gnié）和福廷（Fortin）为他定制了一套新型集气容器。这套壮观的测量仪由带活塞的大型黄铜容器组成（图7），在反应中气体被消耗的情况下利用重量悬臂系统仍可以保持气体压力的恒定。

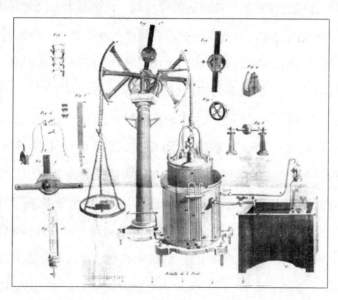

图7　拉瓦锡的测量仪，由工程师让·巴普蒂斯特·默尼耶设计，拉瓦锡的妻子玛丽安·拉瓦锡绘图。这套装置可以测量反应中消耗的气体的重量。这套昂贵的大型装置在水的合成实验演示中担任着重要角色。拉瓦锡的《化学元素》（*Elements of Chemistry*），1789 年，图片由斯特拉斯堡大学遗产部档案资料协

作服务社提供(《化学元素》这本书可在高校图书馆网站找到电子版)。

　　这套仪器具有提供稳定气流至反应容器以及可以测量消耗气体体积(在恒压下)的双重优势,利用这套装置,拉瓦锡可以计算出反应物的所有重要的重量。

　　在这个用于操控气体的复杂而昂贵的装置上投入了相当多的时间和金钱之后,拉瓦锡和默尼耶决定从其投资中获得一些收益。他们将把这套壮观的水分解和重构实验在巴黎科学领军人物面前展示,以使他们对水现象所作的解释赢得这些舆论制造者的支持。公开实验的准备工作花了近两个月时间,拉瓦锡和默尼耶从 12 月 21 日一直忙到次年的 2 月 12 日,仪器校准、对实验最震撼的部分即水的合成设置进行精调等。他们也必须收集足够纯的气体反应物以及照顾其他重要或不重要的各种细节,以确保公开演示的顺利进行。

　　公开演示终于开始了,而且持续了整整两天。拉瓦锡于 2 月 27 日 11:59 开始水的分解实验,并于 18:30 完成称量收集到的 10 大玻璃坛的氢气。当天下午开始第一次尝试合成水。这个实验涉及用氧气充满一个测量仪而用氢气充满另一个测量仪,并采取各种措施以防止空气进入容器。用导管连接两个测量仪至反应器,用拉姆斯登(Ramsden)设计基础上的拉瓦锡电机产生的电火花点燃反应器中的混合气体。他们在第三次尝试后成功点燃了混合气体,然后让反应维持了 10 个小时,所有时间都需要小心测量氢气和氧气的消耗量。晚上,拉瓦锡将分解反应中产生的氢气转移到测量仪中,作为水重构实验的原料。第二天早晨 8:00,一众科学家们验证了气体测量仪中的液位。11:39,分解实验重新开始,随后是合成。当蒙日于 2 月 28 日 23:35 在合成反应器上盖上官方封印时实验宣告结束,所以公开反应展示也宣告结束,而此次演示活动并未就此结束,因为还需要几天才能通过确定所涉反应物的精确重量而给出实验结论。第二天,在来自皇家科学院的 4 位官方见证人的见证下确定了反应物的量。对于合成实验,对测量仪中剩余的气体、反应容器中的水(大约 175 克)以及用于纯化气体的苛性钾都进行了称量,也对合成实验中形成的"水"进行了定性检验。一个星期以后,也就是 3 月 7 日,对用于合成的气体进行了分析,特别是氧气,该氧气是从氧化汞制备得到的。对仪器和反应容器也进行了检查和称重,并对反应容器中的水再次进行了检验。因此,委员们在 3 月 12 日才得以碰面签署官方的实验称重结果。

花了整整两个星期完成一对互补反应,而且这还没有算上数月的准备时间。开展这种规模的科学实验如果不是公众或者企业资助,在今天几乎是不可想象的。然而拉瓦锡自掏腰包支付了所有花费,共计 1814 金法郎(约合 36 000 英镑)。无论代价有多高,为了确立真理,拉瓦锡也愿意为此付出。

证据的局限

我们已经尽了最大努力传达拉瓦锡精心设计的阶段实验的说服力,但是疑问仍然存在:这个实验真的证明了什么吗? 有人可以反驳说,用于合成水的反应物实际上不是分解实验产生的分解产物,拉瓦锡执着追求实验中重量的精确度或许可以看成是企图掩盖分解和合成演示中存在的逻辑上的瑕疵。然而,进一步仔细研究会发现,拉瓦锡对精确度的执着追求也不能说成是为了实施实验构想而对每一个实验细节都按照一定规则进行死板管理。公开演示第二天,一个容器不小心打破,合成的水中有一部分喷洒到墙壁上。然而这在拉瓦锡眼中并不意味着实验无效。也多亏了这些因祸得福的小意外,实验过程中不同量的水意外喷洒到墙壁上,这样,拉瓦锡才提出要计算意外事故中丢失的水的精确重量。

　　然而更加震撼的是见证这个实验的很多观众的反应。虽然拉瓦锡赢得了贝托莱的支持,但其他科学院的成员比如鲍姆(Baume)、凯迪特(Cadet)和赛其(Sage)仍然相信水是简单的元素,而邦达鲁瓦的富格鲁斯(Fougeroux)则被整个事件弄糊涂了。贝托莱最后成为改变原来看法而选择相信拉瓦锡的一个宝贵的同盟者,但是这个实验并没有终止还有很多化学家对拉瓦锡的观点的怀疑态度。这样,当荷兰化学家马丁努斯·范·马卢姆(Martinus Van Marum)于 1785 年夏天的一次巴黎之行来到拉瓦锡的实验室进行参观时,拉瓦锡成功改变了他对水的认识,然而拉瓦锡却没能赢得其他人包括瑟讷比埃(Senebier)、方塔纳(Fontana)、普利斯特利以及卡文迪什在内的化学家们的支持。的确,这个"演示"的主要结果似乎加剧了拉瓦锡支持者与反对者之间的论战。[20]

　　然而,只有拉瓦锡的水合成演示还不能够使所谓的亚里士多德水"元素"的复合性成为稳定而牢靠的事实,无论这个壮观的演示对于一些到场来宾而言是多么具有说服力。的确,拉瓦锡本人会重复不同版本的实验操作,包括一系列与拉普拉斯在 1786—1787 年协作开展的用以确定氢气燃烧所产生热量的实验。尽管如此,许多不接受拉瓦锡有关水的解释的人甚至当他们本人也成功实施了类似的实验时还是选择不相信。普利斯特利在这个问题上从来没有改变过主意,而且不只他是这样。接纳拉瓦锡关于水的组成的观点是一个复杂的过程,严重取决于当地的化学文化,包括文化所关心的政治和哲学使命。[21]

　　法国本土和法国以外的其他化学家们设计了不太昂贵的实验手段来重复拉瓦锡的氢气和氧气的实验,并且能得出关于水组成的定量结果。[22]正如在其他科学历史案例中一样,实验的可重复性绝对是必要的,即使不足以让拉瓦锡说服其同僚所述现象的事实以及他想给予的创新性解释。

从水的分解和重新结合这一典型案例中可以看出化学证据有三个特质。首先,化学家们通过化学操作和观察到的现象来使抽象的分解与合成过程具象化,这是将化学区分于其他学科比如几何学的一种方式,在化学中,分解与合成是同等重要的过程。我们可以借用加斯顿·巴舍拉的"理性唯物主义"一词来描述化学的这个特质,即使他本人由于受卡尔·荣格(Carl Jung)影响而拒绝将这一词应用于炼金术,卡尔·荣格将炼金术解释为一种围绕图像和符号而非实验活动的一种精神层面的追求。[23]但有一点很明确,那就是 17 世纪和 18 世纪解决分解和重构实验的化学家们是科学的先驱者,他们把实际操作视为真实性的终极证据。

这种证明技艺的第二个特质是:虽然它是实验性的,但并不意味着它不会具有理论上的应用价值。这正是加斯顿·巴舍拉明确认识到的另外一个特征。不能因为化学家们通过手来进行工作,便认为他们不会同时通过大脑来工作。拉瓦锡演示的每一步都有理论作为后盾。这不仅是因为它触及了基本的原理比如物质的守恒原理,还因为许多操作背后的推理运用或许挑战了已经确立的理论。我们再次重申我们的哲学立场:没有独立于理论而存在的事实,从这个角度看,化学家们与物理学家们一样,也不能仅凭经验性事实来证明他们的理论立场。即使是药物制剂的化学"配方"集,就像在莱莫瑞的专著中找到的,它们也是历经多个世纪的手工劳动而收集起来的经验知识的重新整编。在享有共同科学文化的圈子无须明确阐释这个立场。在这里非常适合用库恩的"范式"这一概念,享有共同范式的科学家们不需要明确提及其原理或者假设,因为它们形成了所有人共享的一套参照标准。

第三,分解与合成演示不仅运用了理论而且运用了抽象概念,而化学家们通常也被认为不具有这种对事物进行抽象化的能力。其实,为了使演示发挥作用,拉瓦锡需要始终确保所使用原材料的纯度以及产物的抽象和普遍性本质。元素和化合物与自然史注定是不相关的,没有特异性或者专属性,它们的物质本质特征仅限于作为反应的参与者。事实上,拉瓦锡是把这些当作假设性原理应用,把它们当作实体元素使用的,也使得他用以具象化的几何学风格的组合化学推理物质化了。因而,在水的合成与分析的演示中,有些吊诡的是,拉瓦锡化学的物质化与他投入实验的物质实体的理想化是互补的。

最后一点需要考虑的:认为拉瓦锡演示的分解与合成反应确实是互补、对称关系的根据是什么? 巴舍拉再次清晰提出了这个问题,并将其作为著作《理性唯物主义》的核心内容进行讨论:

当被引导思考合成与分解之间关系的时候,我们经常满足于将其看作再结合和分离的辩证法。然而这里忽略了一个重要的细微差别。在现代化学中,合成其实是一个发明过程,是一个理性的创造过程,创造未知物质的推理方案在开始时以问题提出进而形成计划。我们可以说,合成是现代化学的突破过程,并在计划的实现进程中逐步实现突破。[24]

合成的哲学意义正好是我们将在下一章要阐述的内容。

注释:

[1]C. Ginzburg(1989)。

[2]关于更详细的实验记录可参阅 M. Daumas 和 D. Duveen(1959)。

[3]关于 17 世纪实验哲学兴起的更多内容,特别是罗伯特·玻意耳的实验哲学,可参阅 S. Shapin 和 S. Schaffer(1985)。

[4]关于将化学用作为一个历史典范,可参阅 N. Fustel de Coulanges(1888)和 C. - V. Langlois 和 C. Seignobos(1898)。

[5]第一种空气是固定空气(二氧化碳),布莱克(J. Black)于1754年做了从碳酸镁中将其释放出来的实验并用石灰水进行了鉴定。亨利·卡文迪什在1766年制备了可燃空气(氢气),脱燃素空气或者称为活力空气(氧气)由普利斯特利和谢勒(Scheele)于1774年发现。

[6]A.-L. Lavoisier(1862—1896),第2卷,p. 212-224。

[7]参阅"Expériences sur la respiration des animaux et sur les changements quiarrivent àl'air en passant par le Poumon"(实验动物呼吸空气到肺部后发生的变化),A.-L. Lavoisier(1862—1896),第2卷,p. 184-193。

[8]这些气球的潜在军事用途激励了人们对氢气批量生产的研究,而由此诞生的技术将会促进拉瓦锡的水实验。我们则认为,类似这种技术应用和"基础"研究之间的紧密联系是化学中的一贯表现而非特例。

[9]这些原始的生物测定法涉及将动物放在待测气体气氛中。所有气体除了氧气都会杀死动物。

[10]Ortus V. Helmont, Progymnasma meteori,第18期,p. 71,引用在W. Newman和L. Principe(2003),p. 69。

[11]B. Bensaude-Vincent(1992)。

[12]这个提议的词源在W. Newman和L. Principe(2003),中p. 90有讨论。

[13]参阅W. Newman和L. Principe(2003)中,p. 62-66以及纽曼的《炼金术、分析和实验》(Alchemy, Assaying and Experiments), L. Holmes和T. Levere(2000),p. 35-54。

[14]Kant(1963),p. 20。

[15]A. L. Lavoisier和J. A. Chaptal,"Mémoire dans lequel on a pour objet de prouver que l'eau n'est point une substance simple, un élément proprement dit, mais qu'elle est susceptible de décomposition et de recomposition"(论文旨在证明水元素本身不是一种简单的物质而是能够分解与重构的),《巴黎皇家科学院历史与回忆录》(Histoire et mémoires de l'Académie royale des sciences de Paris),1781(1784),p. 468-474, A.-L. Lavoisier(1862—1896),第2卷,p. 334-359。

[16] 后来出版为回忆录专题论文,引用在前面的脚注中。

[17] A. -L. Lavoisier,《皇家科学院档案之实验室记录》(*Registres de laboratoire, archives de l' Académie des sciences*),第 8 卷,p. 63。参阅 M. Daumas(1955),p. 143。

[18] A. -L. Lavoisier(1862—1896),第 2 卷,p. 338-359。

[19] 出处同上,p. 373。

[20] J. C. La Métherie,《物理学观察》(*Observations sur la physique*)的编辑,于 1786 年初发表了一篇关于这个实验的综述,文中他反对拉瓦锡对现象所作的解释。参阅 J. C. La Métherie(1786)。在同一卷的第 315 页中有另一个关键注释。

[21] J. Golinski(1992)和 J. McEvoy"语言、自由和化学在英国启蒙运动中的作用"(Language,liberty and chemistry in the English Enlightenment),B. Bensaude-Vincent,F. Abbri(eds)(1995),p. 123-142。

[22] 范·马卢姆于 1787 年在荷兰莱顿重复了水的分解和重构实验,是重复该实验的第一人。巴黎皇家学院的物理学教授路易斯·勒费夫尔·得·几内亚(Louis Lefevre de Gineau)也在 1788 年的 5 月 27 日和 6 月 7 日之间公开演示了该实验。与拉瓦锡一样,他对重量做了非常精密的称量,不过他允许出现一定范围的误差。得·几内亚制备了超过 1 千克的水,这个大规模实验在法国的化学家中产生了相当大的影响。1789 年,迪尔曼和卡斯伯特森在荷兰进行了另一个分解和重构实验,而西尔维斯特和阿比·沙普也曾试图在巴黎重复这个实验。然后富科鲁瓦、阿曼德·赛金和尼古拉斯·沃克兰又一次在来自科学院的委员们面前进行了合成实验。基于最后一个实验,化学家们得出,氧在合成的水中重量占比为 85.7%,而氢占 14.3%。

[23] 加斯顿·巴舍拉强调了炼金术和现代化学科学之间的决裂,现代化学科学"遵循渐进阐明的路线,而炼金术士则等待被阐明",G. Bachelard (1953),p. 26。

[24] 出处同上,p. 23。

第 6 章

化学创造客体

"化学创造客体。这种创造能力类似于艺术,使其与其他自然或者历史科学的重要特性有本质区别。"[1]这个著名的论断是由法国化学家米奇林·贝特洛在 1876 年作出的,它经常被 20 世纪的化学家们引用,特别是两个诺贝尔奖得主:罗伯特·伯恩斯·伍德沃德(Robert Burns Woodward,1956)和让·马利·雷恩(Jean-Marie Lehn,1987)。[2]尽管一个多世纪期间化学科学发生了深远的转变,但"化学创造客体"这句话在化学家听来一直是真实可信的。所以本章的目的是试着理解,至少在化学家们自己眼中,化学创造客体这句话传递出了什么样的关于现代化学的重要真理。

初看之下,似乎贝特洛只是试图把实验科学和观察科学区分开来,就像自然史或者天文学之间的区别,前者在实验室构造事物,而后者只是对事物自然出现的状态进行观察,或者最多将它们分离开来以助于观察的实施。但是,我们可以从以下著名引用中看出,当贝特洛使用"创造"一词的时候,他的目的是想强调这个词的其他含义:

(对于观察科学)客体是预先给定的,并且独立于科学家的意愿和活动——他们多多少少会基于一些推理归纳找到或者建立普遍性的联系,甚至仅仅基于观察表面现象不可能验证的猜测。这些科学不拥有自身的客体。因而,对于真理的寻找他们很容易被宣告是永恒的无能,或者不得不满足于拥有零落的几个不确定的片段。[3]

的确,"意愿""拥有"和"无能",所有这些词都表明了以造物主为幌子的化学家的能力。但是,如果认为在贝特洛写下这些内容时,他头脑中闪现的概念是物质上的能力那就错了,相反,他想的是与知识有关的能力。我们把化学看作是生产代表我们现代世界特征的几百万新化合物的一种手段;贝特洛没有现代的我们对化学合成的愿景。对于他来说,化学合成是实现对大自然更好的理解的一种手段,其独特目标是单纯模仿天然物质。从他在著作结尾给出的结论中我们可以看出这一点:

化学拥有比任何其他科学更高程度的创造能力,因为化学对大自然的洞察更加深入,能够到达的研究对象是事物的天然构成元素。化学不仅能创造现象,而且也有形成大量类似于天然实物并具有其所有性质的人工实物的能力。这些人工实物是化学想要弄清楚的抽象规律的实例化形象……在没有脱离正当的雄心范围的情况下,我们希望构想出所有可能物质的一般化类型并且创造出它们。我敢说,我们希望在相同条件下再造所有自古以来形成的物质,按照相同的规律,使用与大自然在制造这些物质时所付诸的相同的力量。[4]

贝特洛将合成构想成与分解一样是一个了解世界的工具,是深入探察天然物质组成之谜的一种手段。由分解拆开的物质可以通过合成重新形成,他根据这个事实为合成作出作为一种认知工具的定义:

它以元素为原料,通过分子力作用与物质在生命体中进行的化学变化之间的合作,可以再生产全套的天然化合物。[5]

因而,贝特洛对化学的论断"化学创造客体"也是对"化学毁灭客体"这一观念的回应,批评家经常以化学蒸馏为例将矛头指向分解,认为待分解物质与其产物之间缺乏相似性。而关于合成如何成为认知的工具,仍然存在很多疑问。

合成的不同含义

在通常的用途中,我们可以认为形容词"人工的"和"合成的"是可以交换使用的,但是"合成的"在与"人工的"一词交换使用时丢失了许多原本包含的意义。合成指的是将不同组分组合在一起形成一个统一的整体,而"人工的"一词界定为天然的反义词,含义中并未表示有任何类似于组合的过程。在化学中,通过将几个不同的元素相结合来构成一个整体的过程涵盖了许多不同的实践活动。虽然我们确实用合成来指那些未在大自然中发现的物质,但是当我们讨论天然化合物的再造时也用合成这个词。阿司匹林片中的水杨酸是柳树皮中提取的药用试剂的部分合成产物。从构成元素碳、氢、氧等开始合成有机化合物也是可能的,尽管很少这样做,贝特洛将这个过程称为"全合成"。

贝特洛称,他的目的是,"通过技艺,用元素来构建物质实体的直接构成组分"。[6] 因而,他并不是想从碳、氢、氧、氮、磷和硫开始实施某植物或者动物的全合成,而只是想合成直接的构成组分,这些构成组分可以通过有机物质反向部分分解而获得。与将物质(实物)分解为构成元素并测定这些元素所占比例而最终确立物质的组成这样的分析方法不同,部分分解法是通过一个更加"温和"的分解过程而得到结果,目的是保留所涉中间产物的特性。历史上,这种部分分解法大部分时候是用溶剂进行萃取,许多重要溶剂在 17 世纪和 18 世纪才推出。这些中间物通常共存于不同的植物和动物中,它们可以进一步分解成更加简单的组分,以此类推,直到最终能够确定它们的元素含量为止。[7]

不是一次性破坏掉有机物质使其分解成为基本的构成元素,而是实施逐步还原的方法,将这些物质转变成更简单的化合物,所以逐步地,这些在生命力作用下形成的复杂而易变的组分被分解成人工的、更加简单和更稳定的组分。而后者即更简单的组分反过来成为同类型分解的新的目标物,进而产生更加简单、更加稳定的组分,以此类推,直到得到基本构成元素为止。

对于从矿物中提取的化合物,合成和分析通常是化学家可以在实验室实施的互补反应。例如,多数金属氧化物可以转化成纯金属,然后所得纯金属则相对容易再被氧化成相应氧化物。一旦获得进入化合物的元素,通常很有可能找到办法将这些元素重新结合而生成原来的化合物,比如水的合成。转化反应所必需的条件有可能很难实现,但是对化合物的成功分析可以为化学家提供正确的合成途径。而对于从动物和植物中得到的化合物则不是这么简单。有机化合物是由有限数目的元素通过各种不同的比例构成的,它们的元素分析提供的有关这些化合物再合成的线索很少。确定代表化合物元素构成的经验分子式显然是合成该有机化合物的必要一步,但是这离合成还差很远。对任何复杂的有机化合物的成功合成都属于化学家的一项真正的创造性的工作。

合成逻辑:从简单到复杂

化学家如何确定合适的有机合成路线呢? 对于贝特洛而言,合成是一个极具逻辑性的过程。他鼓励化学家们从有机物质的基本构建模块开始思考,然后逐步由简单到复杂一步步构建化合物。在笛卡儿模型中,化合物的正确分解是问题的关键,从而得出孔狄亚克坚持的立场(得到拉瓦锡的热情拥护),他认为为了避免错误,应该总是由简单向复杂过渡。基于这个原则,贝特洛提出一项宏伟计划,他相信可以指导化学家从四种构成元素碳、氢、氧和氮开始逐步合成所有生命物质。[8]贝特洛认为他的计划足以有条不紊地一步步建造目标化合物。因而,化学家的"技艺"将不会取决于灵感或者直觉,而是需要应用普遍规则和已确立的方法。贝特洛预见全合成过程包括以下四个不同的阶段:

(一)从碳和氢开始,形成一系列二元化合物(碳水化合物),构成所有有机组装物的基本骨架。

(二)通过适当的亲和作用形成三元化合物(醇类)。

(三)然后醇类可以与有机酸结合得到酯类或者"芳环类化合物基本结构",而醇类与氨结合形成胺和植物碱。醛和有机酸则由醇与氧结合形成。

(四)最后,有机酸与铵盐结合形成酰胺(包括尿素)。

某些已知的天然有机化合物的成功合成,比如尿素的合成,让贝特洛有理由相信,更加复杂的化合物的合成之路已经开启。因而,他感觉可以正式宣布,合成消除了无机化学和有机化学之间的壁垒。他甚至还认为,合成也消除了活力的神秘感,所说的神秘感意指只有活力才是划分无机化学和有机化学之间界限的标准。最后,他的结论就是:"生命的化学效应完全是由于化学力的原因。"[9]

接下来,贝特洛开始给出第二个论据,这一论据为合成是增强认知能力的有效工具这一观点赋予了实质内容。他解释说,"实验科学有能力实现它们的推测"。沿着这条线脉,他将化学家的合成方法与数学家合成方法进行了对比:

在对未知的研究中,两种知识秩序都是通过推论向前进行的。数学家的推理基于抽象的数据并由定义确立,它所引导出的结论既抽象又严格,而实验者的推理总是基于真实的数据,而这些数据又总是不完全已知,它所引导出的事实性结论从来不是确定性的而是一种可能性,所以从来无法逃脱有效性的验证。[10]

尽管贝特洛确信从化学合成中得出的知识不如数学合成中得出的知识具有确定性,但是化学家形成并检验假说的能力与数学家的推演能力是相当的。化学逻辑不是类似于归纳推理的经验性尝试(碰运气)策略,而是假说演绎法。所以,如果化学家提出一个一般性的规律,比如猜测两个已知系列化合物之间存在一系列的共同中间体,那么合成可以提供这个猜测的验证手段。贝特洛引用法国化学家查尔斯·阿道夫·乌尔兹(Charles Adolphe Wurtz)作为这种推理的一个良好示例。乌尔兹假设存在一个双原子类型的醇中间体占据普通单原子醇(比如乙醇)和三原子醇(比如丙三醇)之间的化学空间。用通俗易懂的话讲,他假定这些中间体醇可以从双原子酸形成,并且提出把它们称为"二醇类"。[11]在这种情况下,生成实物证据的技术操作就属于验证行动,从而有效形成真理。更加神奇的是,此次事件几乎与约翰·库奇·亚当斯(John Couch Adams)和法国天文学家埃班·勒维耶(Urbain Le Verrier)成功预测当时并未观察到的行星的存在同一个时代。根据勒维耶的计算,假说中的行星可以解释天王星围绕太阳的运转轨道之未预料到的特性。这个基于牛顿力学计算的理论预测在 1846 年得到确证,德国天文学家约翰·格弗里恩·伽勒(Johann Gottfried Galle)在预测位置观察到了海王星。

得益于有机合成的证明力,化学才可以自诩与天体力学具有同等的地位。而实验使贝特看到化学能够达到与机械力学同样程度的确定性,因而合成起的作用是将化学转变成了人们眼中的"推理性的"具有预测力的科学。一旦能够从一般规律中进行推演,化学最终将超越经验性描述的混乱状态,在经验性描述模式中,必须耗费精力来测定并且编目每一个物质的性质。因而,在贝特洛看来,每一个合成不单是一种可能性的实现,更是一个思路的具象化。

　　虽然贝特洛提出的推理创造性合成新概念极具吸引力,但是这个概念的建立过于仿照元素化学分析的模型,所以它最多也只能是理性主义者的梦想而已。贝特洛致力于这项合成任务几十年,但还是不能超越他提出的普适性有机合成计划的第一步。[12] 更严重的是,他从未成功开发出任何工业化合成,而此时德国化学家们正为精细化学工业奠定基础,不久他们将会成功运用有机合成生产数十个以及后来的数百个新化合物。贝特洛的合成化学与拉瓦锡的分解化学是镜像对映体关系:从复杂到简单,从简单到复杂。这种处理方式看上去相当合乎逻辑,并且有望全面掌握涉及到的所有过程,但是事实终将证明,把合成构想为基元分解的逆过程根本不足以构成实际的有机合成的基础。

从虚构到人工制品

　　在贝特洛看来,化合物的化学式描述的不是假设的分子事实,而是某项行动的结果,并且可以提供大致的合成过程,他用"生成方程式"一词来形容。所以,贝特洛得出苯是乙炔的异构体,因为当加热到600℃时,乙炔生成一种液体,其中含有痕量的苯,他可以通过分馏的方法将痕量苯从中分离出来。然而这种合成策略没有什么前景。相比之下,基于奥古斯特·冯·凯库勒（August von Kekulé）苯分子结构假说的化学家们的研究能够生成很多新的有用分子。有一个化学传说讲的是凯库勒在睡梦中看到苯分子的 6 个碳原子排成一条长蛇状,然后蛇开始盘成环状,直到像象征炼金术的衔尾蛇一样头尾相接。6 个原子围成环,环中双键交替出现,这种结构以丰富的人工化合物的基础在染料、医药和塑料工业中形成了应用。事实上,类似 19 世纪这种生产性合成工作是建立在取代反应基础上的,取代给定分子中的原子或者功能基团,而不是从贝特洛所提出的原始元素开始逐步建造化合物。

有机合成取代法在 19 世纪 30 年代被另一名法国化学家奥古斯特·劳伦特(Auguste Laurent)进一步发展,他不赞同当时占据统治地位的二元组成模型。受当代电学研究的启发,贝采里乌斯(Berzelius)提出了正电基团和负电基团的假说,并假定任何化合物都由一个正电基团和一个负电基团结合而成,这就是二元组成模型。劳伦特认为,这种假说形成的是虚构科学,它只能成功发明一类假想的基团。他在一篇著名论辩中说:"今天的化学已经成为研究并不存在的实体的科学。"[13]

巴舍拉在《理性唯物主义》中引用了劳伦特的上述说法,并且与贝特洛分子式进行了类比,将化学描述为一门从虚构到人工产品的转变的科学。因而,巴舍拉把劳伦特的想法看作是对贝特洛的化学是预测和推演科学的思想的延伸。取代化合物为虚构之物,是仍未实现的想象中的事物。凯库勒的摆动双键交替出现的苯环结构启示二取代苯可能存在不同的异构体。基于这种思考方式,威廉·科纳(Wilhelm Korner)最终成功分离出对位、间位和邻位二取代苯的异构体,两个取代基团处于苯环的不同相对位置。的确,在化学中理论预测和实际的实验可以通过许多方式相互影响。例如,范特·霍夫(Van't Hoff)用没有异构形式作为甲烷四面体结构假说的证据。一些化学家推测,如果碳化合物是平面的,那么我们可以预料取代甲烷化合物会存在顺反异构体,顺反性将取决于两个取代基团是在碳原子的邻位还是对位。范特霍夫认为,实际没有异构体因为甲烷是四面体结构而存在,其中两个氢原子被相同基团取代后得到唯一一个异构体形式。[14] 因而,想象中的分子或者"虚构分子"的存在与否可以用来确证一个理论假说是否成立。彼得·拉姆贝格认为,虚构的分子在化学中所起的作用与"思想实验"在物理学中所起的作用一样。[15]

不管理论中的化学虚构分子扮演什么样的角色,但是化学理论与实验之间的关系同典型的数学线性推演几乎没有类比性。例如,我们很清楚,类比对于化学家们"实现其猜想"非常重要。因而,化学家们很少以贝特洛提出的线性风格来推进研究,而是会多方搜索蛛丝马迹来支持一种猜测,通常依赖于似乎可能的类比来向前推进研究。这也说明了以化学类比为基础整理出来的文献有多么重要,比如《化学文摘》(Chemical Abstracts)或者《贝尔斯坦数据库》(Beilstein),因为类比化合物的反应及路径可以作为化学家的最佳指南。上述文献参考了数百万个化合物,彼得·拉姆贝格表示,这个数量与法律系统中的参考书类似,在法律系统中,法理学遵循先例原则。的确,与法律一样,化学工作是通过与其他案例的相互参考而不是通过应用一般规则来解决某个特定案例。

但是,一旦某个假说被成功的合成所确证,个案就会变成普适规则。巴舍拉指出,化学家们创造的物质为人工产品,哪怕是对天然物质的复制也还是属于人工产品。来源于有机化学实验室的物质其纯度状态是在大自然中找不到的。

我们需要把不存在的东西带入现实。对于那些确实存在的物质,在某种意义上,化学家必须重新制造出来以便赋予它们可接受的纯度状态。这便将这些重新制造的物质置于与人类创造的其他物质相同的"人工手段"水平上。[16]

　　所以，人工产品的创造，即人类制造或生产的物品，不只是化学研究中简单的技术上的副产物。在成为工业产品之前，这些人工产品可以作为建立化学知识的一种手段。即使在今天，合成也不完全是满足技术需求的一种方式，它仍然是理解化合物本质的一种特权工具。事实上，我们大部分关于有机化合物分子结构的知识都是源自于 19 世纪的合成，开始是茜素和靛蓝的合成，同时还包括埃米尔·费雪（Emil Fischer）的多肽和鞣酸的合成。然而，为创造这些产物研究出来的技术并不仅仅局限于最初的应用。各种取代反应提供了一种合成手段，可以通过它们潜在生成近乎无数的化合物，而其中必然只有少数有天然类似物。

　　有机合成必然在理论与实践之间形成对话，它反映出有机合成的潜力不仅在于探索特定分子构型，而且也可验证比较普适性的理论。伍德沃德认为，这种理论与实践之间的交换构成了有机化学"二次革命"的基础。劳伦特和凯库勒提出的结构理论带来了有机化学的"第一次革命"。

　　在我们看来，有机化学刚刚经历了第二次伟大革命。结构理论发现元素间最近邻关系的维护是导致物理世界中物质组成成分的多样性和个性化的原因。最近刚刚过去的伟大进步是找到了负责维护近邻关系的实体，并用简单而普适的术语来描述这些实体流变本性的广泛应用性和精确性及其所遵循的规律。由此形成的有机化学理论结构以及为有机合成带来的显然结果使得我们能够断言，很少有有机反应的结果是我们不能预料的，而无法解释的反应则更少。[17]

　　先抛开有机化合物的分子结构不谈，有机合成在更加基础的理论发展方面也起着至关重要的作用。事实上，通过薛定谔方程估算的分子和原子轨道能量值，只能通过小心控制的可以产生可测量指标的合成实验进行验证。不过,所有有机合成都是建立在分子结构的表征上,而完全不能将其看作是简单的反向分析过程。合成运用的是人类思想的投射,在合成成功完成之前这个投射仍属虚构。当然,随着数字分子模拟的兴起,这些虚构的分子通常也采取虚拟形式。在形成概念以后,有机化学家开始利用各种现有工具,通过增加和消除基团来建造所述分子,就像是操作一套精巧的麦卡诺玩具组装模具,这套由标准试剂和反应构成的模具在特定物理条件下会倾向这种或那种定位,但并不能被简化成一个概括的化学理论,或者一组清晰界定的一般定律。

合成是一个创造过程

理论在有机合成领域不只扮演着一种角色。除了有助于化学家规划可形成目标化合物的一系列反应之外,它也可用于指明潜在的障碍或者陷阱。我们如何才能合成理论上可行的化合物呢?正如我们刚刚讨论的,"人工"分子的创造不是简单的一个理论或者一组理论的推演过程。化学不遵循传统科学哲学中的演绎方法学模型。虽然19世纪末和20世纪初合成的数以百计的苯衍生物都是基于苯分子的六角环结构假说,但是合成也需要有实验创新,比如弗里德尔(Friedel)和克拉夫特(Crafts)在1877年引入了适当的催化剂。无水氯化铝的使用使得化学家们能够用合适的有机氯化物对苯环上的氢进行烷基取代反应。这些反应为19世纪末开始出现的有机合成提供了反应步骤,并构成了名副其实的以工业模型为基础的发明,它们如今也仍然沿用了其发明者的姓名,像格氏反应。随着有机合成发明的大量应用,特别是在人工染料工业以及后来的制药研究中的应用,其中的经济风险也随之增高,所以,人们通常通过申请相关的发明专利来保护发明者的经济利益。

　　我们不想妄下结论说,结构理论对合成有机化学不具有决定性的影响,但是结构化学本身确实并没有为如何合成某给定化合物这样的实际问题提供解决方案。[18] 人工染料,特别是威廉·帕金(William Perkin)合成的苯胺紫,标志着合成有机化学迈上了工业界的舞台。帕金是在1856 年并不成功的奎宁合成尝试中发现苯胺紫的,恰好在结构分子式被广泛推出之前。因而,这种里程碑式发明,不管是在化学结构还是性质方面,很显然不是预先计划中的。很多有用的材料,比如便利贴胶水、尼龙或者戈尔特斯面料等,都是化学修饰改良工作中的意外发现。当人工染料研究势头强劲之时,特别是在 19 世纪末的德国,许多化学家小组都被动员加入到首批工业研究实验室,很多公司在厂房、设备、人员和知识产权管理方面投入了大量资金。这种对科学研究的资助已经成为化学工业及其新兴分支学科(制药业、塑料业等)的主要特征,并且一直延续到今天。[19]

　　有机合成,特别是工业有机合成,远不止是对理论科学进步的"应用"这么简单。实际上,在这个领域部署的各种资源中,相对很少属于传统意义的理论上的资源。为了对这些资源进行一个大致的初步性分类,我们建议将它们按照应用于分析、合成或者大规模生产这三个类别来划分。

　　首先,所有工业生产都涉及一些对终产物的质控分析。这些分析技术用以验证每一步合成中间体的组成,以及标准化终产品的质量。对竞争者的产品进行分析也有助于仿造或者改进其产品。虽然质量控制已经越来越依赖于技术设备,但是也并非完全如此。例如,钢铁铸造厂中技能娴熟的技术领班可以一眼看出加入到铁水中的碳量是否合适。这种判断是依靠液体外观,特别是其颜色进行的。这种非正式的分析技术来源于经验的累积而不是材料科学的分子理论。

　　我们来看第二个分类，很显然合成需要工业工程师掌控各种步骤。虽然他们接收到的训练基本上是理论性的，但是在实践中，需要选择使用哪个步骤，或者新的生产工艺要求发明新的步骤，总是意味着需要他们实施一定量的综合性反复试验才能作出选择或者发现新的步骤。

　　最后，生产规模化关系到将一系列实验室反应转化成切实可行的工业规模化生产的工艺技术。似乎这种转化原则上应该很直观，然而其实大规模生产工艺的开发通常比研发合成路线产生的问题多得多，许多发明创新性的合成路线到头来发现在工业生产规模上根本行不通。而另一方面，设计独到的大规模生产步骤也为化学工业带来了技术革命，比如，生产人工纯碱的勒布朗克工艺或者生产氨水的哈伯工艺。规模化生产是一个跨学科的生产过程，需要凭借物理学、机械学、经济学和建筑学方面的技术，因为设计一个具有竞争力的生产工艺需要所有这些技术和更多其他技术的有机结合。有机化学家接受到的训练，是不足以胜任生产工艺的化学工程师职位的，就更不用说理论有机化学家了。沙普塔尔（Chaptal），作为一名化学家、企业家以及后来成为一名成功的政治家，早已经意识到将实验室创新引入到工业生产车间需要慎之又慎，他在1807年写到：

　　如果生产者根据一些实验室结果或者具有欺骗性的假象来确定其实施或者获得推测结果，那么这种作法很容易折损其化学工程师的名誉。不管创新看似会带来多少收益，只有经过最慎重的考察研究之后，才可以把创新输入到生产车间。[20]

　　由工业和科学家们促使发展起来的、在理论科学指导下的技术和工业形象，其中隐藏着这样一个事实：推理性的成分较少，而技艺性成分较多。合成化学工业所需要的众多知识并不是在学校或者大学中习得的。它们不属于科学理论的"普适"知识，而是"局部"的知识，或者引用沙普塔尔的词汇叫作"专门知识"。在沙普塔尔看来,决定专门知识的关键因素包括工厂的地理环境和人文环境,而且也扩延到在工作中习得的隐性知识,许多知识是在反复的失败和错误试验中获得的,而这些实验意外则通常作为实例教材。的确,自从沙普塔尔时代以来,化学工艺学开始出现,它尝试合理解释那些把物理学和数学应用于原材料到化工产品的转化工艺。在 19 世纪末,许多大学开始开设化学工艺学课程,而工艺过程学则自此独立成为一门专业学科。

从实验室研究和工业生产的相互渗透中应该很容易看出,纯粹和应用化学的模式从很多方面看是一种臆想。特别是,它呈现的是一个从基于纯粹科学理论的合成研发向该研发结果应用于工业生产工艺的单向流形象。由于生物及其他技术的兴起而模糊了实验室研究和工业生产之间的划分界限,从而导致宣布淘汰二者间的划分,但即使在这之前,工业实践和大学研究之间的双向交换一直都存在。在 19 世纪,许多致力于从事化学工作的人都是以学徒形式在某个化学艺术领域接受训练,而且,大学里的化学家们也经常在工业中做兼职顾问,这在一定程度上确实贴补了他们的收入,尽管一般而言在当时这并不是什么值得炫耀的资本。

科学哲学家们常常被这两对矛盾体之间的相似性所困扰:一方面是理论与实践,另一方面是纯粹与应用科学。相比之下,即使处于科学最高水平的学术化学家们,对于这种区分也一直抱有怀疑态度。因而,在 20 世纪 90 年代,诺贝尔奖获得者化学家罗德·霍夫曼(Roald Hoffmann)作了题为"赞美合成"的一系列反思,这在某种意义上类似于一个世纪以前的贝特洛的思想。"合成是一项非凡的活动,它是化学的核心,让化学更加接近于艺术但又不同于艺术,它有很多逻辑在里面,人们都曾经尝试教会计算机设计分子合成的策略。"[21]

　　尽管如此, 当霍夫曼继续讲到很多不同类型合成的时候, 两者间的相似性也到此为止了。他指出, 以经济为考量核心的计划工业合成与由机会控制的基础实验室研究合成之间有天壤之别, 在实验室合成中, 研究者们不断运用直觉力和技巧, 目的是克服看似不可逾越的障碍。聪明的化学家们能够利用大自然规律实现显然不符合这些规律的一些结果。霍夫曼将合成化学比作是与大自然的一场棋技对弈。化学家在反应路线中的一步步冲关, 这里打破一个化学键而在另一处形成一个新的化学键, 催化一个反应产生一个必要的化合物中间体, 同时确保反应在该条件下具有一定的产率, 定位取代至特定位置而阻断其他的错误转化或者错误的反应路线, 以免消耗中间产物而形成不需要的产物。这种与大自然对弈的智慧游戏是合成化学艺术的核心。每一个新分子的合成都是个人或者集体取得的一项胜利成果, 它展现的是化学家的技能和想象力。化学家制造新分子的世界不是一个理论的世界, 而是一个物质相互作用的世界, 其中直觉力和想象创新力与系统使用理论知识和逻辑的能力具有同等的重要性。

注释:

[1] M. Berthelot(1876) , p. 275。

[2] R. B. Woodward(1956)和 J. - M. Lehn(1995)。

[3] M. Berthelot(1876) , p. 275-276。

[4] 出处同上, p. 277。

[5] 出处同上, p. 269。

[6] 出处同上, p. 35。

[7] 出处同上, p. 66。

[8] 虽然拉瓦锡将有机化合物视为由碳、氢和氧组成, 但他的许多合作者们却认为氮也可以进入这些化合物中。化学家们比如沃克兰(Vauquelin)宣称已经在动物和植物中发现多种元素, 像磷、砷或者铁, 然而这些说法却远没有得到化学

家们的接受。

[9] M. Berthelot(1876),p. 272。

[10] 出处同上,p. 276。

[11] 出处同上,p. 190-192。

[12] 贝特洛最著名的成就包括甲酸的合成(1856),甲烷的合成(1858)和乙炔的合成(1862)。他曾在1851年通过加热玻璃试管中的乙炔的方法合成过苯。

[13] A. Laurent(1854),p. x。

[14] 三个异构体是:两个基团处于邻位(即 ortho 或 1,2 位),基团间隔一个碳原子为间位(即 meta 或 1,3 位),或者基团间隔两个碳原子即对位(para 或 1,4 位)。

[15] P. Ramberg(2001)。

[16] G. Bachelard(1953),p. 22。

[17] R. B. Woodward(1956),p. 156。

[18] 参阅 S. Travis 等著(1992)。

[19] 因此,制药工业是首批投入大量资金到研发当中的工业之一,并且进入20世纪后也一直坚持这种作法。化学工业中建立的研究密集型工业模式自此已经扩展至许多其他领域,比如计算领域、航空领域,等等。

[20] J. - A. Chaptal(1807),p. 15。

[21] R. Hoffmann(1995),"In Praise of Synthesis"(赞美合成),p. 95。

第 7 章

两种物质概念

古老的自然秩序女神菲希斯(Phusis)

　　如同元素学说一样,原子理论的首次阐述发生在古老的希腊,远在化学成为现代这种形式之前。当时化学无疑已经累积了相当多的化学反应的实践知识(特别是物质的有用转变的相关知识),但是这些知识主要是与技能相关的默认知识及隐性知识,掌握知识的人仅局限于从事染色或者冶金等化学艺术的实践者们。然而,物质理论首次阐述并不是缘于这些化学实践活动,而是缘于对自然本质(希腊文为 phusis)抽象问题的回答。自然本质是当代物理学的起源,但它包含了很多物质世界的本质和功能问题。元素论和原子论正是在自然本质哲学背景下发展起来的。所以,这两个理论不仅预先设想而且也帮助构建了共同的大自然概念,直到今天都是哲学历史上的重要标志。两种哲学都基于共同的根本前提:第一个前提是物质守恒原理,第二个前提是它们都认为应该把世界主要看作是一个现象的世界,即世界是一个现象的集合,只不过两者对潜藏在现象背后的事实有明显不同的诠释。

　　大多化学系学生知道是拉瓦锡把物质守恒概念引入到化学,并利用这一原理否定燃素这种凭空想象的元素的存在。依据物质守恒概念,拉瓦锡认为,金属在煅烧过程中的增重现象不能用燃素丢失来解释,否则将意味着燃素不得不具有一个负的重量值,多亏有拉瓦锡和助手们的工作,今天的我们才知道此反应为氧化反应。所以,比较说得通的答案应该是金属在煅烧过程中吸收了某种物质。这个被吸收的神秘物质是氧气,它在气体化学发展起来以前没有被科学家们注意到。然而,物质守恒是古代物理学的一条基本假设。绝大部分希腊哲学家们以及早期的现代科学家们都认为物质是永恒不可毁灭的,只不过并没有任何实验证据来支持他们的这个立场。物质守恒概念也因此深深扎根于西方科学之中,哲学家埃米尔·迈耶森(Emile Meyerson)把它视为所有科学探索的一个先验的形而上假设和必要的基石。[1]事实上,驱动古代物理学形成的不是物质起源问题,而是原始混沌如何转变成了我们所居住的有秩序的宇宙。随着时间推移,物质守恒问题让位给另一个问题:在一个不断流变的世界中,永恒或者连续性是如何存在的,或者用另外一种表达,在不断变化的背景下同一性的本质是什么?

　　世界是现象集合这一概念缘于我们的感官动物本质。透过光或者回音等奇异现象的存在,我们不难发现,我们的感官知觉有时传递的是对世界的错误印象,而我们则可以通过可靠手段知道世界的真实情况与我们感知到的不一样。所以人们会有一种感觉,普通人对世界的认知不及全知全能者,因为他们可以知道世界的原本。原子理论或者元素理论都旨在描述最终的深层实在。但是,即使原子论者也不认为人类能够直接经历这个真实且不可见的原子世界,而且也不得不安于通过观察可感知现象获得关于原子世界的知识。启蒙运动哲学家伊曼努尔·康德构想出一套术语,其中源自希腊的"noumenon"(事物自身本质)一词的本体(noumenal)世界与源自希腊的"phainein"(意思是表现)一词的现象(phenomenal)世界(即感官经验世界)是对比关系。

拉丁词"element"只是对形成于古希腊的一个相对复杂的概念的大致合适的翻译。[2] 因而,"element"是单词"arche"(本原)的翻译语,用于表示第一次宇宙进化的原始要素,比如水,或者称为潮湿要素,它在系列著作《米利都的泰勒斯》(*Thales of Miletus*)中就是非常重要的原始要素。泰勒斯将宇宙设想为起源于某种原始的海洋,今天地球上存在的各种物质是通过原始海洋的稀释和浓缩过程分离出来的。而在翻译恩培多克勒(Empedocles)的《根源》(*Rhizomata*)时也用到了"element"这个单词,指实物的"根源"的意思,在翻译亚里士多德用拉丁文"stoicheia"表示的四元素说时也使用了"element"这个单词。最后,罗马诗人卢克莱修(Lucretius)在对伊壁鸠鲁(Epicurus)的原子论著作《物性论》(*De Rerum Natura*)史诗般的辩护中也会使用"element"一词。此处的"element"是指不可见的或者不可分割的单元,别称"atoms"(来自希腊单词 atomos,意思是不可见的)。鉴于"element"和"atoms"词源和概念上的接近,所以如果仅仅基于两个概念而将 elements(元素)哲学和 atoms(原子)哲学视为对立则会显得非常幼稚。相反,我们应该把它们视为两个竞争系统,是用于解释自然现象的两种不同的类型。

原子与元素:两种竞争系统

即使没有深入了解两种系统,我们也可以快速描述元素理论及其与原子理论之间的区别。在元素理论系统中,基本的"原质"被认为是以不可改变的特定性质为特征的实体。因而西西里阿克拉加斯的恩培多克勒描述的四个"根源"（土、空气、火和水）因爱走到一起并因恨而分开。这些不朽的、永生的元素的首要功能是在不断变迁的世界中确保永久性，在不受限制的多样化环境中保持统一性。物质世界是这些元素以各种比例混合而产生的结果，就像是画家能够从调色板上的四个基础颜色调配出无穷无尽的各种颜色一样。[3]然而，恩培多克勒也曾表示，四种元素存在以前，物质是由无数相同的微小实体组成，这个微小实体称为最小实体。恩培多克勒说的评论者们，其中包括亚里士多德，将这些"最小实体"称为"同实体单元"，强调所有部分都相似，而且把它们看作是构成元素的"原始"物质（与元素本身显然是不同的）。在亚里士多德看来，四种元素中每种元素都是由一个无形状实质底物（物质）与四个基本特质中两个特质的结合。因而，每种元素具象化两个特质：土是冷的和干燥的；水是冷的和潮湿的；空气是热的和潮湿的；火是热的和干燥的，不过每种元素有一个特质占据优势。将特质与没有任何所述性质的底物联系起来，这样亚里士多德的元素成为了这些特质的载体。火的特质是轻，因为它的本质是从世界的中心移开，而土的特质是重，因为其本质是移向世界的中心。[4]换句话说，特质是元素固有的，所以当一个元素进入一个混合体时，将把其主导特质传递到该混合体。在图 8 这张照片中，我们确实不能像今天讨论构成水的氢和氧同样的方式来讨论"构成"亚里士多德混合体的元素。亚里士多德四元素中每种元素拥有至少一个绝对优势特质，比如土的绝对优势特质是干燥，火的绝对优势特质是热的等，混合体也拥有相同的特质，但是其程度必然会相对减弱。[5]

　　物质终极本质的元素说不时受到攻击，特别是来自原子理论拥护者们的攻击，原子理论形成于阿布得罗斯学校，并由伊壁鸠鲁及其最著名普及者卢克莱修重新表述。该学校的信徒们拒绝接受恩培多克勒提出的解释。

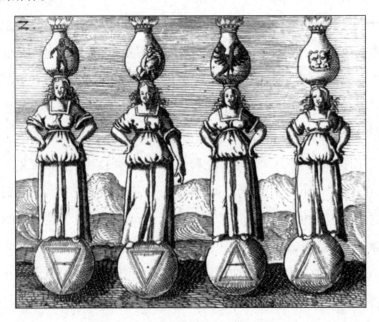

图8　化学中的四个基本操作:溶解、清洗、结合和固定,分别用四个姐妹来表示。图中的女性形象也参考了亚里士多德四元素:土、水、空气和火(从左到右)。经允许转载自斯特拉斯堡国立大学图书馆。

卢克莱修在第一本书《物性论》中列出了不接受亚里士多德学说的四个主要原因:(1)学说假定即使没有空间也存在运动;(2)支持学说的哲学家们没有给出物质划分的限度,意味着随着不断深入划分物质世界最终必定会消失;(3)空气与土、水与火彼此互为对立面和敌人,意味着每种元素都应该消灭其对立面,所以它们不能确保物质的永久性;(4)最后也是最重要的一点,从土中产生空气和从空气中产生水的转变循环说明,所有类型的实体都可以产生所有其他实体,意味着没有什么东西真正有资格称为原质。[6]因而,对于原子论者而言,物质世界仅由小数目的"基本"构成要素以各种不同比例组成是不可思议的。恩培多克勒曾经通过与画家的调色板作类比支持上述说法,即从四个基础颜色可以产生无限种色调,这恰好展现了物质世界最高程度的细微差别和多样性。而卢克莱修则认为,将这样一个学说系统应用于物质世界,只会产生由基本要素简单并置而成的各种不同物质的堆积,而不是界限分明的差异化实体。

原子论者世界观把世界设想为由简单的同质物质组成,这些微小不可见的、永恒不变不可再分的固体单元分布在巨大的空隙中并不断进行着运动。组成物质世界的实体具有无限多样性,这是由于实体是由相互关联的原子以各种不同的方式排布而成,就好比我们可以通过不同组合形式排布有限数目的字母表中的字母而组成无限数目的文字一样。[7] 用字母表中的字母作比喻,表达出了原子论者的世界观与元素论者世界观之间存在三个主要不同点。首先,原子论者眼中的物理世界由离散的物质单元组成,它们彼此之间只在形式或者形状上不同,而性质或者本质没有不同,这点正好与元素论相反,所以在两种世界观中,因本体论的截然不同而导致产生不同形式的解释。其次,根据原子论者的观点,决定可感知实体的形成和性质的因素只有原子的形状和位置。所以,原子论者从不可见原子的连接、重量、冲击、遭遇以及运动等方面提供了机械力学上的解释。[8] 最后,以字母表作比喻还表明,原子间的组合受到某些规则或者规律的限制。而且,这些规律最终决定着我们感知到的世界的本质。

原子论学说至少从我们使用的非常笼统的词汇来看似乎比元素论学说更接近现代,但是它也只不过代表可以用来解释大自然的一种方式,如果认为它从根本上是"正确的",那么我们将会犯下一个很大的历史性错误。对于化学的历史,我们不应该反复思量谁对谁错,而如果从两种学说之间持续的对抗中去思考化学史反而将会收获更多。原子论学说认为存在最小的物质单元,即离散的同质粒子,认为所有可感知的特质最终可以简化成为原子的运动和原子间所采取的相互关联形式。元素论学说认为物质是连续而异质性的,并且是高度差异化的。第一个学说面向几何物理学,借助的是纯粹的机械力学上的解释,而第二个学说表明的则是定性物理学上的阐述,是一门"混合体"的科学而不是实体的聚集。

在阐述了古代经典世界观的两种学说之间的区分之后,我们现在可以大胆提出一个问题:上述传统的世界观是否分别是两门现代学科,即物理学和化学的起始之源呢?

亚里士多德世界观

亚里士多德四元素理论的两个特征似乎在一定程度上支持它与现代化学之间的连续性。首先,四元素理论的多元化特征表明,我们可以将多样化的自然现象简化到几个不可再简化却可以区分的实体,但是不存在普适的唯一类型的物质。然而,我们在宏观水平观察到的现象仍然可以通过若干终极元素的混合获得解释。正如奥古斯特·孔德指出的,我们准备接受的元素的数目将决定现象的本质。因此,从一个终极要素到四个终极要素的转变代表着具有深远意义的视角的改变,以致孔德都认可把亚里士多德四元素学说理解为"化学科学名副其实的起源"。[9] 从单一元素转向多个元素,科学家被迫放弃绝对的概念,这是构想物质的结合与分解相关化学术语的一个基本前提条件。

孔德认为,完全归功于亚里士多德的这个"变革",其意义远比随后的逐步探索(即从亚里士多德四元素说到今天化学中 56 个简单的实体)所引导的化学演化重要得多。[10] 因而,在孔德看来,现代化学毫无疑问是亚里士多德传统学说的传承,而玻意耳和拉瓦锡的发现代表的是在相同概念框架下沿着同一条发现路径的一对里程碑式的发现。不管亚里士多德四元素说具有什么样的历史弱点,但它至少具有一项优点,那就是它突出了"元素"的两种古老哲学含义的根本区别。亚里士多德没有把元素作为所有事物的起源,而是把它看作是在发生质的转变及其他转变进程中传播或循环流通而其本身保持不变的某种事物。

亚里士多德元素学说潜在支持与现代化学之间的连续性的第二方面是关于特质的观点。在亚里士多德看来,特质是元素的持续属性,它们限定了元素的终极本质。这个特质概念对于化学家来说有两个不同功能,一个是分类功能,另一个是解释功能。在分类方面,与特质相关的根本性质为物质个体的分门别类提供了一套一般原则。

物质的不可剥夺的性质取决于元素的特质,这一观点可用来解释许多常见的化学现象。例如,我们都知道,具有一定性质的物质可以结合形成具有不同性质的新物质,然而也可以从结合物中重新获得初始物质,并恢复其原有形态及特质。[11]

然而,亚里士多德物质理论与现代化学之间,甚至与中世纪的炼金术之间这种泛泛的"渊源关系",提供的不过是一个模糊的谱系关系。而且,这种关系具有一定误导性,因为古希腊物理学并不是特意为回应任何化学问题才开始阐述其理论的,所以毫不奇怪,古希腊物理学基本上不足以作为化学科学的概念化理论框架。文艺复兴时期来临之前的欧洲已经形成了一些非常重要的实验性和理论性的化学知识,它们不甚符合亚里士多德的观念。因此,在那个时期,即便与以往相比化学家们已经认识和掌握了更多的关于化学转变的知识与技能,但是很长时间以来,相关理论仍然以松散的、兼收并蓄的方式吸收了各种流派的理论。除了上述问题以外,我们还可以提出我们的疑问:有关中世纪炼金术至少在一定程度上遵循了亚里士多德哲学方法的争论是否还有意义?

关于混合体

在皮埃尔·迪昂看来,化学是亚里士多德哲学的继承者,因为亚里士多德不仅陈述了这门科学的核心问题,而且为关于混合体的难题提出了解决方案。在他的《论产生与毁灭》(*On Generation and Corruption*)一书中,亚里士多德讨论了不同实体的真正意义上的混合问题,这种可能性已被"某些哲学家"完全否定。[12]的确,如果一个混合物的各组分原封不动,就像不同谷类混合物中的大麦粒和小麦粒,则不存在化学意义上的真正混合。这种混合物或许可以表示"普通人眼中的混合体",但是混合物的异质性逃脱不了"闪耀的天猫之眼"。如果结合起来的原始实体已不复存在,而且被一个不同的实体即混合体替代,那么我们需要承认有新的实体产生。因而,"混合体"的形成可以是一种聚集现象,涉及离散的不同组分单元的并列共存,亦或是一个真正的生成现象(也有可能是一种潜在毁灭)。换言之,"混合体"可能是原始组成成分的并存,也可能是创造出了真正的新物质,这个新物质不拥有原始成分所具有的性质。而新物质的出现表明原始成分已经不再共存于混合体内。因此,一个真正的混合体可以由"非此"这种条件来表明。混合体不是处在初始成分的性质已经丢失的"化合物"状态,就是处在原始成分得到恢复而混合体的性质已经丢失的"化合物"状态。

亚里士多德通过区分潜能和实现来避免陷入混合体的难题。进入混合体的元素不再以元素本身的实际状态存在,但是这些元素保留了与其本质相关的潜能,意味着它们继续存在于(以其潜能)真正的混合体中,只不过它们的存在(在混合体存在期间)检测不到。

亚里士多德创造了"synthesis"(合成)一词,字面意思是将事物放在

一起,或者并置在一起。艾尔伯图斯·麦格努斯后来将亚里士多德的
"synthesis"翻译成拉丁文单词"compositio"(组成)。所以,"compositio"
从字面上强调的是一个表观上的混合体,而不是一个真正的混合体,是
上文所解释的"普通人眼中的混合体"。相似地,在"synthesis"的原始
意义中,它没有表明通过化学相互作用生成不同于反应物的新物质。
尽管如此,经历了几个世纪的演变,"synthesis"(合成)一词(尤其指以
"compound"形式存在的合成)逐渐取代从亚里士多德的"mixis"翻译过
来的"mixt"(混合体)一词。"mixt"(混合体)让位于"compound"(化合
物)的事实表明,现代化学也并不是真正继承了亚里士多德哲学。

施塔尔化学观与拉瓦锡化学观

　　18 世纪初,在把化学领域从物理学版图中划分出来的尝试中,格
奥尔·厄恩斯特·施塔尔应用了亚里士多德关于真正混合体与表观混
合体之间的划分法。虽然机械物理学可以解释"聚集物"现象,但只有
化学能够解答"混合物"问题。聚集作用是组成单元的并存,可以从机
械力学方面理解,比如质量和运动,但是混合是涉及亲和力个体要素之
间的结合。聚集物分离后不会影响其性质,而混合体分离(分解)后必
将改变其性质。通过这种划分方法,施塔尔将化学的重心放置在混合
体这个概念上,把化学定义为"将混合体、化合物或者聚集物分解成其
构成要素的技艺,以及从构成要素组成这些实体的技艺"。[13]施塔尔假
定混合体是由特质不同的初级实体组成,而这些初级实体则由三种不
同种类的"土"和"水"组成。不同于亚里士多德学说,施塔尔似乎认为
混合体实际上含有构成该混合体的初级实体。这种概念策略非常成
功,以致 18 世纪许多人将施塔尔看作是化学的创始人。

　　不过,18 世纪的化学家们不再使用"混合体"这个单词,而是用单词"组合物"或者"化合物"取代它。特别是拉瓦锡把元素定义为非化合的物质,这个著名界定是沿简单物和化合物之间的划分主线对化学进行重新组织的不可分割的一部分。被歌颂为"现代化学"创始人的拉瓦锡,将化学重新定义为关于"分解天然实体"和"分别检验相互组合的各种物质"的一门科学。[14]虽然这个组合视角并非新的视角,但在化学语言变革后却成为占据主导地位的思维范式。[15]由四位法国化学家盖顿·得·莫尔沃、拉瓦锡、富科鲁瓦和贝托莱于 1787 年发表的新语言体系中,化合物名称的构建方式是将组分名称结合起来(以 Linné 在植物学中的双名命名法为模型),他们认为这种命名提供了物质实体实际结合的"镜像"。[16]拉瓦锡钦佩并大量援引艾蒂安·博诺·得·孔狄亚克的语言,特别是孔狄亚克自 1789 年开始撰写的《逻辑学》,他采纳孔狄亚克的语言观,把语言视为分析方法,以及把分析视为双向过程,即从简单物到化合物,从化合物到简单物。根据孔狄亚克的观点,分析是一个脑力过程,它使得化学家在感知的同时能够形成思维"图像",把这个图像想象成一连串的元素。孔狄亚克把这个大脑分析过程比喻为透过高塔的窗口浏览塔外的景象。观察者看到了整体画面,但却仍然不能把这一览当作知识的全部来源。因为只有随后进行更加详细观察或者分析才能对事物形成真正的理解。有了这种分析思维,观察者区分并且命名景观中的每一个元素,根据元素与其他元素的关联对每一个元素进行排序。尽管所有这些信息在最初的全局一览中已经存在,但是只有深入分析才可以提供对场景的真正理解。[17]受代数学启发的孔狄亚克逻辑不仅启发拉瓦锡与人协作进行语言改革,而且也启发他使用方程式来描述化学反应。[18]在这种方法中,化合物被视为两个或者更多构成元素的加成,化合物特征完全由这些构成成分的比例和本质决定。在方程式中使用符号"等于"清楚表明，化学家们不再关心非此即彼的条件：尽管反应物明显与产物不同，但方程式的两边被视为是相等的。亚里士多德提出的关于构成元素在化合物中存在模式的难题被拉瓦锡暂时搁置在一边了，因为拉瓦锡发现忽略这个问题反倒比解决它更加实用。

物质的组合概念后来以约翰·道尔顿（John Dalton）的原子假说为强大后盾被证明非常成功。到了 19 世纪中期，根据性质和构成比例定义的化合物受到了考虑原子在分子中排布的结构思维的挑战。尽管如此，与组合式一样，结构式也并非尊重非此即彼的条件，而是取而代之。在结构模型中，构成元素的物理排布决定了化合物的性质。

两种物质概念的长期并存

虽然我们有理由说现代化学不是亚里士多德哲学的直接传承，但是皮埃尔·迪昂认为是，所以我们有必要花点时间来检验他对这个问题的推理。迪昂的化学思想发表在《混合体和化学组合物》（*The Mixt and Chemical Combination*）一书中，一本书名听起来很过时的书，特别是与他撰写的书名为《物理理论的目标与结构》（*The Aim and Structure of Physical Theory*）的物理学著作相比较时，就更显得过时了。[19]我们或许会问，他为何在 1902 年还会选择使用"混合体"一词呢？当时这个词早已经不再出现在当代化学家们的词典中了。一个世纪以前，约瑟夫·路易斯·普鲁斯特（Joseph-Louis Proust）和克劳德·路易斯·贝托莱（Claude-Louis Berthollet）之间关于化学组合本质的争论曾导致一个新的共识术语的产生。自此以后，化学物种间以无限比例形成的（机械力学）组合用"混合物"一词表述，以有限比例形成的化学结合则用"化合物"一词表述。因而,迪昂采用"混合体"一词是为了唤起一个过时的化学概念,以便于探索与其相关的哲学联系。

迪昂通过描述大家熟悉的在生活中观察到的现象来介绍他的主题,这个现象同时也是一个简单的化学实验:

扔一小块糖到一杯水中,不久后,构成糖块的固态白色晶体消失了。此时,玻璃杯中只有均质透明液体,看上去像水但味道不同。这个液体是什么? 通俗一点可以叫做加糖的水。化学家们则将之称为糖的水溶液。这两种描述对应两种不同的思维。[20]

迪昂从这个简单的观察开始说起,以对上述实验现象诠释上的差别为例,介绍了现象的诠释选择使用的是原子还是元素。对实验的常识性解读基于对现象的感观理解,比如糖水的颜色、味道和气味,而化学家看到的是这种直接的感官体验之外的东西,即糖分子溶解于水。虽然对于巴舍拉来说,这个例子恰恰说明科学精神必须克服认知障碍,以便于挣脱这种常识性解读的局限,但迪昂却从相反的方向来思考这个问题。在迪昂看来,常识观是正确的,因为化学家对现象背后的事实作了一个未经证实的、从宏观解释到微观解释的飞跃。化学家的解释不依赖于对实验细节的检验,而是运用假想分子,按照迪昂的观点,假想分子通过想象而不是感觉展开。常识派意味着非科学家们有勇气面对"混合体"这个难题:"玻璃杯中不再含有我们之前放进去的水或者糖,含有的是一个新的实体,以牺牲两种元素为代价形成的一个混合体"。为了解开这个难解之谜,迪昂调用的武器显然是亚里士多德的概念:"虽然当前糖水不再含有形成它的水和糖,但是糖水可以通过停止其存在而重新生成水和糖——糖水潜在含有水和糖"。[21]

上述关于糖水问题的初步思考,不是为了提升常识见解的价值,而是为了挑战现代化学家的分子观。迪昂正是以此来引导当代化学家们对占据统治地位的、以分子模型为代表的、范式的充分性提出质疑的。他再次使用过时的"混合体"的概念是因为,他认为原子论和分子结构不能为化学转变提供充分的解释,而在 20 世纪初这两种理论却是有机化学中的主导。因此,尽管化学科学从实践上和理论上产生了不可否认的进步,但是化学家们需要面对的哲学核心问题与两千年前亚里士多德面临的仍然是同样的问题。混合体是两种或两种以上组分混合的产物,而各组分在形成新实体的过程中消失,对该混合体实施分解也可以重新获得各个原始组分。纵然洛克盐能够生成进入该盐组合的两种元素氯和钠,但洛克盐却拥有完全不同于氯或者钠的性质。化学组合之谜即存在于此,物质守恒伴随的是新事物的出现。混合体的性质从来不是其构成组分性质的简单加和。

迪昂反对原子论,但是与其上辈的其他著名法国化学家亨利·圣克莱尔·德维尔(Henri Sainte-Claire Daville)和米奇林·贝托莱不同,他的反对是出自于完全不同的原因。根据实证主义原则,科学应该仅限于可观察到的事实,这些法国的反原子论者们认为,原子论解释方式之所以不成立,是它超越了经验。迪昂也谈到这一点,不过,这不是他主要的批判点,他无意把科学理论限制于只谈论可观察事物。事实上,迪昂再次跟随了亚里士多德的引领,他认为,化学家将不得不从即使连具有天猫之眼的观察者或者想象中最厉害的显微镜都不可见的构成元素方面去思考化学中的问题。如果把这一见解拿到当代化学背景下解读,那么我们可以说,不管是借助电子显微镜、扫描隧穿式显微镜,还是其他高科技视觉,其观察结果都不能够解释物理实体的宏观行为现象学。

所以,迪昂看到原子论所存在的问题不在于其形而上学假说的地位,而在于其微弱的解释能力。原子表示法为迪昂提供了一个有效手段,使其可以清晰提出化合物可感知性质与其构成元素本质之间的关系问题。这种批判性分析针对的不仅仅是原子,而且也包括可以解释化合物本质的简单构成实体意义上的元素。后拉瓦锡时代,化学家们一般是通过参考化合物构成元素的本质和比例来推理该化合物的可感知性质。[22]而迪昂则主张采用反向法,并且表示应该通过化合物来解释元素的性质。化合价不应该被看作是每个原子的不可变的固有性质(因而,迪昂拒绝使用当代术语"原子性"这个词),而应该被视为某个特定化合物的性质。迪昂也学会了亚里士多德对待科学的哲学态度,他反对在使用原子还是元素之间作出选择,因而也逃脱了在简单和化合之间来回摇摆的令人窒息的窘境。混合体,这个化学家不得不应对的现象复合体,不能简化至元素或者原子。正是处于化学理论中心地位的这种不可简约性概念让迪昂在介绍其化学哲学时可以正当使用过时的"mixt"一词。

关于迪昂在他自己的科学哲学中如何翻译并开拓了亚里士多德物质观中的潜能或者倾向性概念,我们接下来会做出更多讨论。不过至此为止,我们通过本阶段讨论可以保留下来的一个基本观点是,只要化学理论或者化学实践有预先假定在性质和组合物之间有可能建立起因果关系,那么就总会有两种不同的方式可以解释这种关系,即上面提到的元素意义上的解释和原子意义上的解释。因而,认为现代化学是古老的元素理论的直接继承者这种看法,要么是出自肤浅的分析,比如孔德提供的分析;要么就是出自于带有偏袒性的哲学立场,比如迪昂的所为。我们没有感到有必要从二者当中选择一个,我们宁愿看到这两种方式之间的并存,这是化学史的一个特色。化学家们将不得不一直面对这种解释上的两法分立,根据他们所处的历史时期,他们可能选择原子论或者以元素的方式解释,又或者会试图将二者进行调和。化学将会继续深陷这种解释多元性的困境,从而把我们的思维引导到一个深远的哲学问题上。然而如我们所说,我们的意图不是要解决这个困境问题,而只是想说明这两种解释方式的长期共存。

注释:

[1] E. Meyerson(1921)。

[2] 有人提出了"element"的词源说,认为该单词起源于字母表顺序字母 l、m、n(就像"alphabet"这个词,它来自于希腊字母表中的前两个字母 alpha 和 beta),然而这种词源说具有争议性。该词源说诉诸理由之一是希腊单词 stoicheion(元素),该词最开始时用于那些按次序排列的指定对象,比如字母表中的字母。

[3] Empedocles,片段 23。

[4] 由于火和空气趋于向上运动,而土和水趋于向下运动,所以亚里士多德为尘世中每个元素安排了特定的空间。我们所居住的尘世基本上是由土、水、空气和火的同心球所组成。

[5] P. Needham(1996)。

[6] Lucretius(50 BCE),第 1 本,p. 635-920。

[7] 出处同上,第 1 本,p. 820-829。

[8] 出处同上,第 1 本,p. 633-634。

[9] A. Comte(1830-1842),第 36 课,第 1 卷,p. 85。

[10] 出处同上,p. 592。

[11] E. Cassirer(1953)讨论了亚里士多德传统和炼金术传统中本质属性连续性的重要性。

[12] Aristotle(n. d.),第 1 本,第 10 章。

[13] G. E. Stahl(1730),第 1 部分"物质结构"(Structure of Matter),pp. 3 – 5。

[14] 引用自 W. Andersen(1984),p. 136。

[15] R. Siegfried 和 B. J. Dobbs(1968)中强调了组合解释的化学革命意义。

[16] L. B. Guyton de Morveau 等(1787),p. 14。

［17］E. B. Condillac(1780),第 2 卷,第 1 部分,第 2 章,p. 374。

［18］关于拉瓦锡命名改革背后的权威来源研究背景下的关系讨论,可参阅J. Simon
　　　(2002b)。

［19］P. Duhem(1902)和(1906)。

［20］P. Duhem(1902)的 P. Needham 翻译本(2002),p. 5。

［21］P. Duhem(1902),p. 11,Fayard 1985 版。

［22］后拉瓦锡时代的化学按照从简单到复杂的逻辑整理。孔德把这个逻辑作为
　　　其《实证哲学课程》(*Course in Positive Philosophy*)大纲的基础,目的是实现一
　　　个极度理性的化学:"给定所有简单实体的性质,找到它们可以形成的所有化
　　　合物的性质",A. Comte(1830-1842),第 35 课,第 1 卷,p. 572。

第 8 章

化学与物理学

很显然,尝试用量子理论来解释化学的方法只能随着量子力学在20世纪的发展而出现,但是这种还原论方法的历史却由来已久。一般而言,还原论是指这样一种观点,即一门科学,比如化学,可以还原至更加"基础性的"科学,对于化学而言,这种所谓的基础科学即是物理学。我们在后面会看到,还原论的核心概念是科学之间具有等级性,即更加基础性的科学(通常是指物理学和数学)与被看作是衍生科学或者副现象科学之间存在等级性,衍生科学从化学开始,然后经过生物学逐级传递至人类科学,比如社会学或者心理学。对于把人类心理学还原至神经科学的这种尝试我们并不陌生,这也得益于大众媒体的传播,不过与简化化学相互作用至物理学规律的尝试相比,上述这种人类心理学的简化尝试是从近代才开始的。1669 年,首位也是最著名的巴黎皇家科学院的终身秘书本纳德·方特纳尔(Bernard Le Bovier de Fontenelle),作了以下比较:

通过可见的化学操作将实体分解成一定数目的粗略的有形要素,比如盐、硫磺等。虽然物理学通过精密推测作用于原理并将它们分解成更加简单的原理,如同化学作用于实体并将它分解成以无数方式塑造和运动的更小的实体,这是物理学与化学之间的主要差别……化学的精神更加混杂,更加密集,这种精神更像是混合体,其中的要素彼此混合在一起,而物理学的精神更加清晰,更加简单,障碍较少,并且最终直达事物的起源,而化学精神并不通向事物的终点(终极现实)。[1]

随着时间的流逝,方特纳尔的历史和科学语言已经失去了参考价值,然而他对化学精神与物理学精神所作的比较仍然十分中肯。事实上,许多科学家利用类似的论证来合理化物理学和化学之间的科学或者哲学任务划分。[2]因而,化学的目的通常旨在提供主导物质转变的原理,而致力于揭示大自然终极构成及其行为所遵循的基本定律的却是物理学。从这个科学哲学的经典视角来看,化学家们面临着一个选择:他们要么接受正统的哲学观并退居物理学统治的科学世界中的次等地位;要么起来造反,英勇抵抗强大的邻邦科学的帝国主义野心。只要我们从与经典本体论问题相关的抽象认识论角度去看待这类问题,那么类似于化学家所面临的这种两难境地将牢固存在于科学哲学当中。当科学被看作一项本质上统一的、紧密相连的事业,旨在解决已明确界定的终极本体论问题时,物理学家自然会探求事物的纯粹和完整形式,而化学家则看不到实践和经验之树上的隐藏木材,那么当仁不让的物理学家与思想狭隘的化学家间的对立是很自然的事情。在实践中,很显然物理学家将总是处在科学知识的前沿,而化学家则注定是次要角色。

然而,上述方式不是科学哲学问题唯一的呈现方式。在这里我们想要表达,化学家们是如何开始界定化学自身的关于物质的危机,以及如何开始发展与化学实践相关的对于伦理责任的理解。从这方面看,化学家们是在为属于他们的特定哲学领地划界,它与物理学家及其所熟悉的传统和关注点迥异。

两种科学各自的本体论

在进一步探讨物理学和化学之间的哲学差别之前,有一点很重要,需要我们记住,两门科学的学科划分相比两个哲学传统之间的划分的出现要晚得多。直到 18 世纪,"物理学"一词(来自希腊单词 phusis,主要强调的是大自然的本质)仍然指的是除数学之外的整个自然科学领域。因此,化学仅仅是物理学中的一个特定范畴。然而,转变物质的技艺与科学遵循了一个独特的路径,关于此,我们在以前的章节中已经提到过。随着中世纪炼金术理论与实践的发展,转变物质的技艺与科学被赋予了一个不同的形象。

西方炼金术传统有可能真的支持元素或要素是性质的承载者这种看法,但是这并不意味着炼金术传统范畴排斥原子理论。事实上,中世纪欧洲炼金术是由占据统治地位的学院文化铸就的,但与此同时,它也反映了那些被官方教会文化边缘化的人们的思想,比如非主流的原子论者们的思想。炼金术士们采纳了微粒和原子论观念,其中一个原因是借此抵御经院派哲学家们对他们的攻击。我们已经在第 3 章中了解到,有些人认为炼金术士们的黄金仅从表面上看是黄金,而实际上,由于它并不含有只能由大自然而不是人工手段产生的黄金的"实质形式",所以不是真正的黄金。[3] 炼金术士们需要对抗的正是这种对实验室中实现某种转化的可能性的攻击,一些 13 世纪的炼金术士提出了物质的微粒理论,比较著名的是盖贝尔,《完美大全》(Summa Perfectionis)的作者,不过这个理论没有明确说明是否与古老的原子论哲学有关联。[4] 化学家们非常渴望证明其人工贵金属的真实性,他们认为,化学转变的发生基于最小实体,即处于分析的最后一层的实体。然而,采纳微粒说的解释方式并不排除可以同时持有物质的元素理论。最近对 17 世纪化学的一系列研究表明,上述这些立场的确被看作是彼此完全相容的。[5]例如,丹尼尔·森纳特从增加或者消除拥有自身化学特性的原子这方面解释了一些化学操作(即我们今天所称的化学反应)。因此,我们不得不认为,原子论隐含的物质不连续性或者均质性均没有提供充分的依据以使物理学家的特征哲学观区分于化学家的哲学观。

历史上,最小实体或者微粒的概念为绕过亚里士多德质料与形式的划分提供了一种策略。学院经院派人士把这些不可再分的最小实体诠释为拥有"实质形式"的实体,而实质形式则是化学家们逐渐成功消除的一个神秘性质。的确,罗伯特·玻意耳的重要成就之一(或许记忆最深的是他提倡的"实验哲学"),就是发展了没有实质形式这一概念的微粒哲学观。

玻意耳是一个实验发烧友,但是他的实验既不局限于其闻名遐迩的空气泵产生的真空实验,也不局限于我们今天认为属于物理学的东西。他也是一个化学实验爱好者,他的实践研究涵盖了 17 世纪的整个化学范畴。这其中甚至包括将贱金属转化成黄金的实验,这个实验多亏了他能够购买到小量的"哲学汞"。[6]沉浸在 17 世纪化学文献中的他仍然够格做一名机械力学哲学家,可以摒弃依然出现在丹尼尔·森纳特化学著作中的实质形式,从而也导致他对元素理论的抨击。这是玻意耳在其《怀疑的化学家》一书中呈现的关于元素和要素的著名讨论背后的哲学重新定位。在这里,玻意耳的代言人(传声筒)卡涅阿德斯(Carneades),先是列举了怀疑亚里士多德四元素(土、水、空气和火)的真正元素本质的所有原因,接着列举了怀疑帕拉塞尔苏斯盐、硫和汞三元素的真正元素本质的所有原因。笛卡儿从纯粹理论角度讨论了什么样的物质结构可以解释可感知实体的各种性质,而玻意耳的论证则基于他曾亲自做过的实验。所以,玻意耳的代言人卡涅阿德斯解释了他如何试图通过实验将黄金分离成其构成元素,但结果以失败告终。而且,他措辞夸张地说,无论哪一位化学家,如果能够从金属中制备出帕拉塞尔苏斯三元素,那么他一定为他颁发奖励:

> 我将十分乐意看到我们称之为黄金的牢固贵金属被分离成盐、硫和汞,无论任何人因实验失败而遭受财产损失或取得良好的成功,我都愿意为这些实验买单,这包括实验所需要的材料和费用。在我亲自尝试之后,我敢断然肯定,从黄金中提取出某种物质是不可能的,当然我不能阻止化学家们称其为染色剂或者硫,而这将导致提取后余下的实体被剥夺其惯常颜色。我也不确定能不能从同一金属中提取出具有快速滚动性质的汞。但是对于黄金中的盐,我从来没有看到它,也从不满足于据事物本质和可信赖目击者所称,曾有这样一种东西被分离出来过。[7]

在玻意耳看来,我们没有依据去接受某给定实体是由传统理论中的元素组成(亚里士多德的四元素,或者帕拉塞尔苏斯的三元素)的这种观点,因为几乎任何复杂物质分解之后都会提供与元素具有同等地位的其他合理候选。而且,没有证据证明,任何这些来源于分析的预期元素实际上存在于分解之前的被分解物质当中。相反,玻意耳赞同的理论是,所有实体都出自于唯一的"包罗万象的"物质,他还表示,即使根据构成微粒的形状和运动对它们的特质给予机械力学上的解释可能还是不够充分,尽管有这种解释的必要性。

玻意耳的《怀疑的化学家》这本著作中具有批判性的部分内容是建立在将元素定义为一个简单实体的基础上,或者称为分析之后所剩下的东西。而元素的这个初步定义,作为玻意耳采取怀疑主义的依据,的确为他赢得了现代化学创始人的荣誉,至少在几个历史学家眼中如此。[8]尽管如此,对玻意耳的这种历史性称谓具有双重的不公正性。首先,因为玻意耳本人承认,元素的上述定义不是他的原创,在他之前已有其他化学家使用这一定义。其次,他不相信任何物质实体都符合这个元素的定义。

所以说,即使是玻意耳也在原子论与要素或元素之间的所谓划分两边摇摆。由此我们可以得出,试图沿着元素与原子这条线将化学与物理学区分开来,或者试图对以固有要素为特征的物质哲学观与均质而具有不连续性的物质观加以区分,最终都将因太过肤浅而失败。首先,如我们在第 7 章注释部分所述,这两种传统学说之间的碰撞早于现代物理学和化学学科的出现。第二,更重要的是,化学家们一直面临着化学现象多元化的解释问题,其中很多人会毫不犹豫地把微粒学说与元素或要素学说交织起来使用。

玻意耳著作中的批判性部分针对的是那些他称为"庸俗的化学家"的人们,意指占据医学教职中设立的化学席位的教授们,或者那些为药剂师和医生提供私人课程的化学家们。许多化学教师——有的来自医学教职工内部,有的来自外部——通过出版化学教科书来补充他们教授的课程。虽然这些书本中的内容主要是关于药物制备的实战说明,但是它们也呈现了一些科学框架以帮助理解围绕要素而发生的化学变化。[9]我们需要明白的重要的一点是,"要素"一词既包括可以通过分析(或者用火"分离"该实体)获得的该实体的物质构成组分,又包括非物质的无形的不可分离的构成,也称为"精神"构成。在两种情况中,要素被看作是某些特质、"优点"或者性质的承载者,它们可以随着进入混合体而传授该混合体这些特质、优点或者性质等。本章开始部分有一段引用了方特纳尔提到的化学家的"粗略的有形的要素",他指的是帕拉塞尔苏斯及其追随者所信奉的三元素:盐、硫和汞,他们认为每一个元素都承载特定的性质,盐是固体,硫不可燃,汞具有流动性。关于要素的本质和数目,17 世纪的化学文献中记载了不同的观点,但是要素这个核心概念却使得有关专著的作者们能够呈现新颖且自圆其说的物质观。因而,在 1610 年的《化学元素》一书中,让·贝干(Jean Béguin)不仅将化学呈现为医学科学的辅助,而且也呈现为一种独特的物质观之源泉。

我希望物理学家们和医生们明白,化学家们使用其他要素并不是对他们的一种攻击。正如亚里士多德哲学以及其他所有哲学对我们的教导,两种艺术或者科学可以把相同的事物或者物质实体作为它们的研究对象,而不必采用相同的内在要素或拘泥相同的形式对它们进行思考,如果化学家们向我们肯定地断言,化学是不同于物理学或者医学的艺术,那么他们也必须同意我们的观点,即化学应该应付不同形式上的内在构成要素。为了阐明这个理论,我会说,物理学家、医生和化学家可以依据不同的要素通过不同方式对待同一个研究对象。物理学家会认为研究对象是自然的,并且根据自然实体的构成要素产生运动或者静止,而其本质是物质和形式,这就是物理学研究对象的构成。对同一个研究对象,医生会考虑它获得健康或者造成健康问题的能力,检验构成研究对象品性的四个主要特质,即冷、热、干燥和潮湿,因为这些特质是带来健康或者导致疾病的因素。同样地,化学家会以自己的方式,考虑实体被分解或者凝聚的能力,以及通过艺术显现实体各种内在优点以使其更加有用。因而,只要汞、硫和盐是使混合体可溶或者易于凝聚的要素——这些要素是实体内在优点存在的根基——或者它们是名副其实的化学物质,即支撑并赋予所有化合物的优点和缺点物质性的那些要素,那么化学家们就应该借助这三个要素开展所有的检验、理论和操作。[10]

贝干从亚里士多德四元素理论的失败中总结出的经验教训是,每一门科学或者艺术对其研究对象都有自身特定的视角。化学要素赋予抽象物质以物质性,这里的化学要素有两层含义:一方面,化学要素滋养并给予物质躯体以物理物质性;另一方面,化学要素同时也将相关性质具体化。然而物质可以有很多要素,每一个要素都有其自身的特异性和功能。但是,这些化学要素不是为了解释化合物的性质,而是为了给所发生的变化提供某些线索,比如当用酸溶解金属时发生了什么。这些要素提供的正是描述和解释这类化学操作(化学反应)的一种手段,而化学操作在化学专著中占据了大部分篇幅。[11]

终极追求

从上一段引用文字中可以看出,贝干担心的是,"要素"一词意义模糊,他指出,该词既可以指知识基础(即认识论层面),又可以指自然实体的一般构成组分(本体论层面)。方特纳尔用不同的方式将认识论与本体论联系在一起。在对化学和物理学的讨论中,他基于认识论原则认为,物质实体的具体性质需要还原至最小可能数目的离散的本体要素。来自法国南部城市蒙彼利埃的医生和化学家加百利·弗兰索瓦·费内尔为狄德罗的《百科全书》撰文"化学"来回应方特纳尔对化学所做的具有贬低意味的思考,费内尔认为方特纳尔对化学领域存在偏见。他将这种感觉转化成对物理学家的傲慢的猛烈抨击,这有点类似于最近化学家针对把量子力学看作是化学现象唯一合法解释的霸权主义思想进行的反抗。根据费内尔的观点,化学家不太关心物质本质这样的终极问题,而更加关心诸如"是什么给了王水溶解黄金的能力"这样的问题。他们的注意力集中在物质及其转变所表现的特定性质上,而不是有关物质结构的问题。在费内尔看来,"没有任何实体仅仅是物质而已"。[12]事实上,导致物质具有某些化学性质的特质,比如酸性、可燃性,等等,是与构成物质的要素形成一体的,物质要素可以将这些性质从一个混合体带入另一个混合体。化学家们可以用这个理论来解释性质的传播或循环流通,而同时也能保留物质守恒这一基本概念。因而,费内尔提出的是对任何给定实体所表现出来的某些特性的一个实质性诠释,而很显然方特纳尔支持的观点是,由某种独特而统一的物质构成了所有事物的物质性,并产生其现象结构。

　　被方特纳尔认为非常有魅力而被费内尔认为非常恼人的物理学精神只不过是笛卡儿的统一的、均质化的物质理论,是物质纯粹在长度、宽度和深度上的延展,并由上帝赋予运动的状态。这种物质概念与某形而上学紧密相连,把这一概念从笛卡儿的《哲学原理》(*Principles of Philosophy*)中的第一部分移至第二部分可以说明这一点。然而,尽管物质的概念的确使得哲学家们可以从几何学的角度对物理学进行概念化并揭示运动规律,但是概念本意并非为表观现象世界提供任何直接的解释,更不用说解释化学反应了。

　　谈到这一点,笛卡儿的确曾试图在著作《哲学原理》的最后两部分提供一个包括化学现象和世界形成在内的大自然总哲学,然而并未提及实体的特质。其实,他的目标是从组成世界的均质性物质的多样化的广延形状和运动角度去解释实体的所有现象性质,而化学家则通常将实体的这些现象性质归因于实体的构成要素。在《哲学原理》的第4部分,笛卡儿呈现了一幅假设的关于化学反应物构成的画面,他要表达的思想与上帝创造的统一物质通过内部涡系的不同而彼此区分的思想是一致的。[13]涡系运动产生的摩擦随着时间推移将物质分成三个种类:组成太阳和星星的发光物质;由形成天空的圆而小的粒子组成的透明物质;以及组成不透光躯体的物质,即组成地球表面的较大的不规则粒子。[14]笛卡儿的"三元素"只是在大小和形状上彼此不同,意味着世界上所有的事物,比如土、水、火和空气,都是由同一物质的三种独特构型组成。因此,亚里士多德元素学说中的元素既不是物质的原始构成组分,也不是真正意义上的元素,或者说并非不可再分。笛卡儿将元素设想为物质世界的历史产物,是地质化学产物,如同所有其他化学物质一样,于他而言,元素只是独特的均质性物质的不同构型,而没有资格宣称具有任何特殊的本体地位。[15]

　　经过上述讨论之后我们产生一个印象,即我们在前面章节讨论的原子论和亚里士多德物质理论之间的对立只是转移到了费内尔对元素或要素说的辩护与笛卡儿的形状和大小可变的均质物质观之间的对立上。物质或者具有内在差别,或者是均质、统一的,前者假设要素或元素是物质性质的不可再分的承载者,而后者则认为相同的性质会因所述物质形状和运动状态不同而产生二级的特质或者副现象。

物质皆有品质特质

　　我们现在尝试找到将"物理学精神"与"化学精神"分离开来的真正分割点。然而,分割不关乎原子论这种事情,原子论可以理解为假定存在真空和离散物质单元的一种理论。事实上,原子论所隐含的物质的不连续性与化学结合现象的解释如此契合,以至于倍比定律和定比定律成为19世纪支持采纳化学原子论的一个关键论据。而分割点是把特质还原成其他基础参数,比如形体或者形状和运动。[16]按照笛卡儿的观点,我们不能凭经验触及大自然的真正的本质要素,因为感官知觉不会传达任何有关世界根本组成的可信赖的信息。真正的要素产生于对"分割、形状和运动"的分析。物质的真实结构仍然是感官知觉到达不了的,哪怕运用技术协助,比如显微镜把感官知觉力放大很多倍。因此,颜色、气味和其他可感知性质是物质各构成组分的形状与体验主题之间相互作用的结果。换句话说,笛卡儿采纳的是属于实体精髓的第一特质与取决于感官知觉的第二特质之间的经院派划分。然而,这种划分取消了可感知物质的物质资格,也就是说剥夺了该物质的特质。同时,它也削弱了所有的与物质性质有关的化学理论。根据笛卡儿物质观,最基本的第一特质仅限于形体和运动,并且可以被有知识的人感知,而任何可被感官察觉的特质(颜色、气味等)都源自于并且完全决定于这些第一特质。笛卡儿在他的专著《人类思维规则》(*Rules for the Direction of the Mind*)中已经非常明确的表示,"无限数目的形体肯定足以表达可感知事物之间存在的所有不同"。[17]

我们得出的是"实质现实主义"和"机械微粒论"之间的区别,一方面,物质现实被赋予特质,另一方面,所有可感知品质特质都源自于物质的构成微粒的形状和运动。对于那些信奉形状是理解自然世界的充分要素的微粒论者,化学家的定性理论看上去过于臃肿和粗略。由于化学与可感知特质紧密相关,所以化学家们不会根究哲学的终极现实。加斯顿·巴舍拉在其著名的著作《科学精神的形成》(*The Formation of the Scientific Spirit*)中重新赋予了这个传统理论新的生命而并非对它的延续,他把可感知特质表述为需要克服的阻碍。在化学家们的认知事业中,他们对第二特质的兴趣阻碍了他们的注意力,使其偏离揭示该种性质的机械力学基础,因而无法达到对研究对象的几何学处理。

因此,正是物理学家方面的这种还原主义追求迫使化学家们产生了哲学上的反叛。今天,叛逆的化学家们(包括许多生物学家,甚至某些物理学家)拒绝接受这种还原主义背后隐含的科学等级模式。这种模式让数学物理学荣登学科金字塔的顶端,而社会学则被还原至生物学,生物学则被还原至化学,化学则被还原至物理学。然而,即使在洞悉这种学科还原论阴谋之前,化学家们在面临机械论哲学解释一切的霸权主义野心时已经坚持主张使用他们自己的科学价值体系。毕竟,对在通过物质的构成粒子的形状和运动来解释物质的化学性质(例如腐蚀性、味苦或性温和)过程中产生的空想或者故事传说报之以嘲笑并不是什么难做到的事情。

关于还原主义计划,或许可以在 17 世纪化学家尼古拉斯·莱莫瑞的《化学教程》(*Cours de Chymie*)中找到最著名的例子。例如,他在课本中提出了一个微粒模型,用于解释为何王水(波硝酸和波硫酸的混合物)在加入某种碱金属时可以把金从溶液中沉淀出来。解释基于酸微粒是尖的,尖的形状产生酸味是由于酸微粒刺痛了舌头。碱金属作用于酸总是会中和酸性,所以莱莫瑞得出结论说,碱金属必定以某种方式破坏了酸微粒的尖。最后,他用金粒子具有孔隙这个观点来解释金的溶解,认为酸的尖端驻扎进金的孔隙中。因此,金在王水中溶解、达到饱和以及随后被碱金属沉淀的现象,完全可以用莱莫瑞的机械学进行解释。

我想有可能当王水以某种方式作用于金而将其溶解时,与酸的强度有关的尖端被卡在金粒子内。但是,因为这些小的实体非常坚硬很难渗透,所以酸的尖端仅仅进入到金粒子的浅表,但又足够悬浮金粒子并防止它们发生沉淀。这就是为何加入足够多的金之后,每一个酸的尖端都被占据,然后哪怕多一粒金粒子都不会被王水溶解,同时也正是这个悬浮液使得金粒子不是感官能够察觉到的。但是如果加入一些物体,由于该物体的运动和形体可以对悬浮液产生冲击从而搅动并打破酸悬浮液的平衡,被游离的金粒子会因自身重力作用而发生沉淀。所以,我认为,这就是酒石油和不稳定碱金属所起的作用。[18]

　　莱莫瑞提出的各种不同形态的微粒,或圆而光滑,或呈锯齿状,或是弯曲钩状,激起了不少化学家的讽刺和嘲笑。对于费内尔而言,这些猜测只是用于揭示机械论者的"公理化"解释的不足,以及揭示他们缺少实际的经验。费内尔承认,物理学家们可能的确有资格处理某些类型的化合物,比如称为"聚集物"的化合物,但是他仍然把处理"混合体"的资格留给了化学家们。因此他恢复使用斯塔尔对聚集物和混合体之间的区分,前者基于机械学上的集合或者不同类型物质实体的并存,而后者涉及物质的化学转变。不论从交错排列的微粒还是牛顿引力角度去理解聚集物,它们都涉及到了物质实体的普遍性质,比如质量和运动,而这两个参数是由机械力学来给予合法解释的,机械力学这门科学涵盖了均质性物质的行为。但是,混合体的形成意味着反应物发生转变,从而产生特质变化以及物质本身的改变。通过混合或者反应过程从异质性元素创造出新的均质性物质实体,简单的物理学上的粒子并存不足以解释所发生的现象。

　　因此,斯塔尔对聚集物和混合体之间的区分在正统的物理学领域和化学领域之间划出了一条分界线。这种划分不仅挑战而且也有效反转了由物理学提供终极解释的等级体系,它表明,相比聚集物的物理学问题,化学在解释混合体现象时所要解决的问题要复杂和深奥得多。化学的研究是对混合体进行分析或者诊断。为了理解混合体的本质,结合物的机械力学相互作用对于化学家而言显然是不够的。将混合体的所有可感知特质赋予原始物质或其构成要素,必然会导致产生与直觉相反的结果以及对物质的隐藏或潜在性质的重大夸张。而且,如我们所见,机械论哲学提出,物质不拥有任何通常被认为具有的可感知特质。因此,构成金薄片的黄色的、可延展的金粒子,既不是黄色的,也不是金属,更不具有延展性。

同时，我们也不应该让方特纳尔的华丽文辞愚弄我们，误认为只有物理学家对物质的组成有发言权。到了18世纪，化学家们的工作对象成了分析更加复杂而有序的产物，尤其是存在于大自然的动物和植物王国中的产物。在这里，化学家们要区分的是终极要素和分析中产生的"中间体要素"。关于终极要素的本质和数目人们有不同的见解，但是却有一个共识，这些要素是不可触及的，并且，对物质的分析可以让化学家对该物质的构成有一个概念，但是这种分析无法给出纯粹形式的要素。事实上，如同其他"本质"一样，要素的存在只能通过它们产生的效应获悉而不能通过分离得到。但是，构成物质的最直接要素是物质性的，比如，进入到植物和动物复杂组成中的均质性可分离的油，或者各种脂肪的构成实体。在17世纪和18世纪，尤其是随着溶剂提取技术的不断发展和提高，化学家们成功发现了各种各样的中间体要素。[19]这种多层次的物质分析方法表明，化学家们并不害怕解决最困难的关于物质世界的本质的问题。

这也提醒我们，在对待大自然问题上，应对复杂性很重要，而不应该将复杂问题放置一旁却把确定最简单部分作为唯一追求目标。费内尔认为，与物理学家们不一样，化学家们想要理解物质实体的复杂性和个体性，而不是停留在表面现象上，他们试图理解的是自然世界的最深层的本质。清晰、界限分明和数学抽象曾经是物理学家最大的骄傲，有人会说，过度稳定化物理学的上述三个特征会使物理科学家们把大自然最重要的部分置于不顾。根据费内尔的观点，一方面，物理学把所有的物理性质简化为几何学问题，因而抹掉了它自己对未知的恐惧，似乎真理就等同于或者至少是清晰数学模型的延伸。而另一方面，化学家们则有勇气去找到进入混合体的各种要素，并且有勇气承认他们的知识是有局限的。所以，化学家们持有的物质观是终极要素的不可知，它既强调了化学家不能提供终极答案,同时又表明了他们已经认识到这种局限。这种讨论很符合两个世纪前狄德罗在《百科全书》中提出的化学形象,然而,它也为理解现代化学哲学提供了十分有价值的线索。

因而,我们可以看出,正是通过拒绝跟随物理学家对物质终极构成的执着追求,化学家们才得以界定其自身学科的本体特征要求。我们已经看到,当物理学家们在忙着形成关于构成现象物质(不论连续性与否)的最小单元的假说以及物质行为的终极成因的假说时,化学家们则满足于留守在他们的元素和要素阵地,或者满足于采纳物理学家的原子和微粒说,甚至试图将两种学说结合起来使用。化学家们不反对提出物质理论,而是反对把物质实体多样化的具体特质还原至运动和形状,或者任何这种简单的几何学参数。化学家的要素不是作为另一种物质哲学而与原子论竞争,而是用于发挥它们在化学现象解释中的价值。

对于化学家来说,他们的首要哲学直到今天似乎依然是:不剥夺物质的物质性。这不仅是因为物质的可感知特质或性质被认为来自于某深层现实的基本效应而非次级效应,而且也因为物质在自然世界都有发生作用的潜力,每个物质都有自身的特质。

物质皆有潜在力

当许多 18 世纪和 19 世纪的物理学家们认为可以把微粒说或者原子论作为接近若干不同领域的一种手段的时候,化学家们发现这个理论在很大程度上存在不足。对于化学家来说,微粒哲学的核心问题是缺乏能够使物质作用于另一物质,或者与另一物质发生相互作用的性质。不同形状的小的实体被其他小的实体捕获或者彼此弹离,以此来解释化学家们在实验室内外遇到的所有化学现象似乎是完全行不通的。而物理学家则回应可以采取其他的作用方式来增大物质的潜力。于是,两种理论在欧洲化学中逐渐形成,它们宣扬物质潜力说:一个是在法国占据统治地位的牛顿说,另一个是在联邦德国更加成功的力本论。

在物理学史上有一个非常著名的历史故事,即牛顿拒绝接受笛卡儿的机械论哲学,而坚持认为远距离作用是不可再简化的自然现象。根据牛顿的观点,重力不是物体内在固有的唯一本质。

在我看来,上帝一开始形成的物质似乎是厚重、坚硬、不能理解的、运动的固体粒子,这些固体粒子具有的大小、形状、性质、空间比例,大部分有助于上帝所形成物质的结束。这些固体粒子,远比任何由它们化合而成的有孔实体坚硬得多,它们坚硬到从不会磨损或碎裂,普通的力无法将上帝亲手制造的事物分裂成多个碎片。在我看来这些粒子似乎不仅具有可见惯性力,而且伴随自然源于该种力导致的被动运动定律——它们的运动受某些主动性原则的支配,比如万有引力原则、发酵原则以及实体的内聚结合原则。我认为,这些原则不应该源自于特定形式事物的隐蔽特质,而应该源自于大自然的一般规律,事物按照这个一般规律形成,事物的真相以现象形式呈现给我们,但其真正的成因却尚未被发现。[20]

牛顿在《光学》(Opticks)的"31 问"(Query 31)中作出一种假设,认为一种单纯的吸引力或许能够解释酸和碱之间所发生的剧烈反应,该吸引力与距离之间遵循反比定律,但是与万有引力不同,它随粒子大小的增加而减小。[21]在牛顿的物理学引领的数学科学新时代背景下,这个假设成为了化学家们讨论关于试剂的"趋向""效力"和"能力"的合法依据。在宏观与微观之间,在可感知世界与粒子和力的隐藏世界之间,打开一条沟通渠道的关键是赋予物质以力的双重意义上的"潜力"和潜能。作为笛卡儿认识论的基本指南的"清晰明确"需要暂时搁置一边,以便揭示些许"潜藏的"作用。按照牛顿的假设,单凭远距离吸引力即足以解释化学中选择性亲和性的奥秘。然而事实上,这里存在一个历史性疑问,关于牛顿的吸引力这一概念也许并不起源于化学。在校园的教室中广为流传的故事是,万有引力定律是因为牛顿看到苹果掉落到地上而找到牛顿的,而比较经院派的版本仍然是,万有引力是牛顿对经验性天文数据给予解释时得出的结果。而我们现在知道牛顿其实对化学有着毕生的兴趣,他在这个领域进行的煞费苦心的定量实验旨在理解化学吸引力背后的机械力学。事实上,包括罗埃尔在内的一些 18 世纪的化学家们已经开始相信,吸引牛顿的概念本源是化学。[22]

　　不管牛顿的"吸引力普遍存在"的概念源于哪里,他的"31 问"为化学家们提供了一个近乎持续了一个世纪的研究纲领。对吸引定律的确定有望提供一种使每种物质的"亲和性"都具有通约性的手段,这样一来,未来的化学家们不仅可以编制更准确的亲和性吸引力数据,而且还可以预测未知反应的结果。因此,"亲和性-吸引力"这对概念作为物质的一个恒定的可供选择的性质成为 18 世纪化学的一个老生常谈的话题。然而,当时使用这个术语未必指的是牛顿的吸引力概念,因为可以用纯粹现象学术语来诠释任何一对物质之间的亲和性关系,也就是说,它们从化学作用上结合彼此的趋势。牛顿的短程吸引力概念有一个虚拟品质,它使化学家们可以解释一系列不同的神秘现象。例如,它可以用来解释均质性物体的凝聚作用,由完全相同的构成部分组成的简单物质金砖就是一个很好的例子。或者,牛顿的短程吸引力也可以解释异质性物体构成组分之间的结合作用。聚集亲和性不同于结合亲和性，只有后者隐含结合组分发生了特质的变化，从而为混合体问题提供了潜在的解答方案。如果物质实体之间的物理配置可以取代散发着炼金术气质的隐藏吸引力概念，那么化学便会更接近于新物理科学的理想。运用亲和性可以合理解释很多复杂的化学反应，不过，亲和性亲和力仍然属于一个定性而非定量的概念。总体而言，"亲和性-吸引力"保证了理论体系的连贯性、解释性和预测性，使得化学可以坚定其相对于物理学的独立性。

化学中的亲和性数据表有着悠久的历史。在这些有助于化学家实践活动的数据表中，最有名和最广泛使用的版本由杰弗洛伊于 18 世纪编制，大概 40 年后，该版本稍加扩延后再版于狄德罗的《百科全书》（参见图 4）。图中每一栏表示一系列潜在化学结合物，由每栏表头所示物质分别与其下以某种特定顺序排列的其他物质结合而成。原则上，与表头所示物质进入化学结合关系的某种物质可以被该栏中任何其他性能更优越的物质从其结合物中取而代之。在以后的几十年里，数据表不断被修订和改进以考虑不同的反应条件，由此可见，数据表是简单实体与复杂实体之间反应的大量经验数据的汇编。数据表的总体形式以及各组分反应活性的可观察等级化为组分的亲和性提供了一个总体的定性衡量。需要历经千辛万苦的这种经验性化学早已经远离了牛顿当初的美梦，他曾希望由数名化学家和物理学家于 18 世纪末将所有的化学现象还原成牛顿提出的短程吸引力。

克劳德·路易斯·贝托莱同样也怀揣由清晰界定的数学定律决定化学的美梦。经过对亲和性表中亲和性体系的检验，贝托莱发现其中存在很多不足。其实，他质疑的是每种物质都有恒定的亲和性这个理论，许多已知的化学反应过程并不能通过这个理论得到解释。贝托莱把两种物质实体形成新组合物的趋势称为"化学作用"，其强弱不仅取决于物质实体彼此的亲和性,而且还取决于它们各自在反应媒介中所占的比例。因此,贝托莱认为亲和性数据表实际毫无价值,在他看来,这些数据只不过表示溶解性和挥发性的不同,而并非真正的亲和性。澄明进入化学反应的参数之后,贝托莱在拉普拉斯和他们的阿尔克依科学会弟子的帮助下承担起一项艰巨任务,目的是使化学具有以机械学为模型的数学性质,希望将化学建立在一个单纯的数学定律基础上,并由此推演出所有的化学反应。然而,在这个模型中贝托莱不能够将化学和机械学进行统一,他的化学作用的概念几十年来一直处于边缘地位,没有被广泛接受。[23]

牛顿学说赋予物质以力,从而为微粒说注入了新的生命,而笛卡儿哲学则否定力的存在。在形状和运动本体论中增加远距离作用之后,物质被赋予力。关于被赋予力的物质,可以从另外一个角度去理解,它避免了机械论者的统一物质观和微粒观,而把大自然设想成反作用力的集合,物质实体通过极性产生现象和性质。这就是融合进《德国自然哲学》(*Naturphilosophie*)中的自然观,这种哲学观在 18 世纪末统治着联邦德国各大校园。那时哲学系承担着各门科学的教学工作,所以化学被从“力本论”的角度去阐释。来自丹麦的里什泰(Richter)、克拉普鲁斯(Cklaproth)、里特(Ritter)、卡斯特纳(Kastner)、林可(Link)和舒斯特(Schuster)以及奥斯特(Oersted)和来自和匈牙利的温特尔(Winterl)是这一传统诠释的拥护者,他们认为实验化学与思辨哲学之间具有极其密切的关系,这种关系构成了实证科学的根基。在这种背景下,黑格尔(Hegel)和谢林(Schelling)很自然地都会对实证科学的演变表现出极大兴趣。[24]

化学物质实体的可感知特质为力本论化学的阐述提供了基础。力本论者认为物质由来自磁的、电的和化学的力所驱动,这些力具有相反的极性,它们是物质之所以呈现现象和特质的原因。关于物质特质的这种思想受到来自于康德自 1786 年开始撰写的《自然科学的形而上学基础》(*Metaphysical Foundations of Natural Science*)中提出的强度量概念的启发。不同于形状和运动,强度量不容易用数学表达方式来表示,但是可以作为非加和量来衡量。杰里迈亚斯·里希特(1762—1807,康德的学生)发展的计量科学很好地阐释了这一点。希望在实验化学中引入数学方法的里希特通过天平来定量物质的酸性或者碱性,从而可以确定参与盐形成反应中反应物的比例,他也由此提出了中和定律。

几十年以后,约恩斯·雅各布·贝采利乌斯(Jons Jakob Berzelius)发展的电化学可以被认为是力本论倡导运动的一部分。贝采利乌斯把化学亲和力设想为电极性作用的结果,并同时解释了化学组合物中每种元素的相应原子都按照一定比例结合。另一方面,黑格尔在《实证科学百科》(*Encyclopedia of the Positive Sciences*)中把部分内容贡献给了化学,拒绝认同化合物的计量比例与原子有相关性,因为他拒绝认同元素本身的物质性本质。黑格尔认为,元素的多元性源自于化学极性的多样化组合,而并非因为根本的物质多样性,因此,他拒绝尝试将化学现象简化为物理学现象是合情合理的。这种以混合着化学和哲学为特征的力本论传统,后来成为了 19 世纪拉瓦锡成功的新化学的牺牲品。在新化学革命之后,化学家们很快开始抨击曾经统治德国各大校园的《自然哲学》的故弄玄虚和不科学,比如李比希将其描述为德国化学的“黑死病”(1346—1353 年间发生在欧洲的流行鼠疫,导致 7500 万 ~ 2 亿人死亡)。至于黑格尔,他对化学的贡献很大程度上已被遗忘,而他的辩证法则在政治和经济哲学中而不是科学哲学中硕果累累。

我们冒着过度简化的风险用粗略的笔触描绘了化学演化的历史画卷。尽管如此,从这个历史总览中也可以看出是什么驱动了化学家们发展自己的物质哲学。最开始的时候,他们主要是想解释和预测给定物质实体在条件明确界定情况下的个体行为,而抽象的物质概念则不能给出很好的解释或预测。化学家们的主要目的不是去理解若干反应物所发生的生动、有时堪称爆炸性的转变背后隐藏的原因。以长度、宽度和深度的广延形式为特征的笛卡儿物质及其运动在物理学家们深入物质本质的探索中得到详细阐述。物理学家的追求与化学家的追求是不同的,化学家不愿意或者单纯因为不能够剥离物质的外在而只关注其本体,或者用更书面一点的语言,就是以这种方式剥夺称其为物质的资格。如果没有特质,则需要用其他信息表达,在世界中的现象存在只取决于几何形状和运动,这样的物质不足以应付化学家在实验室中遇到的丰富多彩的化学作用的世界。化学的舞台不能没有舞者,它们是能够采取行动、给予反应和互动的个体,它们的存在交织在复杂的关系网络中。如此一来,化学的历史故事必然比以简化为特征的物理学历史之梦要丰富精彩得多。

注释:

[1] B. Fontenelle,法国皇家科学院史,第 1 卷,1669 年评论,引用于 H. Metzger (1923) p. 266-268。

[2] 方特纳尔的比较是在一个特定历史背景下发展起来的,当时对于化学转变的两种解释存在激烈的争论。塞缪尔·杜·克洛斯(Samuel Du Clos)以他在论文"天然混合体要素论述"(1680)中所指的要素为基础对化学转变所作的解释与勒内·笛卡儿(René Descartes)和罗伯特·玻意耳(Robert Boyle)提出的微粒说解释是对立的。

[3] C. Luthy, J. E. Murdoch 和 W. R. Newman 等(2001)。

[4] W. R. Newman(1991)。

[5] A. Clericuzio(2000)和 W. R. Newman(1996)和(2006)。

[6] 参阅 L. Principe(1998)和 W. R. Newman(1996)。

[7] R. Boyle(1661),p. 174-175。

[8] 出处同上,玻意耳的论证摘要可在 H. Metzger(1923),p. 251-266 中找到。时间更近一些,劳伦斯·普林西比(Lawrence Principe)以玻意耳的炼金术实践为依据对怀疑派化学家作出了新的诠释。参阅 L. Principe(1998),第 2 章。

[9] 这些课程绝大部分采用的是帕拉塞尔苏斯的三元素假说,但也经常用"被动"元素土和水来作为它们的补充。对法国化学课程传统的研究可参阅H. Metzger(1923)。M. Bougard(1999)已经找到超过 150 篇这类著述。关于这些课程在化学学科构成中发挥的核心作用,有关论证可参阅 O. Hannaway(1975)。

[10] J. Béguin,Eléments de chimie,Paris,1610,p. 27-28,引用于 H. Metzger（1923）的第 38-39 页。

[11] 贝干首先介绍和演示了化学家需要使用的实验装置,而书的主要内容由收集的一系列药物制备配方组成,其中详述了药物的医疗价值和通常的使用方法。关于这种传统制药化学,更多内容可参阅 J. Simon(2005),第 5 章。

[12] 费内尔在《百科全书》"要素"（Principles）一文中写道:"nul corps n'est de la matière"（没有任何实体只是物质）,D. Diderot 和 J. D'Alembert 等(1751—1765)。

[13] 因此,水由小的扁平微粒组成,这些微粒能够滑过彼此,而构成土的微粒则像树的枝一样彼此缠绕。盐由因锤子作用而变得薄而尖的粒子组成;硫或者油状物质由起皱的较软的微粒组成,这些微粒因为参差不齐的形状而彼此粘在一起。笛卡儿用以下语言总结了微粒假说:"我在此解释了三种物质实体,在我看来它们与化学家们通常采纳的称之为盐、硫和汞的三要素是非常接近的。"R. Descartes(1647),第 2 部分,文章46 和47。

[14] 出处同上,文章52。第二个元素由更小更快运动的球形微粒组成,第三个元素是所有元素当中最精细的。由统一物质形成的第三个元素"尘",由最小的微粒构成,并且填充了第一个元素及第二个元素彼此之间留下的空隙。

[15] R. Descartes(1647),第 4 部分,文章63,Version Adam-Tannery IX-2,p. 235。参阅 B. Joly(2000)。

[16] 因此,笛卡儿同时也反对原子论,并对化学家的要素持有敌对态度。事实上,他认为德谟克利特的原子论基于两条原则即原子和真空,与亚里士多德四元素说和帕拉塞尔苏斯三元素说的命运一样,它们也遭到了笛卡儿的批判。参阅 R. Descartes(1647)法国版本的前言部分,p.7-8。

[17] R. Descartes(1628—1629),Regle XII。

[18] N. Lemery(1675),p.43-44。

[19] 参阅 F. L. Holmes(1971)。

[20] I. Newton(1730),p.400-401。

[21] 出处同上,p.375 ff。

[22] 罗埃尔在评论"31 问"时称,牛顿关于用吸引力解释亲和性的想法来自于他的化学实验。参阅罗埃尔于纽沙泰尔大学公共图书馆 MsR 162 的手稿《1743 年 3 月 11 日罗埃尔先生关于化学课程的演讲》(*Cours de chymie commence le 11 mars 1743 chez Monsieur Démonstrateur au Jardin du Roy*)。

[23] P. Grapi(2001)和 F. L. Holmes(1962)。

[24] E. Renault(2003)。

第 *9* 章

原子和元素

今天,我们已经被人工的化学物品包围,从普通的家用漂白剂到先进的技术产品,比如用作 MP3 播放器包装盒,或者抗腐蚀厨房台面的现代聚合物材料,这些聚合物材料仅需用同样是人工制品的海绵布轻轻一拭即可恢复其洁净的外观。尽管这些化工产品无处不在,然而,没有什么能像一张简单的图表一样更有效地用符号化语言来表现化学,展示所有现代科学已知的以特定模式呈现的元素。的确,不管是科学家还是外行人,只要看到元素周期表的特征方块布局图就足够使他们联想到化学这门学科。性质相似的原子量呈递增趋势的一系列元素具有周期重复性,正是 19 世纪这一发现,首先使以有序方式组织所有已知元素成为可能。今天化学系的学生是从电子填充原子核周围轨道的角度来理解元素周期表的,但是这种理论解释在门捷列夫首次提出元素的周期关系时是完全不存在的。事实上,对于这位在 19 世纪 60 年代进行化学研究工作的俄罗斯化学家而言,元素系列八电子规则的存在纯属经验性前提。但是门捷列夫很乐意超越纯经验性观察,他甚至在表中预留了空白处,代表尚未被发现的元素占据的空间。门捷列夫甚至能够根据元素周期表估计出这些目前未知元素的原子量。

　　尽管化学周期的表达方式出现了很多,但是用简单的方块结构表达的化学周期表仍然独霸各大学校的教室和黑板壁,它与试管和烧杯一并成为普适的化学代表符号。自 1869 年首次创建原始周期表以来,门捷列夫选择了元素-要素方式,采纳古老的亚里士多德元素假说中的一个主要属性即元素的多样性,而不是采纳原子论方式。在门捷列夫的元素周期表中,多样性把定性差异与定量测量即元素原子量关联在一起。

门捷列夫的赌注

　　门捷列夫的一生都需要应付不计其数的反对者,并为不可再简化的元素数目作激烈的辩护,这些反对者们企图把多个元素简化至一个原始的元素,通常是周期表中第一个元素——氢。[1]对于在众多元素中尝试寻找某种秩序,门捷列夫并没有孤军奋战,还有其他人和门捷列夫一起寻找有助于理解和操作包括古老的和最近新发现的众多元素的分类方法。能够纳入这些分类的已知性质不仅限于原子量(现在已知其值为原子的质量),而且包括一系列的化学性质,比如结合力或价键、氧化度、反应活性和物理状态,等等。虽然这些都属于现象属性或经实验确定的属性,但是与任何经验数据一样,它们也同样依赖于某些特定假说或者理论。[2]

　　我们应该注意到元素周期表中的分类对象即化学元素,其定义之中已经纳入了理论方面的考量。18 世纪末,拉瓦锡抛开物质终极构成而给出了一个实用主义定义,拉瓦锡的元素定义是与当时普遍使用的"简单实体"这个表达相一致的。事实上,拉瓦锡在其《化学元素》中给

化学元素的定义成为了化学历史的一个里程碑式标志,这个定义一出现即表现出比玻意耳的怀疑派的想法更大的实用价值:

如果我们用元素表达组成物质的简单而不可再分的原子,那么我们极有可能对其一无所知;但是如果我们用元素或实体的要素来表达分析所能到达的终点,那么我们必须承认,元素是我们通过任何手段分解所有物质而得到的还原实体。并非我们有资格肯定被我们视为简单的这些物质不会由两种甚至更多数目的要素化合而成,而是,既然这些要素不能被分离或者我们至此尚未发现分离它们的手段,那么对于我们而言,它们就是以简单物质形式发生作用,而且在有实验或者观察证明它们是化合形式之前,我们不应该假定它们是化合的。[3]

拉瓦锡将元素定义为分析所及的最后一层,但是没有谈到化学家(也许)能够获得的物质与其构成部分(均质的、相似的)之间的关系(参阅本书的图9,摘自拉瓦锡的简单物质列表)。

相反,门捷列夫在文章一开始便提出这个问题,并在文章中首次呈现了周期表的大致情况。在文中,他区分了化学元素和简单实体之间的不同:

简单实体是某种材料,一种金属或者准金属,具有某些物理和化学性质。与简单实体表达相对应的是分子……相反,我们需要保留元素这个名称,用以表征构成简单实体和化合物并决定其物理、化学性质行为方式的物质粒子。元素一词应该使人联想到原子的概念。[4]

因此,简单实体是"元素"的总体实质形式,是拉瓦锡的分析所及最后一层,而门捷列夫则将"元素"一词转而用于表示可以聚集而构成简单现象实体的单元。把两种理解进行区分在当时以分析为核心的化学背景下似乎有点多此一举,因为现象层面的简单物质和化合物质之间的相互作用当时早已经是分析的核心。然而,如果化学家的目标是管理逐渐丰富和复杂却显然不规则的物质集合,将二者加以区分则变得尤为重要。在这种情况下,为了便于掌握众多的化学物质,化学家们需要一种以多样性为基础而又可以提供某些基本规律的方法。

我们以元素碳为例进行讨论。表面上看,门捷列夫似乎是凭直觉对碳进行区分的。对于同一种元素碳,它可以采取无定型碳、金刚石和富勒烯的形式,这三种差别巨大的简单实体都完全由纯碳组成。而我们需要考察的是该实例背后所隐藏的理论。其中最重要的一个理论是阿伏伽德罗假说,它在现象(均质性或异质性)分子和分子的构成原子之间架起了一座沟通的桥梁。因此,门捷列夫的简单实体与元素的关系相当于分子与原子的关系。正是这种区分给出了当前教科书中关于元素物质的定义信息:元素物质是由相同种类的原子形成的分子的集合。以类似的方式推理可以得出,化合物是由不同种类的原子形成的分子的集合。

特别值得注意的是,门捷列夫选择元素的概念而没有选择原子的概念作为化学的核心概念。这种选择既不是出于反对原子论的立场,也不是想恢复亚里士多德的形而上元素概念。门捷列夫不但没有对原子和分子的假说表示敌意或持怀疑态度,反而在 1860 年召开的首届国际化学会议上满怀热情地为它们背书。而且,他把原子和分子假说的物质观称为他建立元素周期体系的坚固基石。另一方面,门捷列夫是一个坚定的实证主义者,他拒绝把所看到的当作形而上推测和主张。然而,他也意识到拉瓦锡把元素重新定义为简单物质这一举动并不能够为化学物质体系提供一个圆满的理论基础,因为这个定义不能保证在化学转变中物质的个体性会得到保留。除了实验室分析结束时得到的具有特定物理和化学性质的有形实体之外,化学家们更离不开一个不可转变的物质实体,它是化合物和简单物质的可观察性质之所以形成的原因。而元素不同于简单物质和化合物,它们不是有形的存在,而是不可触摸、不可见的抽象实体。也是因为这个原因,法国化学家乔治斯·厄本称门捷列夫的元素具有意识形态的特点,它只存在于思想中。

隶属于所有自然王国并且可以看作实体构成元素的简单物质

新名称	相应旧名称
光	光
热量	热;热要素或元素;火;熔火流体;火和热的物质
氧气	脱燃素空气;天空的空气;生命空气;基础生命空气
氮气	燃素空气或气体;基础毒气或毒气
氢气	可燃空气或气体;基础可燃空气或气体

可氧化和酸化的非金属简单物质

新名称	相应旧名称
硫	硫
磷	磷
碳	碳
盐酸基	未知
氟基	未知
硼基	未知

可氧化和可酸化的金属简单实体

新名称	相应旧名称
锑	锑
砷	砷
铋	铋
钴	钴
铜	铜
金	金
铁	铁
铅	铅
锰	锰
汞	汞
钼	钼
镍	镍
铂	铂
银	银
锡	锡
钨	钨
锌	锌

简单土物质

新名称	相应旧名称
石灰	白垩;白土粉;生石灰
镁	镁;基础泄盐;煅烧或苛性镁
重晶石	重晶石;重土
陶土	黏土;铝土
硅石	硅土或玻璃土

图 9　拉瓦锡的简单物质列表,发表在 1789 年的《化学元素》。

简单实体和它的所有结合物所共同享有的东西具有独特神秘的特征。而它的真实存在似乎也是不可争辩的,哪怕它仅存在于头脑中。这种东西我暂时称之为元素。按照这个定义,元素超越了感观的即时监测。元素这个概念不可否认具有实验根源,但是它也有意识形态特征,我非常坚持这一点。[5]

承认门捷列夫的元素没有物理存在并不意味着它们是形而上的存在。元素虽有抽象本质,但它们却是物质的而非想象中的存在,它们具有量的特征,比如通过实验测定的原子量。元素属于门捷列夫所称的"实证科学的坚固根基"。

因此,门捷列夫明确认识到,化学家们除了分子和原子这些可见或不可见物理单元集合之外还需要依靠一个抽象实体。把解释的重担放在元素概念而不是原子和分子概念上,是门捷列夫作出的一个哲学选择,我们可以把这种选择看作是一场赌注。事实上,从元素周期律揭示的关系体系可以清晰看出不同的化学元素具有个体性。如果没有元素这个抽象概念,那么在分离出简单物质之前,门捷列夫就永远不可能去预测这些新元素的存在。简单物质这个现象学概念既不能预测也不能确定掌控着多样化的不可简化的化学现象的一般规律。所以,周期表本身就可以捍卫门捷列夫的元素个体性假设,对抗那些想要把每个元素的特异性还原到一个"原始"的原型-元素的化学家们和物理学家们,为每个元素分配一个位置的元素周期体系,把单元-元素锁定在整个的物质网络和化学关系的网络中。

总之,门捷列夫心目中的化学元素概念只能通过化学实验现象数据获得。元素的抽象概念取决于具体的化学物质及其相互之间的作用。这种思维方式隐藏着化学的一种紧张关系,甚至是一种悖论。其实,巴舍拉在其关于化学哲学的文章最开始便指出了这种紧张关系:

事实上,在我们看来,化学家的思维在多样性和多样性的简化之间摇摆。因此,我们看到,在观察异质性化合物时化学会毫不犹豫扩大元素物质的数目,这些异质性化合物通常是由实验产生的。这是发现的初始阶段。然后,化学家们受到良心的谴责,他们感觉此时需要坚持一下一贯性原则,如同要抓住元素物质的真正本质一样,化合物的性质也需要他们更多的去了解。[6]

巴舍拉在这里表达了一种忏悔,无休止地扩大化学实体的数目可以被理解为如上所述的赌注,化学家们因此受到良心的谴责。这是一个小概率赌注,尽管如此,碰运气的不只是门捷列夫一个人,其他化学家们一直跟随他沿着这条路勇往直前。所以,正如巴舍拉所表达的,作这种赌注不是为了补偿或者缓和威胁要通过勾股模型(一个理想化的数学模型,它可以建立所需要的极简和谐)把哲学化学家埋葬在众多具体现象之下的"实质现实主义",而是为了让关于这些独特化学现象的论述继续活跃在现代科学的中心,以及通过抽象过程整理出它们的形成因素,而无须尝试获得终极的普遍性解释。毕竟,现实世界里我们仅能体验在具体的局部环境下作用的事件和物质。然而,把我们的智慧应用于这些具体的情形可以分离出与现实体验紧密相关的"本质"元素,从而产生一般规律。

延续门捷列夫的赌注

门捷列夫的赌注没过多久就遭受到了质疑。19 世纪末放射性衰变的发现,以及 20 世纪初"同位素"的分离,将门捷列夫的元素周期表置于科学家们的怀疑之中。上述发现不仅恰逢亚原子物理学的诞生,而且也对亚原子物理学的诞生和原子模型——假定原子由质子、中子和电子组成——的发展有一定贡献。"同位素"一词由弗雷德里克·索迪(Frederick Soddy)于 1913 年杜撰,用于阐释一个因制备放射元素而产生的化学疑问。研究放射性的化学家们试图将这些新发现的"元素"纳入周期表体系中。然而,他们似乎进退两难:如果选择遵照门捷列夫对元素的定义,为每个元素规定一个字母,那么他们将不得不重新修订周期表以便为这些新元素安排位置,而这从另一层意义上也违反了门捷列夫的已有的传统。德法扬斯(De Fajans)支持修订原周期表,他注意到,新的物种具有不同的性质,因而应该作为不同的元素被对待。相反,弗里德里希·帕内特(Friedrich Paneth)及其同事乔奥格·德赫维西(George de Hevesy)则认为尽管原子量不同,但这些元素化学特征相同,乔奥格·德赫维西曾证明不能用任何化学方法从铅中分离出放射铅。门捷列夫的体系从根基处产生动摇:不仅化学性质不依赖于原子量,而且更重要的是,一个元素可以包含一种以上原子。通过发明"同位素"(同一位置的意思)一词,上述化学难题有了答案,或者至少得到解决,这表明化学家们选择保全元素周期表。门捷列夫将元素而不是原子的化学特征置于化学的核心,这一选择得到延续,付出的代价只是在元素周期律的表述上作了稍许修改,元素特征取决于原子序数(核电荷数,对应于中性原子中的电子数目)而不是原来所说的原子量。不可否认现代化学是"电子性的",因为元素的化学性质取决于原子外层的电子状态,即它们的能量水平和自旋。类似地,对于化合物,决定其化学性质的关键因素是参与键合的电子。但是 20 世纪原子物理学的发展需要把元素概念从化学中废除吗?

从现代的角度看,使用原子序数而不用原子量来界定元素是显而易见的,因为我们知道原子序数 Z,即核质子数,与原子量大约成正比。具有相同原子序数的原子核中子数的变化产生了同一元素的同位素。由于中性原子中的电子数与核质子数(原子序数)是相同的,所以化学性质很大程度上取决于电子数,也很自然地得出化学性质的周期性应该反映原子序数,因而也应与原子量有类似的关系。然而,这个解答对于 20 世纪初的化学家来说并非那么显而易见,化学家们为了保全元素周期表和周期体系,他们似乎不得不抛弃门捷列夫对元素的定义。

门捷列夫的定义使化学秩序和物理秩序之间形成了一个默认的划分,这个划分法受到了于尔班(Urbain)的抨击,他是支持 IUPAC(纯粹与应用化学国际联合会)新元素定义的化学家之一,另外还有帕内特等人。当卢瑟福用 α 射线轰击氮或者磷时产生的只是一个物理现象,于尔班对于这种看法持反对意见,所以他拒绝接受把放射性同位素置于元素周期表中与非放射性元素同等的位置。而且,放射性衰变现象说明,即便是拉瓦锡在解释元素时所基于的"简单实体"这个概念都不再有效。于尔班把放射性衰变解释为一种形式的分解,由于"简单实体"在 α 粒子轰击实验中不会幸存,所以不可以把它们看作是真正的简单实体。然而,门捷列夫的元素概念却有办法逃脱这种攻击。因为如前所述,元素属于一种概念,是一种抽象,所以门捷列夫的元素能够抵挡得住现代原子物理学仪器的最强进攻。

总而言之,尽管关于基本概念的决策问题存在许多分歧,而且也是作出这种决策时会经常出现的情况,但是以同位素命名的化学家们延续了门捷列夫的赌注,再次确认把元素作为独特的化学实体,而现在的元素定义与构成物质的亚原子粒子相关。显然,元素概念在进行修正时必须参考以下假说:所有原子都是由相同质子、中子和电子组成,而且这些粒子的组合能够因碰撞或放射性衰变而发生变化。但是,这不意味着元素作为一个真实而有意义的化学实体的终结。

弗里德里希·帕内特在1931年以"化学元素的认识论地位"为标题作的报告中清晰界定了化学元素的认识论地位。[7]在报告中,他提出了两个问题。第一个问题回顾了亚里士多德的"真正的混合体"问题:"在何种意义上我们可以假定元素永久存在于化合物中?"回顾元素和原子概念的历史,他的答案是明确的:由于化学关心的是物质的第二品质特质,化学家们应该假定特质永久存在于化合物中。他提议把永久存在的物质命名为"基础物质",而保留"简单物质"这个词语用来指展现与抽象的基础物质相关的现象学表现的物质,因此延续了门捷列夫的元素概念上的划分。帕内特的第二个问题是:"化学真的应该并将会渐渐融入物理学中吗?"他在这里说的是把化学还原至物理学的可能性,显然一些物理学家已经预测了这种发展趋势。

还原论哲学的威胁

1929年,量子力学创建者之一保罗·狄拉克(Paul Dirac)宣称,人类已经知晓大部分物理学和全部化学的数学理论所基于的物理定律。

在狄拉克看来,当时唯一的困难是,直接应用这些定律得出的方程过于复杂,难以求解。[8]上述看法以及其他类似的宣言清晰说明,物理学家们野心勃勃地想要把所有化学现象还原至原子的量子力学。理由非常容易理解。原则上,化学范畴完全限定于薛定谔方程描述的电子分布中。有了已确立的原理,化学剩下的就是细节问题了。纵然只知道像氢和氦这样只有一个或两个电子的简单原子的薛定谔方程的精确解,但是物理学家们仍然有理由认为,随着数学工具技术的提高,特别是数字时代带来的计算能力的极大提高,所有其他元素和化合物的近似解将越来越接近真值。因此,原则上讲,化学至少可以从量子力学中推演出来。

我们或许会想,这些宣称把化学还原至量子力学的主张肯定会激起渴望保卫学科自主性的化学界的暴风骤雨般的抗议,但实际上当时并没有出现这种反应。[9] 所以,比如帕内特,他就曾平静地回应道,虽然物理学家们或许试图把所有的化学物质还原至终极初始物质,但是化学家们"仍有正当理由停留在把现象还原到化学上不可被破坏的物质即元素这个层面而不会由此再进一步深入,因此化学也就有理由保留化学与物理学在基本概念上的本质不同"。[10] 似乎多数化学家并不特别抵触狄拉克的还原论原则。当他们于 20 世纪 30 年代开始引用狄拉克的这篇文章的时候,并未考虑其开篇章节中的说教,而是试着应用文章中提出的量子力学模型。我们或许会认为,化学家们没有给出抗议,要么是因为他们没有看到还原主义计划的潜在影响,要么是因为他们已经接受了该还原主义计划限定给化学的从属地位。关于他们的沉默反应也有另外的解释,就是化学家们根本没有把还原成量子力学这一计划看成是可靠的计划。毕竟,他们有充分的理由对此计划产生怀疑。首先,原子物理学的出现很大程度上基于化学。不仅门捷列夫的元素周期表是解释原子结构的指南,而且正如我们讨论"同位素"一词的引入时所说,玻尔(Bohr)的原子模型,其中带负电的电子围绕带正电的核做轨道运动,也是基于化学现象。沿轨道运动的电子能够通过吸收或者发射光子从一个轨道跃迁到另一个轨道,这种画面是根据化学吸收和发射光谱构想的,并且遵从熟悉的元素化学模式。

　　所以,被狄拉克的还原主义计划震惊的不是化学家们,而是他的物理学家同行们,他们责备说以这种方法为基础提出的原子模型违反了物理学的定律。的确,他们以轻蔑口吻所指的"第二量子论"看上去倒不像是要把化学还原成物理学,而是要尝试重新定义物理学以使其与化学相一致。但是狄拉克的物理学家同行们也不是太过于担心,因为狄拉克的计划并未阐述如何确立计算和近似步骤这样的实际问题。除了氢和氦之外,任何人在对原子或分子进行量子力学分析之前首先都需要克服上述问题,更不用说原子或分子之间的相互作用问题了。

　　虽然研究型化学家们没有感受到狄拉克宣言的威胁,但是似乎化学教师们却感觉到了威胁,现在依然如此。来自化学教师圈子的批判者认为物理学家的野心是一种威胁,因而寻求把化学向着传统上作为化学基础的宏观现象方向重新定位。他们小心提防着他们眼中的这项霸权性的哲学计划。的确,狄拉克的宣言与长久以来的以找到所有自然现象的终极解释为前提而一统科学的哲学雄心相呼应。大部分人认为,这项覆盖范围甚广的计划——也是逻辑实证主义的核心项目——让物理学扮演基础科学的角色,而化学只是物理学的衍生科学。[11]

　　惧怕把化学还原成物理学的这种担心最近又重新浮出水面,表现形式是在美国发生的化学哲学的复活。1999 年,化学家埃里克·谢里(Eric Scerri)创办了一份新的杂志,名为《化学的基础》(*Foundations of Chemistry*),它阐述的正是上面提到的这些问题。确实,杂志的名字刚好回应的是美国逻辑实证主义者发表的一系列著名文章,大标题为《科学统一的基础》(*Foundations of the Unity of Science*),而这一系列文章对化学只字未提。埃里克·谢里本人把化学哲学视为与还原化学至量子力学行为作斗争的主要武器,其目标是,证明化学的基础存在于化学本身而非物理学。

矛盾的是,还原到量子力学看上去已经不再是那么紧迫的问题。通过还原一种学科理论成另一种学科理论而一统科学的计划已经遇到了无数的阻碍,受到了至少数代哲学家的抨击。[12]那些想要讨论量子力学和化学之间关系的人以非常谨慎和微妙的方式进行着,比狄拉克要谨慎得多。莫妮克·利维（Monique Lévy）在对该问题的研究中表示,这种还原满足不了恩斯特·内格尔（Ernest Nagel）所列举的所有标准。因此,除了化学和物理学之间可能有某种不对称关系之外,从量子力学推演出化学或者基于量子物理学对大部分化学现象作出可检验预测也都是不可能的。事实上,量子力学仅仅可以潜在地阐释化学中的一小部分问题。

如果我们把化学范畴限制在从物理学中推演出来,那么这门科学的整个领域都将消失（动力学、有机化学、生物化学、非平衡过程）。[13]

运用电子、质子、轨道和能量水平等概念解释化学现象只有在明智而审慎地使用互补假说时才会取得成功。按照量子理论,碳应该是二价的,但是这并不会阻止它在大部分结合物中为四价态。轨道杂化假说可以为该四价态提供解释,虽然这种解释与量子理论是相容的,但它仍然属于权宜性解释。而且,物理学理论在系统化过程中也许已经成功融合了某些化学元素,但这不是结束化学理论的发展。这是为何莫妮克·利维最后赞成"通过综合来进行还原",这种还原形式保留了被还原学科的根本角色。

如果我们看一看埃里克·谢里对还原论问题的处理方式,我们会发现他不仅拒绝接受企图以量子力学解释所有化学现象的"强硬的"还原论主义,而且也拒绝退而寻求"怀柔"立场,即在解释水平不要求还原的情况下假设本体依赖性。[14]埃里克·谢里提出了第三种选择,这种选择主要在于保卫化学自主权,它宣称争论所涉及的是不同水平的"具有自主性却相互关联的"现实存在。[15]他特别强调,化学家所使用的轨道与物理学家在量子理论中所用的轨道之间存在区别。谢里持有的观点是,化学教师应该确凿明确说明他们所说的轨道不同于现代量子力学所指的轨道。然而,有可能这种"双语"模式带来的危害要多过益处,因为它是不经意间对一种偏见的再次确认,即化学是落后于物理学的一门科学。这种双语模式无异于把 18 世纪化学革命诠释为化学迟来的一场革命,其意义等价于一个世纪前出现的天文学和机械学革命。按照这种理论,17 世纪的"科学革命"创建了现代物理学,而化学不得不等到 18 世纪末才由拉瓦锡带来化学的现代化变革,即所谓"推迟的革命"。[16]对历史的错误解读无异于,现代观察者们认为现代化学家们还仍然困于第一量子理论,还在尽力表述玻尔的简单轨道模型,而物理学家们在很早以前已经放弃了这块领域以寻找更好的、更加先进的模型。

为帮助化学发展自身的哲学,化学家们需要走出对还原主义的恐惧并把注意力集中在其他问题上。通过解释如何以及为何各种元素的化学性质遵循一个总体模式,量子理论显然为化学的教学特别是为元素周期表的演示提供了相当多的优势。但这并不意味着化学家们可以利用量子力学独自应付化学问题。为了了解某种物质的化学性质,化学家们需要在实验室对它进行某些操作和测试:它导电吗? 它会形成什么样的氧化物? 其硫酸盐溶于水吗? 宣称所有这些性质可以从所涉原子的电子结构知识推演出来的化学家往往会使用"原则上"这个词来开始阐述,以便让他们的断言显得合理。这是因为,化学家们在深入研究元素和物质性质的时候,往往总会有意外发现。更进一步说,对这种非预期性质的探索已经导致形成了 20 世纪一些最有趣的化学研究。

宏观与微观

巴舍拉曾经宣称,化学正在演变成一门事实越来越少而作用越来越多的科学,[17]但是他没有考虑到仪器技术的全部虚拟性潜力,化学家们可以通过先进仪器深入考察物质实体的微观结构。威廉·布拉格(William Bragg)在20世纪10年代发明的X-射线衍射技术为探索隐藏的原子和分子的结构世界打开了一扇窗口。利用这个技术,现在有可能"看到"或者说至少能推演出物质的微观结构,以及在某些可测量的物质宏观性质与其微观结构之间建立联系。[18]但是,这种能够触及物质微观构成的技术创新也没有宣布元素说的终结或者说化学的灭亡。

1939年,乔治斯·尚普蒂耶(Georges Champetier)曾表示,因为新原子理论及亚原子粒子的出现,元素周期表已被有效二次发明。用他的话说:"原子理论现在已经成为化学理论和实验的最牢固的基石……在我们阐明关于原子结构的想法后,元素周期性分类的意义更加重大了。"[19]尚普蒂耶表示,可以将变革进一步推进,从原子核中结合的质子数和中子数的角度来重新定义元素,在新的周期表中为每个"同位素"安排它们自己的位置。除了提议围绕原子物理学中的发现对元素周期表进行重新定位之外,尚普蒂耶从未表示也许有可能从物理学推演出化学,由此可以看出两门学科未来将是一种协作关系而非统治征服的关系。

我已经强调因引入物理化学学科与方法而诱发的化学演化。我想表明,化学家不能把自己从这些发展中隔离出来而仅仅满足于操作和描述化学反应。化学家不能有效利用以前的成功,除非他可以吸收物理学家的学科规范或者同意与物理学家合作。化学向物理化学的演化是过去 20 年间化学最大的特色。[20]

微观结构和宏观性质之间的关系形成了固态物理学的中轴,它深刻改变了所有化学家对固体物质的研究方法。今天,他们配置了一系列仪器来说明宏观实体在原子水平的组织结构,这些仪器有中子衍射仪、红外光谱仪、同步加速器、电子显微镜和核磁共振等,甚至还有扫描隧穿显微镜。因此,固体化学会持续朝着材料科学方向定位,材料化学研究的是材料的性质,或者越来越多的是构想材料的性质,从而可以开发出适合于某些特定应用的一些材料。从这个角度看,化学家可以把元素周期表视作一个秩序井然的工具箱。表中每栏好比一个抽屉,每个元素提供某种性质的网络。一族元素可以提供一系列的导电性能很好的离子金属,可以与另一族元素的氧化物一起做成电池。其他族的元素可以提供半导体,例如,卤素可以供应一系列添加剂以制成各种颜色的荧光灯。元素周期表可以看作是允许访问的有序仓库或者一个目录表,从中化学家可以采购基础元素以建造新的功能材料。这自然是化学家米歇尔·普沙(Michel Pouchard)所描述的化学印象:

化学家基本上属于物质的建造师和石匠:他的标尺是纳米级的,他的砖块是门捷列夫元素周期表中上百个元素,他的水泥是元素的价电子。[21]

如此一来,元素的概念一方面得到了自身证明,另一方面又被重新定义为工程技术所需的"砖块"。

在 20 世纪,元素的这种重塑产生了矛盾性的局面。尽管没有明确声明,但当他们都会提及元素周期表并把它置于现代化学中心位置的时候,似乎已经说明,化学界的所有成员已经接受了元素这个概念。然而尽管如此,他们日常使用的元素概念至少是不清晰的,甚至是完全矛盾的。所以,如果化学家把元素视为试剂或者仪器,那么他们完成任务后似乎便可以把门捷列夫的抽象元素概念搁置一边。讽刺的是,元素概念的纯粹性在化学教育中得到保留。那些被引荐进入化学学科的学生们接受到的是严格抽象意义上的元素概念,而一个更加实用的万能解释是属于富有经验的化学家们享有的特权。总之,元素概念的不同使用就会带来不同的危机。如果把元素概念当作化学的基础概念,就必须以哲学的严谨性来对待,而如果把元素概念视为实践型科学家的研究工具,那么这个概念就可以根据工作需要随意使用。这种截然不同的对待方法反映在化学界内部就是导致紧张局面,化学家们不仅关心元素的概念而且也关心对元素周期表本身的解释。然而尽管存在上述紧张局面,元素的概念在化学神殿中仍然占据特别重要的位置,门捷列夫本人曾毫不谦虚地评价他自己的工作:

　　康德认为"在宇宙中有两件东西值得人类钦佩和尊敬:我们内心的道德律和我们头顶的星空宇宙"。进一步探索元素本质之后,我们需要增加第三件事物,即"我们周围无处不在的元素",其依据是,如果没有这些元素,我们甚至不能形成任何关于星空宇宙的想法,而且原子的概念揭示了元素的个体奇特性、个体的无限重复以及它们对和谐自然秩序的臣服。[22]

　　但是,康德的道德律、牛顿定律和元素周期表之间存在根本性差别。只有元素周期表没有对如何诠释它给予任何限制,从而使它成为一个开放的、可以有多种解读的周期表。也许正是元素周期表的多重意义才赋予了它非凡的生命力。的确,随着时间推移,基于以后的发现而发展起来的众多解释中没有任何一个可以成功超越门捷列夫在阐释周期表时所使用的高度抽象的元素概念。

　　此时,我们想起了化学和物理学之间的对立关系这种刻板印象,在人们印象中,化学是具体、刻板的实用主义,而物理学是抽象的唯心主义。[23]然而,我们想强调的一点是,没有抽象过程的帮助,化学就不能发展出自身的一般规律。所以,化学元素仍然是一种"物质的抽象",不能被还原成围绕它的某些概念。

"物质的抽象"有两层含义。一方面,元素是抽象的,它是从展现化学作用的特定局部背景中分离出重要相关特性所得到的能动的结果。不存在每个细节都完全相同的两个化学反应,但是不论是否有仪器的协助,一系列类似反应的突出特征可以通过富有经验的化学家的感官知觉抽象出来。但是,在建造元素周期体系的解释性结构体系时涉及到了另外的比较不具体的抽象形式。宏观化学性质取决于一个不可见的因果要素(原子序数或者原子量表示的亚原子结构),这个要素可以通过理论构建推测出来,这种观点代表着另一种重要形式的抽象。从这方面看,化学元素接近于数学抽象。因此,元素成为一种建造工具,可以建造一个隐藏的、比所有个体的、局部的、可观察化学变化更加基础的系列。这种抽象使得化学家们能够描述看似混乱的杂多现象世界的秩序。

门捷列夫元素概念的最伟大的价值在于它构建相关系列的能力。化学元素是有效分割的抽象实体,这些抽象实体通过元素周期体系代表的网络关系而与现实世界发生关联。这种"抽象-具体"关系是由元素在周期表中的位置表明的,反过来,这种关系也形成了元素周期表可以多元解读的基础。

注释:

[1]参阅 B. Bensaude-Vincent(1986)。

[2]经验观察结果包含理论的本质为哲学家们反对实验可以提供检验理论所需的客观、公正的事实这种幼稚看法提供了证据。一般而言,它更适合皮埃尔·迪昂的全局立场,即不可能在一个物理理论中歪曲或者确认一个声明。威拉德·冯·奥曼·奎因(Willard van Orman Quine)对这一立场加以修正,称为迪昂-奎因(Duhem-Quine)学说,认为现代物理理论的所有部分都有内在相关性,所以不

可能孤立地检验任何假说的构成部分。

[3]A. - L. Lavoisier(1789),1790 译文版,p. 24。

[4]D. Mendeleev(1871),p. 693。门捷列夫对简单实体和原子之间的划分,代表化学中一个重要的重新定位。18 世纪末的化学学科以分析为核心,但是随后化学围绕实体的可观察、可测量性质与这些性质的决定因素之间的关系进行了重新定位。这个背景下化学的目标是,把一系列实体(现象元素)中每一个实体的现象行为与以原子量为特征的抽象“事物”相结合,而不与传统哲学意义上的原子发生混淆。

[5]G. Urbain(1925),p. 9。

[6]G. Bachelard(1930),p. 5。

[7]F. Paneth(1931)。还可参阅 K. Ruthenberg(1993)。

[8]P. A. M. Dirac(1929),p. 714。

[9]A. Simoes(2002)。还可参阅 K. Gavroglu 和 A. Simoes(1994)。

[10]F. Paneth(1931),p. 160。

[11]E. Nagel(1961)和(1970)。

[12]P. Feyerabend(1965),P. Galison 和 D. J. Stump 等(1996)。

[13]M. Levy(1979),p. 348。

[14]E. R. Scerri(2000)。

[15]出处同上,p. 412。

[16]这个词语由 Herbert Butterfield 杜撰于 H. Butterfield(1957)。

[17]G. Bachelard(1930),p. 229。

[18]更多固态物理学的历史可参阅 L. Hoddeson 等(1992)。

[19]G. Champetier(1940),p. 9-10。

[20]出处同上,p. 30。

[21]M. Pouchard(2003),p. 6。

[22]D. Mendeleev(1889),p. 987。

[23]关于物理学方法固有的抽象,更多内容可参阅 N. Cartwright(1983)。

第 *10* 章

实证主义与化学

　　至少从出现哲学探究的书面记载开始,一直挑战人类的一个大的哲学问题就是:我们可以知道什么? 这个问题包含两部分:一个是本体论,另一个是认识论。本体论问题是指到底有什么需要知道,世界是由什么构成的,认识论问题是指构成世界的事物中我们可以知道的有哪些。当然,这两个问题是紧密相关的,因为哲学家们被他们的认知模式束缚在世界由什么构成这个本体论思维中,不管认知模式是通过神的启示还是通过科学的经验主义。

　　自从康德开始,哲学家们对最根本的认识论问题的回应多多少少都是以物理学为基础的,这似乎变成了一种标准模式,而最近这个基础里边又增加了认知科学。物理学被认为是通向终极知识的一条"康庄大道",从而必然也限定了我们的认知限度。或许机械论哲学所传递的最清晰的讯息是世界的运转有其终极解释。该哲学认为,构成弹簧和杠杆的终极粒子是存在于所有观察现象背后的"真正"终极解释。用方特纳尔的话来说就是科学分析存在一个"终结"。[1] 现实主义和实证主义之间的经典争论就是发生在这样的概念背景下,而且一般而言,争论都是由科学哲学家引起的。现象世界的形成是否存在一个终极的深层次的机制呢?

关于现实主义问题的这种思维方式对应于伊莎贝拉·斯坦格(Isabelle Stengers)所称的"物理学家的信念"。[2]在众多物理学家中,马克斯·普朗克(Max Planck)和阿尔伯特·爱因斯坦(Albert Einstein)非常拥护这样的信条,它表达的是一种对可以探索的世界的信念,一种对一个独立于人类的兴趣和实践活动的宇宙秩序的信念。然而,这个信念对我们在本书中提出的化学哲学的思考并无多少帮助。所以,我们需要从另一个角度重新思考这个现实主义问题。

各种实证主义

化学拒绝参与探寻关于表观世界的终极解释问题,不愿意就隐藏在表观世界背后的"真正"原因发表看法,所以,或许化学可以被看作是实证主义原则的最佳典范。

为了更好地理解这种说法,我们首先需要理解什么是实证主义。一般而言,今天的哲学家们在讨论实证主义时,头脑中想到的是顽固的经验主义,他们拒绝跨越和寻找感官知觉之外的证据。从历史上看,"实证主义"一词是由奥古斯特·孔德于 1848 年杜撰出来的,它源自孔德对"实证科学"作的如下描述:(a)真实(与所处理的虚幻或者抽象的形而上存在相对立);(b)有用(与无谓的猜测相对立);(c)精确(与含糊相对立);(d)正面(与负面相对立);以及最后(e)相对(与绝对相对立)。[3]尽管孔德主张假说的运用并严重批判培根的经验主义,但"实证主义"一词逐渐变成为培根主义的代名词。只是到了 19 世纪末,当用于恩斯特·马赫发展的科学哲学时,"实证主义"一词才作为现实主义的反义词使用。马赫的实证主义表现为排斥柏拉图世界观,认为"真实"的世界隐藏在现象世界背后,并且是现象世界存在的保证,而且坚信只存在唯一的以经验性感官数据为基础的世界。从这个角度看,科学理论的功能是为现象提供可以表达功能的经济、简练的符号描述,而不是试图描述应该存在于经验现象背后或者之外的任何终极现实。

化学从多大程度上可以被视为实证主义科学?化学家常常称他们与经验现象有牢固、密切的关系。的确,19 世纪法国化学家让·巴蒂斯特·杜马将这种经验方向的定位看作是化学的永恒本质:

现代化学家和古代化学家有一个共同点,即他们的方法。是什么样的方法呢?如同科学本身一样,从一开始其特点就是以古老为特征吗?它完全信奉感官见证。对经验有无限的信心,是对事实力量的盲目服从。不管是古老的方法还是现代的方法,化学家们希望在运用方法之前能够亲眼看到这些方法的物理实体,他们希望为事实创造理论而不是为任何预先构想的理论来寻找事实的支持。[4]

化学与实证主义之间存在上述特殊密切关系,由此产生几个疑问。第一,化学真的只坚守事实吗?第二,化学的这种态度真的可以算作实证主义吗?这两个问题对于了解化学的哲学地位非常重要,因为化学历史学家们曾反复论证,实证主义产生的总体影响阻止了化学家发展他们自己的本体论,因而使得化学科学不值得从严肃的哲学角度去思考。要回答上述两个问题,除了上文所列五个一般原则之外,我们还需要对实证主义有一个更加清晰的认识。我们将讨论实证哲学发起人奥古斯特·孔德所做的工作,以帮助我们阐明立场。

化学作为实证科学模型

孔德的哲学基于对人类思想演化故事的大胆叙述。孔德认为,在人类思想的发展进程中,人类精神是自然地从神学(虚构)状态发展到形而上(抽象)状态进而过渡到科学(实证主义)状态的。孔德的哲学既是对大规模历史阶段——关于人类对世界的思考方式始于文明之初然后发展到实证新时代的到来这段历史——的描述,又是对每个人可以观察到的思维的自然进展的一种描述。在《实证哲学课程》的开始,孔德描述了以下三种状态:

神学状态,人类思想基本上把研究方向定位于"存在"的最内在本质,所有作用出现的始末原因,总之一句话,人类思想定位在绝对知识上,并把现象描绘成由超自然力量直接并持续作用的产物……

形而上状态,超自然力量被抽象力量取代,认为抽象力量本身就能够造成所有观察到的现象,基于此形成的解释表现为每一个现象都分配有一个相应的实体。

最后,实证主义状态,人类的思想认识到人类不可能获得绝对化的知识,于是宣布放弃寻找宇宙起源和命运以及现象的内在成因问题,转而通过推理和观察相结合的方法,完全致力于追求发现这些现象的作用规律,即它们之间永恒不变的自然演替和模拟关系。因而,对事实的解释还原到了事实一词的本义,只包括各种个体现象之间已经确立的关系以及几个一般性的事实,而这"几个一般事实"正好是科学发展趋向于进一步简化的。[5]

化学似乎属于孔德所描述的实证状态的模型科学。化学家相比任何其他科学家都更严厉地抨击理论猜测的危害,以及任何想要洞悉事物的最内在本质或者追寻现象的最初成因的自命不凡。的确,这种怀疑派思潮在化学历史中如此显著,以致人们很容易认为,在孔德为"实证主义"冠名之前,化学早已经发明了该词所代表的立场。"盐"这个化学概念就很好地说明某个化学概念是如何从形而上阶段过渡到实证阶段的。在 17 世纪,"盐"是单数不可数名词,用以指构成自然事物的物质性的一般要素。在 18 世纪,"Summa Perfectionis"开始使用复数形式,根据经验证据,"Summa Perfectionis"逐渐开始被理解为由酸性与碱性部分结合形成的化合物。[6]因而,人们一旦开始从所涉及要素的关系而不只是从基本本质来考量物质实体的形成,这些要素的本质就自动从实体范畴转移到了关系范畴。

拉瓦锡给出的元素定义是对孔德实证理念的一个更加清晰的阐释,关于元素,我们在第 9 章讨论不同内容时已经多次提到。把元素或者简单物质重新定义为分析的最后极限,这意味着化学不仅拒绝去探索大自然第一要素以便促进化学的进步,而且也明确排斥以往的形而上元素问题的处理方法。

我以为,所有以元素的数目和本质为基础进行的讨论都完全属于形而上范围的讨论。只不过这样的讨论给我们带来了无数的问题,它们可以有一千种不同的解决方式,而其中没有一个(绝无可能)是与自然相一致的。所以我想在这个讨论主题上增加一点,如果我们想要用元素一词来表示那些简单而不可再分的构成物质的原子,那么关于这些原子我们极有可能什么也不知道。但是,如果我们用元素或者实体要素来表达分析能够达到的最终点这个概念,那么我们就必须得承认,元素即是可以通过任何手段来分解实体而还原得到的所有物质。[7]

按照既定传统,亲法派化学历史学家们引用上述元素的定义来标记现代化学的开始,而亲英派历史学家则基于 17 世纪玻意耳在其《怀疑的化学家》中给出的类似定义来确定现代化学的创始时间。不管现代化学的创始归功于谁,最重要的是开创一个摆脱了炼金术迷信重负的实证的、量化的实验科学。尽管如此,看一看孔德的著作,特别是在拉瓦锡的《化学元素》发表之后不到 50 年发表的《实证哲学课程》,我们不难看出,化学没有被给予一个值得骄傲的地位,孔德将化学的主要灵感来源归功于其他科学,比如天文学,甚至生物学。他将化学批判为基本上属于描述性而非预测性的科学。事实上,他认为化学几乎不值得拥有科学这个称号,因为化学只不过是对事实的简单收集。[8]有趣的是,在孔德看来,化学史仅有的可取之处是拉瓦锡、盖顿·得·莫尔沃、富科鲁瓦和贝托莱在 1787 年推出的新的命名系统,但即使这样也未能把化学提升到与其他实验科学同等重要的地位。

实证主义会成为化学的阻碍?

但事实证明,孔德本人对化学缺乏尊重并未阻碍化学与实证主义之间形成强大的历史关联。有几个历史学家曾辩称,19 世纪的法国化学家抵制原子理论是由于实证主义在法国产生了倒退的保守的影响。[9]孔德实证主义在法国产生负面影响这种说法也被用来解释杜玛在其课堂中作的关于该主题的"有名的"原子论相关声明:

如果我是上帝,我会将"原子"一词从科学中删除,因为我确信原子超越了经验,在化学中我们应该永远不能超越经验。[10]

当然,确实有许多法国化学家不愿接受原子理论,但是从若干方面看,将其中的原因解释为孔德的影响还是没有说服力。我们已经几次提到,不甚直接的时代精神存在问题。[11]首先,为何孔德的影响仅仅影响了化学家而没有影响物理学家或者其他科学家。再者,更重要的是,认为孔德影响了化学家对原子论的接受是源于两个误解:第一,对法国实证主义学说的错误解读;第二,对 19 世纪现代化学建构的错误陈述。

首先讨论孔德的实证主义。我们感兴趣的问题有:正如奥古斯特·孔德在 19 世纪三四十年代所阐述的,实证哲学立场是否具有导致化学家否认原子真实存在性的这样一种本质？关于这个讨论主题，我们已经给出一些证据无法保证的关于元素和现实主义的哲学结论。上面引用的拉瓦锡的著名元素定义未必是反现实主义的，虽然对于物质世界终极构成组分的可获得性，它被冠以实证怀疑主义的称谓。这可以从两方面理解。第一，一个"元素"不会因为以实用为目的暂时被定义为分析所及的最后单元便不够真实。例如，拉瓦锡的热量（caloric），虽然它只可以测量而不能直接观察到热（heat）是一种热量效应，它总是与另一个物质而非热量本身相关，但热量对于拉瓦锡而言是非常真实的事物。第二，物质的终极构成不是因为它们尚且未知所以不是真实的。而且，孔德本人在 19 世纪 30 年代了解了化学家的原子论时已经对这个理论非常欣赏，他不但没有批判约翰·道尔顿的原子假说，反而对这个现代的天才理论大加赞赏。[12] 他把原子假说不仅看作是定比定律的延伸，而且也看作是一个化学版本的微粒说，孔德认为微粒说即便不能称为公理事实上也几乎是不言自明的。在他看来，微粒说是牛顿理论的保证，它把牛顿理论的有效性置于无可争辩的位置。事实上，孔德提出的化学计划是为了应对"基本粒子聚集的真实方式"问题。因而，孔德鼓励使用"假设的"粒子来对待化学中的组合问题，并且认为研究本身必定隐含"实体直接构成存在一定程度的不确定性"，这便要求化学家们在表示二元化合物形式的化学组合排列时可以利用这其中的自由，如果这样做有助于他们的研究工作。[13] 正是这个不确定性和理论自由把孔德引向了后来成为反现实主义化身的实证主义，但是孔德本人从来不是反原子论者，也基本不是反现实主义者。[14]

实证主义与现实主义

那么我们也许会问，19 世纪法国化学家排斥原子论是由于实证主义在法国的影响,这种观念起源自哪里呢? 其实,它来自于对 19 世纪末出现的第二个实证主义概念的不合时宜的投射,并且与恩斯特·马赫、皮埃尔·迪昂、亨利·庞加莱(Henri Poincare)、加斯顿·米约(Gaston Milhand)和爱德华·勒鲁瓦(Edouard Leroy)等思想家有关。[15]这种新实证主义不是关于为人类发展提供蓝图的,而是为了阐述一个相当特定的哲学问题:科学理论获得真相的力量。他们否认有获得真理的可能性,提出其他的科学理论观作为符号系统,意图在没有超越我们的现象体验的情况下对其加以组织或推理。

新实证主义运动是在回顾性批判推理性机械力学过程中产生的,它的产生建立在将非欧几里得几何学应用于现代物理学的基础上,并在很大程度上受到新兴热力学的启发。由于在众多影响中热力学具有更大重要性,新实证主义在 19 世纪晚期直接陷入一场原子论者对抗能量论者的论战之中。论战起因于威廉·奥斯特瓦尔德的野心勃勃的计划,他企图从能量角度重新解释化学的所有,他的解释主要依靠两个热力学原理:能量守恒原理(热力学第一定律)和卡诺热机原理,即任何有用功都意味着能量的耗散(热力学第二定律)。奥斯特瓦尔德认为他不必采用原子假说也可以解释化学,这也导致他宣称,机械论哲学中的物质概念已经不再是一个必要的概念。[16]

奥斯特瓦尔德的计划在德国受到了很多人的严厉批判,其中比较著名的人物有马克斯·普朗克、菲利克斯·克莱因(Felix Klein)、沃尔特·能斯特(Walter Nernst)和路德维希·玻尔兹曼(Ludwig Boltzmann)等,他们都维护原子论存在的必要性。奥斯特瓦尔德在 1895 年撰写的论文被翻译成了英语 *The Conquest of Scientific Materialism*(《征服科学唯物主义》),在法国发表的标题为 *La déroute de l' atomisme*(《原子论的溃败》)。论文立即激起了多方回应,不仅有来自原子论物理学家像马塞尔·布里渊(Marcel Brillouin)、保罗·朗之万(Paul Langevin)以及让·

佩兰(Jean Perrin)的回应,而且也有来自哲学家阿贝尔·雷伊(Abel Rey)的回应。[17]按照雷伊的观点,只有致力于阐释现象终极本质的现实主义者和原子论者的机械力学可以提供真正的创造性科学。他反对拒绝探寻任何终极解释的能量主义方法,他喜欢用数学公式多过具体的陈述。[18]因而,奥斯特瓦尔德将化学和物理学还原到热力学原理的计划激起了两种科学风格之间的冲突,一个是解释性的、因果和现实主义风格,另一个是描述性的、常规和反现实主义风格。正是这些冲突塑造了哲学的面貌,特别是埃米尔·迈耶森在其中详尽阐述了他本人的思想,即他在 1908 年出版的《身份与现实》(Identity and Reality)中所呈现的思想。

当代其他争论对这个新实证主义起着巩固作用,特别是发生在德国的反对恩斯特·马赫和马克斯·普朗克关于科学目标的论战。20 世纪初的法国见证了一场关于科学必定彻底失败的争论,在这场争论中,能量主义被打上反科学运动的烙印。不管这是好事还是坏事,唯能量论基本上被看作是实证主义最纯粹的表达,是为了将科学雄心限制在对经验的描述或者最多是对科学的形式化上。因而,唯能量论对抗原子论的论战建立了实证主义和现实主义之间的对立,这种对立也是现代科学哲学争论产生的原因。的确,正如伊恩·哈金(Ian Hacking)所指出的,科学现实主义的概念以及围绕它的哲学争论就形成于这个时期:

关于原子和分子的现实主义一度是科学哲学的中心问题。原子和分子远不是关于实体的局部性问题,而是真实(或者只是幻想中的)的理论实体的主要候选者。今天许多科学现实主义立场都是那个时期确立的,与 20 世纪初那场争论不无关系。"科学现实主义"一词也是那个时候开始使用的。[19]

注释:

[1]在计算哲学取代机械论哲学的今天,这种宿命论通常以代码或者程序形式呈现,提供所有关于生命物和非生命物的发育（发展）和行为指南。当然这个模型不仅适用于物理学而且也适用于分子生物学。关于物理学中对该立场的批判可参阅 P. Jensen(2001)。

[2]I. Stengers(1997),特别是第 2 卷和第 3 卷。

[3]A. Comte(1844),p. 120-125。

[4]J. - B. Dumas(1837),p. 4。

[5]A. Comte(1830),第 1 卷,p. 4-5。

[6]F. L. Holmes(1989)。

[7]A. - L. Lavoisier(1789),1790 年翻译版本,p. 24。

[8]A. Comte(1830—1842),第 35 课,第 2 卷,p. 7ff;也可参阅 B. Bensaude-Vincent (1994)。

[9]A. Rocke(1984),p. 181-182, D. Knight(1967),p. 105 和 p. 126, J. Jacques (1987),p. 195-208, A. Carneiro(1993),p. 85,以及 M. Scheidecker(1997)。 Marjorie Malley(1979)把实证主义描述为阻止玛丽·居里为放射性找到合适的理论解释的环境障碍。

[10]J. -B. Dumas(1837),p. 246。

[11]B. Bensaude-Vincent(1999)。

[12]A. Comte(1830-1842),第 37 课,第 3 卷,p. 145-147。

[13]出处同上,第 36 课,p. 79。

[14]加斯顿·米约提出了孔德和后来的实证主义版本之间的相似点,参阅 A. Brenner(2003),p. 33。

[15]A. Brenner(2003)。

[16]W. Ostwald(1895)。对于争议的调查可参阅 E. Hiebert(1971)。

[17]W. Ostwald(1895)。

[18]A. Rey(1908)。

[19]I. Hacking(1983),p. 30-31。

第 *11* 章

虚拟原子

　　除非是出于意识形态或者哲学原因而顽固地拒绝客观考察科学证据，19 世纪法国化学家反对原子论这一点着实令众多哲学家和历史学家们感到费解。这种费解产生自另一个"共存体"，这一次说的不是实证主义而是原子论。由一些有机化学家提出作为具有争议性的原子结构理论基础的原子论不同于 20 世纪早期物理学家比如卢瑟福和玻尔提出的原子论。物理学家提出的原子是物理学家对于物质结构问题的解答，所以，他们会完全聚焦于物理学家的原子而排除所有其他解答，好处在于可以为上述实证主义与原子论之间的经典对抗提供最后的胜出者。于是，让·佩兰的实验演示，接着是卢瑟福和玻尔阐述的亚原子结构，最后终于迫使顽抗的实证主义化学家们接受了原子的现实存在。

　　19 世纪化学家之间所争论的原子不同于 20 世纪物理学中的原子，不管承认与否，所有这些化学家都持有物质的微粒观。道尔顿提出的原子旨在解释化学反应中观察到的结合比例的不连续性，而不是为了提供一个有关物质结构的理论。因而，我们需要从化学家们研究课题的角度而不是从物理学家的原子角度思考化学家的原子论。这样，我们就无须借助孔德及其实证主义的影响,去理解化学家们对化学结合规律的解释不需要以任何物质终极不可分割的假说为基础。[1]我们已经表明,约翰·道尔顿的原子假说不关心物质构成的最小实体问题,只关心化学结合的最小单元。所以采用道尔顿原子假说的核心问题是,如何才能写出恰当的化合物分子式以及相应原子在分子中的配置,而这些主要取决于对每个相关元素原子量的测定。19 世纪化学家们非常清楚他们的原子论所发挥的重要作用,并将他们关心的部分与物质可分割性问题区分开来。例如,让·巴蒂斯特·杜马(Jean-Baptiste Dumas)在其《化学哲学》这门课程中安排了一整节课解释原子的存在问题与化学原子论无关,并在接下来的一节课中详细讲述化学原子论。[2]

分子式书写

使化学家陷于彼此对抗的关于原子论的争论,基本上不是关于原子的存在性或者物质的连续性与非连续性的问题,而是关于形成阿伏伽德罗定律基础的原子和分子之间的划分问题。两个相对立的阵营,即当量主义者和原子论主义者对用于表示化合物构成的分子式持有不同意见,特别是关于构成元素的比例问题。两个阵营的对立使几百个有机化合物的编排成为难题,因为不同立场导致这些化合物归类为完全不同的类别。当量主义者采用基于结合当量的原子量系统归类(以水为例,从重量角度,1 单位氢与 8 单位氧结合形成 9 单位水,意味着氢原子重量与氧原子重量之比为 1∶8),而原子论主义者像奥古斯特·劳伦特和查尔斯·盖哈特(Charles Gerhardt),围绕化合物中的取代当量发展了不同的原子量系统。更准确一点说,两个阵营对于如何解释化合物的结合这一点意见不一致,劳伦特发展的有机化合物结合理论基于

"基础基团"或者九棱柱"核心"的"等当量"取代。[3]

但是,劳伦特不相信这个从晶体学借过来的"核心"概念会与任何物理存在相对应。他也不认为核心是特定的实物,因为即使在实物构成原子被其他原子取代后,其核心仍然保持不变,而且核心也不代表任何特定的固定形式。正如玛利亚·博朗德尔·迈格瑞勒斯(Marika Blondel Mégrelis)正确指出的,核心是化学家可以在其上实施加成和取代等操作的位置:"具体而言,核心除了作为实施操作的底物之外并无其他真正用途……在某种意义上,它是一个代数对象。"[4]

类型和模型

最让人震惊的是,在这场争论中原子论支持者们基本都采取了实证主义认识论立场,并拒绝为其结构式提供任何本体论解释。例如,盖哈特理论认为,所有无机矿物和有机化合物都来源于四个基本类型:氢型(H—H),盐酸型(H—Cl),水型(H—H—O)及氨型(H—H—H—N)。盖哈特能利用这四种类型解释许多反应,特别是复分解过程基团的交换反应。根据这四种类型他把有机化合物分成了四组,从而可以预测通过各种基团来取代上述不同类型的氢而形成的当时未知的化合物。盖哈特有意避免对化合物内部结构的现实存在性进行任何表述,并且拒绝把基团看作可以以永久和稳定形式分离出的物质实体。对于盖哈特而言,基团只不过是"复分解事件中某些元素或者某些元素基团发生取代或者从一个实体运送到另一个实体所遵循的规则"。[5]盖哈特谨慎地指出,他的基团没有物质现实性,而只是一个恰当的分类模式,用于揭示化合物之间的类比性和同系性。为了强调他的分子式没有本体论意义,他把这些分子式命名为"合理分子式",甚至认为同一个物质可以拥有若干不同的分子式。

在这样的背景下,化学实证主义所起的作用是非常有趣的,它似乎并没有成为化学原子论的阻碍。相反,它给予了化学家们相当大的自由度来应对原子论问题,他们可以把各种理论上或者实践上的排布放在一起而不必担心这些结构是不是真实存在的。威廉·奥古斯特·霍夫曼就是以这种本体论自由精神为基础,使用棍棒和小球做成的分子模型来观察碳化合物的空间构型的,不过,这并未阻止其他化学家们比如本杰明·布罗迪(Benjamin Brodie)的抱怨,他认为分子模型把理论上的实体物质化了。但是总体上,化学家们或以实物形式或以图片形式仍然继续使用着霍夫曼的分子模型,并且默认这些东西只是单纯的象征而不代表任何物质的真实情况。分子模型被看作是可以操作的工具——一种反映构成分子的元素相互之间关系的表达方式。

凯库勒特别喜欢讲述他在睡梦中发现苯结构的故事。他当时是怎么趴到化学课本上睡着了,又是怎么看到原子开始在他面前跳舞的。苯分子的原子像一条长蛇一样起伏波动,然后蛇形的原子像是串在一根长绳上并且绳子回弯至首尾相接,从而形成一个闭合的环状结构,就像是炼金术的传统标志衔尾蛇一样。20 年后,在德国化学会组织的旨在庆祝发现苯的六角形和单双键交替结构的晚宴中,组织者发布了一副苯结构的著名绘画,绘画将苯的 6 个碳原子用 6 只猴子围成一圈表示苯的结构。绘画有多个版本,其中一个版本是每只猴子抓着邻居猴子的脚,而用一只手抓住一只脚(单键)和两只手抓住两只脚(双键)的猴子交替出现。另一个版本中,每只猴子抓住两边邻居的手,然后用尾巴与其中一边的邻居做成双键(图 10)。这个例子十分清晰地说明,化学家们在把他们思维中的原子形成可视图案方面并不缺少想象力。凯库勒在他的《有机化学课本》(*Lehrbuch der organischen Chemie*)中用了一种形状来表示碳原子,他给这个形状起了个十分贴切的名字称为"香肠",每根香肠的长度对应于它的化合价。这种示意图并不是为了表示化合物的构建模块,而是为了帮助理解化合物的键合形式,这说明化学家们比较关心的是化合价的表述。对于凯库勒来说,原子是能够彼此进入键合关系的单元,所以他的原子论是与原子性理论紧密相关的,认为每个原子的最重要特征是它的化合价。

图 10　苯环结构的猴子模型示意图,两幅图表示的都是单双键交替出现的凯库勒苯结构。来源:《德国化学会年鉴》1886 年特别纪念版。私人收藏。

不可知论者的原子论

对于原子实际存在与否的问题,凯库勒拒绝发表意见,在这方面他采取的是拉瓦锡的方式,对物质终极元素的本质和数目问题不予理睬。他认为这不应该属于化学要考虑的问题,而是应该放到形而上学范畴去讨论。然而,即便有机会在形而上这个范畴探讨,凯库勒却又倾向于相信原子不存在。

　　原子存在与否的问题从化学角度看没有多少意义,因为关于这个问题的讨论属于形而上学范畴。在化学中,我们必须确定原子是否是为了解释化学现象而采纳的假说。我们尤其需要思考的问题是,进一步发展原子假说是否有望提高我们对化学现象发生机制的认识。我可以毫不犹豫地说,从哲学角度看,我不相信实际上存在原子,即字面意义上的物质不可分割的粒子。我宁愿期待有一天我们为今天所谓的原子找到一个数学-物理学解释,它将包含原子量、原子性以及各种性质等的详细信息。但是作为一名化学家,我认为在化学中引入原子这个假设不仅是明智可取的,而且是绝对有必要的。[6]

　　凯库勒不是唯一一个认为原子实际不存在的化学家,即使在物理学家和化学家已经提供了分子真实存在的确凿证据之后,有些化学家仍然还是这种认识。甚至到了 20 世纪,法国化学家乔治斯·厄本(Georges Urbain)在其撰文中还继续把原子作为符号来对待,认为它仅仅是一种表述方法。基本上,他拒绝回答原子真实存在的本体论问题,理由是这个问题超出了作为化学家的他所具有的能力。

　　如同所有好的物理学理论一样,当前的原子理论是一个十分经济的思维方式,可以减轻我们的记忆负担。理论之所以有用是因为形象化的原子思维对可感知特质之间存在的众多关系给予了一个综合性的归纳。还因为表述原子形象的语言是清晰的,并且可根据事实进行充分精确的调整。原子形象就好比一种书面形式的符号文字,能够使人联系到事实所遵循的规律。哲学家们可以讨论原子是否拥有我们的认知之外的现实性。而原子这个对象本身的研究不是科学的一部分。科学仅建立我们称为实体的由空间限定的各部分的可感知性质之间的关系。[7]

最终，因为有太多化学家拒绝认同原子的现实存在性，所以我们无法满足于"知识环境"或者时代精神这样的模糊措辞，来解释法国发生的预料中的对原子论的抵制。这更不足以说明我们是否应该相信，不接纳纯粹的现实主义原子论已经成为这个时期阻碍科学发展的绊脚石。因而，关于物质终极元素或者物质第一要素的假设，我们需要更深入地探究为何它们的现实性问题普遍被不可知论统治。对于被化学家们认可属于化学科学的基础，同时又拒绝探讨它们存在与否的这些元素或要素，我们该给予它们怎样的地位呢？

为了让大家了解拒绝回答原子论的本体论问题会有怎样的风险，我们再次更加深入地讨论一下凯库勒的案例。凯库勒怎么会一边怀疑原子和分子的存在，一边又将它们用于设想苯的分子结构呢？而原子和分子不仅使他能够解释芳香族化合物的性质，还使得他的学生们合成了一系列各种类型的新化合物。这种矛盾状况很容易使人以为，化学家关于原子存在性的声明只不过是因实证主义气候盛行而引起的一种谨慎措辞。埃米尔·迈耶森对于凯库勒的声明给出的正是这种解释，埃米尔·迈耶森是有机化学家，在进入科学哲学领域谋求职业发展之前师从德国化学家本生（Bunsen）：

留给人们的印象是，凯库勒有时会说出他的保留意见，但只是限于形式而且是不大情愿的。在他的心中，他坚定地相信原子、分子和键的存在，他就像对待可以通过人的独立感知而体验到的实物一样来操作它们。[8]

迈耶森愤慨地拒绝严肃对待凯库勒的怀疑派声明，这一点可以帮助我们认识到像凯库勒这样的名人化学家所持有立场的重要影响，而且有助于我们认识到形而上的思考对于化学家的研究不会有任何影响。

原子作为中介物

毫无疑问,许多化学家相信原子以物理实体存在,但是否相信原子现实性显然不是化学原子论的问题所在。盖哈特和凯库勒的原子首先具有逻辑上的作用。这些原子把符合某些定律的现象关系联结在一起,比如盖吕萨克定律、杜隆珀替定律、阿伏伽德罗定律,并通过某种模式使这些定律变得浅显易懂。从这个角度看,数学哲学家恩斯特·卡西尔(Ernst Cassirer)似乎比前化学家迈耶森更明白 19 世纪化学原子论的特别性。按照卡西尔的观点,原子从来不是一个事先就存在的事物,而是化学家们宣称的物质终点。因此,把既定性质与一个原子相联系,就像是给予性质某种绝对的"支撑"。然而卡西尔表示,化学家的目的原则上不是把原子与一系列观察到的性质相关联,而是为了找到这些性质之间的类比关系。因而原子此时担当的是建立现象性质的全局网络的中介物。[9]换言之,原子的概念只是把经验数据之间的多层关系集中起来的一个工具,这样才使得化学家们能够把现象性质统一起来。所以原子不是一个"事物",而是一个凭经验所确立关系的假设底物。而且,卡西尔指出,这种"总结"不只是对事实的重述,也可以用来预测新的事实。

不论是劳伦特的"核心"还是盖哈特的分子式都不能代表原子在化合物中的组织形式。相反,它们表达的是单元或模块与其他单元或模块进入关系的能力。因此,对于给定化合物,他们给出的分子式表明了该化合物可能的取代范围。很显然,为思考并表示与其他实体进入关系的能力,化学家们虽然不一定非要使用带手臂的球形原子(球上的每个臂代表一个价键单元),但是这种表示方法的确非常有用,或许是为了教学的目的或者说为了活跃课堂气氛。有趣的是,武尔兹(Wurtz)定义的原子性改变了元素而不是原子概念的地位,不过,代表与其他元素结合能力的原子性被认为存在于原子中,因而才得名原子性。所以,化学反应和化合物产生于元素原子倾尽所能与其他元素原子结合的趋势,每个原子都有这种能力,只是因元素不同而能力程度不同。[10] 所以化学家的原子首先是一种与其他原子进入关系的能力,是独立于物质结构的多元关系的依附底物,不管这个结构是颗粒状的还是光滑的。化学家的首要目标是揭示实体之间以及实体周围的密集的关系网络,而寻找在这个网络背后隐藏的物质结构成为了遥远的第二位的目标。

现象主义者的回应

所有 19 世纪的化学家们,不论是原子论者还是当量论者,他们都同意原子是相互关联的现象的代表符号,或者代表复杂的关系网络中的一个节点。如果真是这种情况,那么我们也许会问,为何这两组概念曾经存在冲突呢? 两者的不一致存在于认识论问题中,原子论者查尔斯·阿道夫·武尔兹与具有相当影响力的反原子论者米奇林·贝特洛两位名人之间的一场著名辩论可以很好地说明这一点。两者发生碰撞的背景是 1877 年法国科学界精英们在法国科学院的一次集会。亨利·圣克莱尔·德维尔是这场辩论的开场人,他宣称阿伏伽德罗定律是没有根据的假说——阿伏伽德罗定律用于区分原子和分子,并且原子论者用它来帮助确定原子的重量。当量论的忠实捍卫者贝特洛也把阿伏伽德罗定律看作是一个简单的假设,并且还曾经嘲讽原子论者所坚持的立场:"谁曾经见过一个气体的分子或者原子?"[11] 贝特洛的嘲弄传达出的信息是,科学应该仅限于研究可观察到的现象,但是有些人对于科学现实的认识具有极不现实甚至幼稚可笑的高标准,如果用现代词语来形容他的立场,那么他就是一个"实证主义者"。正如所料,反对原子论者的贝特洛所捍卫的当量主义立场本身也并非没有使用假设,它需要有若干隐含的关于化学结合物本质的假设才能顺利实施。的确,武尔兹本人正是通过一针见血指出贝特洛立场的虚伪性来为自己的立场辩护的:"从根基看,你的当量论也同样包含了小粒子的概念,和我们一样你也是相信这些假设的……没有完全抛弃假设,是因为没有哪门科学可以离开假设,没有哪门科学家能够不做任何假设。"[12]

　　拒绝接受任何假设代表的是一种极端形式的实证主义,如我们所见,这种实证主义不能归因于孔德本人,而是与某种幼稚的科学现实主义相伴的极端实证主义(不过,两个立场彼此都没有隐含对方的立场)。武尔兹的前学生毛里斯·德拉克尔(Maurice Delacre)于1923年在其出版的《化学哲学专题论文》(*An Essay on Philosophical Chemistry*)中继续捍卫极端实证主义的立场。德拉克尔在有机化学领域的研究事业取得了一定的成功,他的工作主要是苯的合成,然而对于原子论和一般化的理论他都持怀疑派态度。所以,他主张"化学是一门实证科学,它的实证主义是实验性的,而且这门学科本身是所有科学中拥有最高程度实证主义的科学,其程度之高使得化学可以拒绝任何假设。"[13]德拉克尔的这个立场是以实事求是的现实主义为基础的:"在这本小篇幅著作中,我们一直坚持用真正实事求是的方法来对抗原子论拥护者们夸夸其谈的关于概念和分子式的理论浮夸。开始时被认为是牢固的不可否认的极好的概念和常规,而之后却证明只不过是想象。"[14]正如德拉克尔的信条所总结:只有一件事情是正确的,那就是简单而客观存在的事实。[15]是这些书籍——作者通常是法国化学家——帮助把神秘的化学传播为一门完全免于理论而仅由事实组成的科学。

工具主义者的回应

我们现在转而讨论另一位法国的科学哲学家皮埃尔·迪昂,作为传统的法国实证主义拥护者,他和奥古斯特·孔德在美国比其他人更加有名。迪昂和其他实证主义者一样,把科学理论看作是很普通的东西。对于他而言,科学理论只不过是组织和归类数据的工具,这些数据不管好与坏都不预示深层的现实。正如我们在第 9 章中看到的,迪昂强调实验数据的重要性,但是还没有幼稚到认为可以说经验数据完全独立于任何理论而存在。[16] 而且,由于与贝特洛之间的个人恩怨由来已久,迪昂并没有急着加入到贝特洛支持者的队伍中。采取工具论立场的人,把理论看作是工具而不是对现实的描述,迪昂可能会对原子论保持怀疑态度是他们预料之中的事情。但是迪昂对原子的抵制并没有只停留在怀疑这个层面,他积极寻找可以解释原子性的方法,这种方法既不需要分子式,也不需要运用很多元素。他相信有另外一种方法可以让化学家们描述和预测化学反应而不需要使用分子式,否则有把化学家们最终都转变成幼稚的原子论现实主义者的威胁,尽管他们各种小心翼翼和半信半疑。由于对贝特洛的反感,迪昂选择援引亨利·圣克莱尔·德维尔的观点来支持他的反现实主义立场:

　　每当有人试图想象或者描绘分子中的原子或者原子组的时候,我都认为他们只不过是对一种先入为主的思想、免费假说、无效猜测的无能再现。这些表述从未激发一个严肃的实验的产生,也从未证明什么,充其量不过是一种诱导。[17]

　　虽然迪昂谈到了原子论的反现实主义,但是他从未排斥原子和分子之间的区分。至于结构式,他认同结构式有用,但持有深刻的怀疑态度,因为它们可以把化学家们引向一种错误的思想,即认为化学物质在进入结合状态时它们自身仍然是基本保持不变的。[18]"化学式表达的绝非是化合物中真实存在的东西,而是潜在存在的东西,是可以从适当的反应中提取出来的东西"。[19]因此,有机化学家对分子结构表述的依赖阻止了他们回答亚里士多德提出的一个根本问题:进入混合体的元素的存在模式是什么?

迪昂选择通过物理化学的方法来回答这个问题。他的计划当然不乏雄心抱负,因为他的目标是不使用任何分子设想,而把分析完全建立在化学现象的观察和测量上。这意味着把这些经验性事件当作是一个或多个实体的消失,以及拥有不同性质的其他实体的出现,而体积的变化遵守质量守恒和热量发射或吸收规律。迪昂只想考虑可测量的性质,把状态概念(以及状态的变化)作为他的新化学理论建设的关键要素。他把亚里士多德的力或者势的概念转化成热力学的势,这个抽象概念使他能够用数学术语定义一个状态而不用对它进行描述,而且重要的是,他不必去说明系统中发生转变的"物质"的本质是什么。迪昂的目的是把反应物的势的数学表达作为确定进入化学结合状态的物质比例的手段,而无须使用"虚构"的原子。他相信这种方法会避免化学家们把反应物想象成实际存在于其反应形成的化合物中。

一旦理解了这个方法之后,我们便可以看出为何迪昂把化学看成是亚里士多德哲学的继承。他的目的是想通过定性物理学手段来描述混合体形成中的内在转变。因而迪昂可以保全化学现象,同时避免运用与原子和分子相关的思考,因为这种思考对于他来讲属于幼稚的现实主义立场。迪昂这样做的结果是矛盾性的。一方面,通过把每一个物质简化成理论构建中代表物质的数值,他成功剥夺了物质的特质。另一方面,迪昂摒弃亚里士多德势或力概念的本体论基础而成功构建了一套理论,这套理论能够用纯粹的数学术语来表示化学反应,他把这种方式称为"化学机械学"。这个理论还能够预测反应发生的条件,至少原则上可以,所有这些都不需要去假设参与化学转变的元素的存在模式是什么。利用对可观察作用的定量测量再结合抽象的公式,就有可能建立等量和差值,而不需要知道测量的对象是什么,因而创造了一种关于化学反应的理论模式,它完全是从参与反应的实体本质中抽象出来的。

这种理论模式导致产生了另一个矛盾体,属于学科上的矛盾体。对于迪昂而言,解答化学中混合体这一核心问题,最佳方式是从物理学中调用理论。虽然启发迪昂的是热力学而非更加经典的笛卡儿机械物理学或牛顿动力学,但热力学也是一种数学物理学形式,也可以使他避免讨论可能隐藏在观察现象所提供数据背后的任何关于现实性的问题。所以,在迪昂看来,经过哲学过滤后的化学未来在热力学,这就是为何他的著作——据称已载入化学史册——会以热力学历史介绍作为该书的结束章节。

能量主义者的回应

威廉·奥斯特瓦尔德也试图抵制把现实主义应用于原子。为此,他调用的是以极度数学抽象为特征的物理化学版本的原子论。测量不是为了比较实体对象而是比较单纯的数值。但与迪昂不同的是,奥斯特瓦尔德感兴趣的是化学反应动力学,他在催化剂方面的研究工作让他成为 1909 年化学诺贝尔奖得主。奥斯特瓦尔德决定不研究已经完成的反应,而是把注意力投向以前迪昂本人也曾经研究的领域,酸、碱和盐在溶液中的缓慢平衡反应,反应结果是达到反应物和产物的平衡。

事实上,各种竞争性反应都是同时进行的,并最终达到两个对抗彼此弥补而同时保持不衰减的状态。19世纪初克劳德·路易斯·贝托莱曾认为所有化学反应的模式都是这种类型的反应,而为了作出解释,化学家们用最初于1857年提出的克劳修斯动力学假说来解释蒸发作用。动力学理论的创立是基于粒子之间的频繁碰撞,根据它们的能量来计算平均速度。当参与反应的分子(或离子)间的碰撞正好抵消了它们在两个相反方向的反应进程时,反应达到平衡状态。奥斯特瓦尔德的目的是用这个理论来描述平衡反应,而不必用原子和原子性来加以解释。事实上,他希望抛开作为经典力学基础的固态物质实体及其相互作用的概念。

1895年,奥斯特瓦尔德声称要"击溃原子论",这在科学界引发了一场大地震,德国和法国都发生了激烈的论战。奥斯特瓦尔德的目标是从根本上变革化学和物理学,抛弃任何物质的概念,而只承认把两个热力学基本定律结合在一起的能量的概念。他把物质守恒原理当作是无用的形而上思想残余,是过时的机械力学。他之所以认为物质守恒原理是形而上的,是因为它隐含着化学家的某些假设,特别是关于实体(一种物质)的假设,即使所有现象性质都消失了,该实体仍然保留;可是,一个现实存在的实体只能由其物理和化学性质来界定。

然后,在19世纪末20世纪初,当让·佩兰成功掌握了有力证据支持原子的存在时,奥斯特瓦尔德最终放弃了与原子论的对抗,这些证据包括几个以动力学为基础的证据。[20]在《原子》(Les atomes)一书中,佩兰用了13种不同的方法来测定阿伏伽德罗常数,以寻求把原子从"虚幻"地位转变成"事实"地位。阿伏伽德罗常数(N_A)是指对应以克为单位的、质量等于其分子量的化合物中所含有的分子的数目。例如,如果只含有原子量为1的同位素氢,则2克的氢气应该含有N_A个H_2(氢气为双原子分子)分子。佩兰指出,很多种现象,比如布朗运动、渗透压、离子在溶液的导电性、天空的颜色、气体对光的透射、马克思·普朗克研究的辐射光谱、阴极射线(电子)和放射性等都可以用原子之间事件的发生频率来解释,并把结果转化成 N_A 的近似值。所以,虽然人们看不到任何个体的原子或者分子,但是却有很多的方法可以计算它们的数目。佩兰采用 13 种不同的方法来获得阿伏伽德罗常数,并最终得出一个近似值为 6×10^{23}。基于他的计算,佩兰说,所测数值具有神奇的一致性,这可能就是因为原子和分子是真实存在的,而且也是形成所观察到现象的原因。所以科学家们可以安全地探索现象之外的领域并试着"用不可见的简单事物来解释复杂的可见事物"。[21]然而,佩兰并不认为这种方法会最终简化对观察现象的解释,因为不可见世界是由相互作用的不同实体聚居的,化学家必须在分子现实性水平对现象进行阐释。

我们能从本章所呈现的各种化学哲学中得出什么样的结论呢? 首先,化学一直在挑战着长久以来实证主义哲学和现实主义哲学之间的分歧。虽然有些人把化学这门科学当作是拒绝阐述原子和分子现实性本体论问题的哲学典范,但是很少有化学家会否认原子和分子的现实存在性。迈耶森毫无疑问是正确的,他说化学家们其实全心全意相信构成实验室所操纵的物质的原子和分子的现实存在性。然而,与所述现实主义不同,化学原子论需要表述原子和分子与其他原子和分子进入关系的能力。因此,虽然化学家们可以被标上实证主义和现实主义的标签,但是或许用其他的词语来描述他们的哲学奉献反而会更富有成效。

注释:

[1]关于化学家的原子论的更多详细讨论可参阅 A. Rocke(1984),(1993)和
　　(2001)。

[2]J.-B. Dumas(1837),p.196-218。化学原子论的特异性是前面脚注中引用的 Alan Rocke 著述的核心问题。

[3]A. Laurent(1837),转引于 J. Jacques(1954)。

[4]M. Blondel-Mégrelis(1996),p.81-82。

[5]C. Gerhart(1853—1856),第4卷,p.568-569。

[6]A. Kekule(1867),p.303。也可参阅 B. Gors(1999)。

[7]G. Urbain(1921),p.9。

[8]E. Meyerson,"L'évolution de la pensée allemande dans le domaine de la philosophie des sciences"（德国科学哲学的思想演化）未发表文章,1911年4月23日递交(Meyerson archives A 408/11),p.22。迈耶森被这种"不情愿的"原子论震惊了(atomisme du bout des lèvres),他认为这是两面派,甚至是虚伪。他曾在别处坦承,正是这个立场促使他从事了科学哲学这个领域的事业。

[9]E. Cassirer(1953)。

[10]C. A. Wurtz(1868—1878)的《初步讨论》(Discours préliminaire),第1卷,p.69-75。

[11]M. Berthelot(1877),p.1194。

[12]C. A. Wurtz(1877),p.1268。

[13]M. Delacre(1923),p.157。

[14]出处同上,p.158。

[15]出处同上,p.13。

[16]参阅第9章的注释2。

[17]H. Sainte-Claire Deville(1886—1887),p.52,引用于 P. Duhem(1902),p.151。

[18]P. Duhem(1892)。

[19]在此迪昂援引的是亨利·圣克莱尔·德维尔的话,参阅 Duhem(1902),Corpus出版社1985年出版,p.151。

[20]J. Perrin(1913)。

[21]出处同上,(1913),p.24。

第 *12* 章

潜力与关系

随着本书接近尾声,我们在这一章将从化学家的认识论问题转移到本体论问题。对化学家的认知能力和处理问题的手段进行批判性评价之后,我们现在想问,什么样的本体论会适合化学家的科学实践。

与其从"我们能认知什么"这个角度来设计一场关于认识论的初步辩论,倒不如提问"我们能做什么",然后检验本体论的后果是什么。这样做的好处就是可以对化学的双重本质加以考虑,承认化学的科学和生产艺术双重身份的同时强调化学的生产性这一基本特征。事实上,这正是亚里士多德在他的《论产生与毁灭》中提出的与混合体有关的问题,这一点似乎在迪昂复述亚里士多德学说时被他忽略了。因此,亚里士多德更关心的是把材料混合生成新材料,而对混合体的本质并不十分关心。亚里士多德关注的是一个化学反应过程的发生所需要的条件,所以他对生成上述混合体需要具备的条件进行了非常精确的描述。[1]我们不是想表明亚里士多德描述的这些反应条件构成了某种原型-化学,我们只想强调一点,如果不考虑化学作为自然科学和生产技术的双重性,那么要界定化学对象的状态是不可能的。所以我们应该从一项干预计划或者某种特定的化学活动中去思考化学家的本体论。

所以，了解化学对象的技巧是，不再询问我们的理论在多大程度上可以超越现象层面而揭示现象背后隐藏的现实，而应该询问我们拿这些现象来做什么。而且，作为古老的实践艺术像冶金术、染色技术、制药和玻璃工艺的传承，化学从未真正放弃过技术这个层面。即使被提升至"纯粹科学"这样的学术高度，化学也还是依然创造出了很多应用，不过，即使纯粹与应用两者之间的界限越来越模糊，却因化学的身份的原因而被迫不断强化两者的划分。因此，正是因为化学总是处于科学与技术的前沿地带，化学与化学对象之间的关系特点才与其他自然科学具有很大的不同。

元素作为演员

化学家的技艺就是管理分子以发生想要的反应。因此，只要这些抽象实体可以作为有用的研究工具，我们就可以借助元素思考化学。元素具有两层不同含义的操作性。首先，元素经典意义上的操作性，即拉瓦锡的著名元素定义，这个定义我们在第 9 章和第 10 章已经引用过。拉瓦锡把元素定义为"通过任意分解手段把实物还原成的所有物质。我们无权断言这些我们认为的简单物质不是由两种元素，甚至是更多要素组成的化合物，但是，如果我们不能分离或者更可能至此为止尚未发现可以分离它们的方法，那么对于我们而言，它们就是以简单物质方式发挥作用的……"[2]

拉瓦锡使用"对于我们而言"和"我们"这样的限定传递了元素这个概念的相对性，它取决于任何给定时间化学领域现有的分析技术。这意味着当前所列出的一系列元素不仅是暂时性的，而且取决于当前有限的分析实验技术。这就允许随着相关技术的改变,元素的本质也可能会发生变化。它们不再被设想为自然的终极建造模块,而是与实验操作紧密相关。这是元素的第一层操作含义,它不是为了找出研究对象的本质,而是为了找到可以得到该研究对象的操作(反应)。

一个概念还可以从另外含义的操作性去理解。比如用一个实体可执行的操作来定义该实体。拉瓦锡提及的"对于我们而言它们的作用方式是简单物质"时采用的就是这种另外含义的操作性。对于化学家拉瓦锡来说重要的是,在化学操作中元素是化学参与者(反应物),所以在与其他化学参与者的关系网络中它们的表现和反应才是界定一个元素的因素。元素第二层含义的操作性比第一层含义更加基础,在拉瓦锡引入明显属于实用主义的元素定义之前就已经成为化学的特征。

早在 18 世纪或者之前,化学家们就已经形成了通过物质能够做什么来鉴别物质的习惯。所以,威廉·洪贝格(William Homberg)在 1703 年发表的《论普通硫的分析》(*Essay on the Analysis of Common Sulphur*)一文中表示,从硫分解衍生而来的酸与硫酸是完全相同的东西,正是因为这个"硫本质"能够做与硫酸同样的事情,反过来也成立。[3] 按照这个逻辑,传统四元素可以从它们对其他实体的作用上进行重新界定,这种作用理解为化学家可以实现的各种作用,就像是大自然的作用一样。赫尔曼·布尔哈弗(Hermann Boerhaave)将四元素明确表述为化学的工具:不管利用何种技艺去改变一个实体,人们都可以把这种能够通过施以某种作用而发生改变的事物称为一种工具,而这种作用则能够产生想要的改变。[4] 纪尧姆·弗朗索瓦·鲁埃勒(Guillaume-François Rouelle)和他的学生把元素看作是"天然工具",而且在绪论部分将它们与用于实施反应的人工工具比如玻璃和陶瓷容器等一并作了介绍。[5] 所以,所有的实体都被化学家"工具化",他们不仅把盐看作工具,而且甚至把亲和力本身也当作可以应用的工具。从这个角度看,大自然成为了一个巨大的实验室,就像是化学家们自己的实验室一样,是一个让实体产生作用的场所。的确,拉里·霍姆斯(Larry Hames)敏锐指出,18 世纪化学家们总是用"操作"一词来形容我们今天所指的"反应"。[6]元素是戏剧的演员,"戏剧"这个词同时指大自然操作的化学工作和化学家操作的化学工作(关于作品的寓言可参阅图 3)。

把大自然变成一个可与天然物质合作的操作舞台,18 世纪化学家们再一次模糊了技艺和自然之间的界限。所以,当化学家们把自然比喻为天然剧场时其含义与方特纳尔所说的剧场是不一样的。对于方特纳尔,知识渊博的自然哲学家通过展示机械设备或者说操作舞台背后隐藏的机件功能来揭露舞台现场效果——只是蒙蔽不知情者——背后的机制。[7]对于物理学家来说,现实隐藏在舞台上的可见表演背后。而对于化学家来说,剧场不仅为一众演员提供表演舞台,而且也为他们的不断互动提供空间。物理学家和化学家视角的差异反映了不同的物质研究方法,化学家不会把物质世界看作是一个虚幻的现象奇观,也不会把自己看作是被动的观众。世界是它自己的样子,复杂而相互关联,化学家关注世界是想了解可能性和不可能性。最后,也是最具争议性的,化学家的主要目标不是提供对真正世界现实的表述。

虽然 18 世纪的化学家们尤其奉行用实体的作用来界定实体,然而这种作法绝非仅限于这个时期。我们从劳伦特的例子中已经看到,19 世纪的原子论者为何不把分子结构构想为自然元素构建模块的相互关联,而是构想为可以参与加成或者取代反应的化学制剂的相互关联。这种思维方式说明,劳伦特选择的是根据元素的功能来对它们进行分类。所以,尽管氯和氢在性质上有显著差异,但是劳伦特还是把它们放在一起,就是因为它们可以在取代反应中进行互换。氢和氯在很多有机化合物中表现相同的功能,所以可以认为在有机化学的舞台中它们是可以互换的演员。事实上,功能的概念正是在有机化学中才得以展现其全部的启发力量,进而产生一种高效的创新性的化合物分组和思考方式。围绕着 600 万个有机化合物,如果不是按照大约 20 种官能团,比如酸、醇、醛和酮等来进行归类,那么化学家还可以想出怎样的分类方法呢?

以化学个体和种类的功能定义为背景的化学命名规则,其演化过程非常具有指导意义。由此看来,拉瓦锡及其同僚们所拥护的化学命名的改革在现代化学中看上去更像是一段小插曲而不属于主要剧情。盖顿·得·莫尔沃、拉瓦锡、贝托莱和富科鲁瓦在 1787 年的《化学命名法》(*Method of Chemical Nomenclature*)中介绍的新化学命名法基于的原则是,化合物的名称应该代表其构成元素及其相对比例。这个原则形成了我们当前化合物命名系统的基础,所以,这种在我们看来很显然的命名系统很容易让我们拒绝或者至少忘掉在它之前出现的命名体系。《化学命名法》改革之前,许多化合物以及元素都有普通或者说通俗的叫法,从这些叫法中人们往往能了解它们在制药或者其他化学艺术中的用途。例如,"英国通便盐"在命名改革后变为"硫酸镁",和许多化学品一样名字中含有起源地的"西班牙苏打"被通用名"碳酸钠"代替。

许多药师和化学技师对这种新化学语言表现出相当的热情,意味着他们放弃了表明物质功能或者起源地的老名称,而会采纳只表明化合物的所谓元素组成而不表明其用途的那些名称。新的化合物命名法旨在忠实地表达物质的组成,既是为了哲学理想又是为了更有助于学生学习化学。拉瓦锡在介绍命名方法时表达了他们的哲学思想:

化学命名法的完善……在于使概念和事实准确无误,不压制任何它们要呈现的东西,更不会增加任何东西。它应该只是事实的忠实写照，我们经常说，背叛我们的从来不是大自然母亲或者事实，而常常是我们的推理。[8]

　　名称应该代表一个分子中元素的含量这一原则是官方命名的保障，而结构式的兴起则表示化学家们已然明白，构成元素的单纯相互连接已经不足以解释化合物的本质。比如，许多有机化合物具有相同的元素构成比例，但是却拥有完全不同的性质。此外，当 19 世纪第一个分子结构示意图出现的时候，其目的较少用于表示分子的真实结构，更多的用于归类已有分子结构并预测新结构的存在。可以用厄休拉·克莱因发明的用于讨论化学中"表示"与"实际"之间关系的词——"纸上研究工具"——来表达分子式的作用。[9]与 19 世纪威廉·霍夫曼用小球和木棍制作的分子模型一样，这些分子式也可以被打破、操纵和取代。化学家可以利用分子式这个表述来想象或者更准确地说构想一个化合物的不同异构体，这些异构体可以通过取代双键或者通过其他一些转变来获得。由此我们想起了由范特霍夫推出并开创三维分子式新时代的碳四面体结构，这个结构构想合理解释了为何实验中取代烷烃实际存在的异构体数目少于从烷烃平面结构推导出的异构体数目。[10]不管是平面结构还是三维结构，这类化学分子式的首要用途并不是为了表示分子的真实结构，而是为了预测分子的行为和帮助建造新的分子。[11]因而，至少在有机化学中，化合物名称所表达的更多地是化学家如何认识分子的问题，尤其是，化学家们能给予它们何种用途或者希望从中获得什么有用的性能，而较少表达分子的固有本质问题。

操作现实主义

　　在此我们想说，化学家的实践哲学不只限于他们著名的怀疑主义哲学。他们可以把物质实体召集起来执行有用的工作,这本身就是化学家的概念性实践活动的一个鉴别标志。对于化学家而言,不可见的实体基本不是了解物质世界即隐藏在现象背后的现实的钥匙,而是一套工具,利用这些工具及其在世界中产生的作用可以带来新的事物。

所以,在这个哲学方法中,先有作用,再有概念、命名或者理论。人们很容易把这种立场认定为"工具主义"立场,然而皮埃尔·迪昂所拥护的哲学方法已经被冠以"工具主义"之名,即把理论诠释为计算或者分类的常规工具,而对所用理论实体的现实性未作任何陈述。皮埃尔·迪昂们看重的是分类工作,而无须关心这些工具在世界中的建设性回报。这种经典的工具主义是一种反现实主义(或者至少是反科学现实主义)立场,把其中的概念当作是真实世界中没有存在对象的人类思维的创造物。

另一方面,化学家们很少质疑他们所用工具的现实性,比如,这些工具是天然的还是人工的。从这个意义上,迈耶森完全有理由批判以凯库勒为代表的化学家的两面性。这些 19 世纪的化学家们一方面避免了回答原子是否真实存在的形而上学问题,而另一方面又能像使用扳手或者螺丝刀的水管工人一样愉快地使用原子。不过,他们的现实主义肯定是没有代表性的。在 1983 年介绍科学哲学《表征与干预》(*Representing and Intervening*)时,伊恩·哈金在"关于理论的现实主义"与"关于实体的现实主义"之间作了严格划分。化学家的现实主义属于关于实体的现实主义,不过,由于对化学生产活动这一特征具有依赖性,化学家的现实主义更加符合"操作现实主义"的定义。

为了理解化学固有的哲学方法,我们需要从化学家使用以及如何使用化学对象谈起。也就是先实践后理论,特别是那些要教授给学习这门学科的学生们的理论。所以,我们需要把统治着当代科学哲学的那些争论暂时搁置一边,尤其是关于科学是否代表现实这一问题的争论,这里所说的科学隐含理解为科学的理论。在这里,用科学现实主义的经典表述来形容化学家是不适合的。化学家的现实主义更加接近于哈金以电子为例呈现的实体现实主义。哈金解释,使科学家们(和哲学家们)相信电子的现实存在性的是,人们可以以可靠的、可预测的方式去操纵这些电子并产生可观察到的效应。

实验工作为科学现实提供了最强有力的证据。这不是因为我们检验的是关于实体的假说,而是因为原则上可以对不"可见"实体进行操纵以产生新的现象和考察大自然的其他方面。它们不是用于思考的工具而是拿来操作的工具。[12]

按照哈金的理论,重要的不是把电子用作物理理论中的理论假说去解释或者解救现象,而是解释或解救电子在实验设置下的实际配置以创造现象,从更广义层面理解,即解释或解救电子影响可观察事件结局的能力。[13]哈金认为实验科学家们是自发的现实主义者,不是因为他们相信任何卓越的物质理论,而是因为他们可以用所假定不可见实体做实际的事情。让实验者们信服这种事物的存在性的是,他们可以用实验装置"喷射"或者"消耗"电子,从而产生可预测的观察结果。哈金认为电子也同样非常符合化学家们提出来的实体的概念,比如18世纪的元素,19世纪门捷列夫的元素,或者20世纪化学的原子和元素。

如此看来,我们很容易理解为何化学历史进程中出现的这些概念从来都没有真正被淘汰。在拉瓦锡化学兴起之前已经非常普及的元素概念,只要与具备某些性质或者能够诱发特定行为的物质实体具有相关性,那么这些概念直到今天也仍然是有效的。同样的,如我们在讨论元素周期表起源时所见,如果我们把周期表看作是经过整理的化学家可以使用的元素工具图表,那么门捷列夫提出的元素概念仍然言之有效。然而,门捷列夫的元素概念使我们之前讲的操作现实主义的概念复杂化,因为与哈金的实体现实主义所围绕的电子不一样,门捷列夫的元素是抽象的概念,而不是认为存在的物理实体。我们不能像喷射电子一样来操纵门捷列夫的元素,即使是先进的以现代纳米技术为基础的扫描隧穿显微镜也做不到。但重要的是在化学中要考虑到这些不同种类的"工作对象",因为是它们构成了现代化学实践资源的一个主要部分。

但是,把化学家的本体论单纯认为是在世界发挥作用的实体是不够的;也需要假定它们有采取行动的能力。因此,亚里士多德的"dynamis"概念(意思是力或者潜力)和古老的元素概念都不是多余的,各自有各自的用途。尽管亚里士多德的"dynamis"概念不对应于清楚明确的笛卡儿标准,但是潜力或者作用能力对于化学家来说却是不可缺少的概念。对这个核心概念的坚持使我们可以从塑造现代物理学的动力因(机械力相互作用或者力作用于物体)思维范式中解脱出来,明白这一点十分重要。扩延化学家的现实主义使之包含能力或潜力的概念比哈金的实体现实主义更加复杂化。扩延的现实主义的立场更接近于南希·卡特怀特(Nancy Cartwright)所坚守的立场,她一贯主张自然潜力的现实性,并且曾试图表明对自然潜力的认识隐含在科学家对大自然一般规律的理解中。[14]

为突显化学家与各种物质之间的关系,在此参考一下罗姆·哈瑞的"可供性"概念将是有益的,因为哈瑞的这个概念结合了物质的固有潜力和人为计划。[15]在技术意义上,"affordance"是把两套因果力结合起来的特性:将物料组织或者赋形为一种工具或者装置的能力,以及在人类实验者指导下利用相关现象实现世界的能力。物质的汇聚提供事物或者现象,这主要取决于人类能动者寻求完成的目标是什么。例如,冰可以提供滑冰、冷却饮料、减小瘀伤的肿胀以及许多其他事情。这种结合涉及到在实验室建造一个"世界装置复合系统"。哈瑞认为,复合系统所给出的现象非常像把酵母、水和烤箱相结合而给予我们面包。世界装置复合系统产生的现象不是单纯自然现象的表现,它们是允许外部世界的作用和干预的自然与人工的混合产品。我们可以用有机合成中的经典反应作为例子来了解这种思维如何应用于化学,比如傅—克烷基化反应。在这个反应中,化学家的目的是可以增加一个烷基和一个乙基到苯环上,并找到合适的反应条件。而一氯乙烷与苯在强的路易斯酸氯化铝催化下反应可以得到预设结果。化学家可以制备并单独保存包括苯、氯乙烷和氯化铝在内的每一个反应组分,并且这些组分在单独保存时不会发生烷基化。然而,化学家把这三种反应组分混合在一起,刚好可以发生上述烷基化反应,在合适条件下则可以最大化目的产物的产率。因此,反应就是在预设合成条件下实现物质具有的彼此转化的潜力。

　　到这里读者应该已经认为化学不得不在其他更加基础的科学中寻找哲学根基,因而是一种肤浅的经验科学,化学的这种大众印象是不准确的,甚至在哲学上是对化学的一种诽谤。不管这种化学观是偏好物理学的或科学哲学家精心构建的,还是由于缺乏对化学家的概念和方法的了解而导致的结果,它对化学哲学都造成了很大的伤害,剥夺了化学哲学成为有趣的以实践为基础的科学的权利。对于物质世界的认识,化学家们采取的是反本质主义,把物质世界看作是具有各种能力的个体的群集并且彼此之间具有某种关联,从而产生了在实验室和化学世界观察到的现象。化学家没有采纳古老的超越表观现象以获得隐藏事实的哲学理念,而是仍然停留在因精彩绝伦、充满神秘魅力而无法置之不理的化学现象层面。所以,哲学的必然立场是现象背后没有终极的隐藏事实。现象世界的幕后没有机械木偶的操纵主人,世界所有的,只是可以通过彼此的不同关系而呈现新性质的物质化的参与者。

　　有些人可能会从上面的讨论中得出,化学的本体论不如其他科学特别是物理学丰富或者严肃,然而这种推断是错误的。化学家们是最强意义上的现实主义者,对他们使用的"演员"的现实存在性深信不疑,不管这个演员是电子、元素、醇还是离子。但是,化学家的现实主义不应该与巴舍拉不假思索立马否定的实质现实主义相混淆。而迈耶森把化学家的现实主义归属于实践型科学家们,是他们坚固不变的信念。这种现实主义不是源自某种固有的把工作概念客观化的倾向,而是反映出了操作和现实之间的紧密关系。与前现代先祖们一样,现代化学家更多的是制造者而不是描绘者。由此而论,戴维斯·贝尔德着重强调的"工作知识"用于描写化学家是非常合适的:"我们对物质机构即大自然本身的认知不是通过我们的语言而是通过我们的技艺。我们把可以控制而且参与'工作'的物质机构当作工具。我们制造了物质机构的工作知识。"[16]但是,确信实验实体的现实存在性不是化学家独有的,而是与所有的实验科学家和技术人员共同享有的信念。化学领域中运用的实体不仅以事实模式存在,而且还以互补的潜在模式存在,这是化学区别于其他科学之处。化学家们把因果力归属于这种物质的抽象,使化学科学既具有预测性又可以形成一般规律。

其他隐喻

　　哲学家们也许很容易把化学家的操作现实主义批判为一种幼稚的轻信,不及关心现象背后的现实的更加纯粹的科学现实主义。这种批判预设科学的目的,是或者至少应该去表述一个永恒的、独立的现实。

用三个盲人摸象的故事作类比将有助于我们理解这些立场的不同,那他们面前的触摸对象是什么呢？第一个人,摸到了大象的一条腿,称它是一个树桩,所以该触摸对象一定是棵树。第二个人,用手摸过大象鼻子后称该对象是一条蛇。第三个人,摸到大象的尾巴后说该对象是一种赶苍蝇用的毛掸子。[17]盲人摸象的比喻很好地说明了现实问题是如何被强行带入标准认识论之中的。首先,在场景设置中,人们假定存在某种现实,即知者之外的某种清晰界定的事物对象(此刻指的是大象),研究者所用方法目的是尽可能达到所述状况下关于现实的最准确表述。盲人摸象的比喻表明,每位盲人(通常用于代表不同科学领域或学科的科学家)都把他们各自抓住的整体的某一部分作为了现实。而这个比喻传递出的隐含信息是把所有部分视角结合起来会得出现实真相,真相是对真实存在的大象的准确描述,而且其中应该包含每个观察者所体验到的对某些部分的认知。

但是,我们无须从哲学上大费周章即可看出,大象的比喻建立在具有高度争议性的现实观基础上。所以,正如盲人需要走出受限的认知条件以便面对的现实(能够看到整个大象),科学家们也需要走出他们作为条件知者(人的条件)的条件限制才能确保实验或观察结果背后的现实的一致性,然而作为人的这个条件是任何人都不可能改变的。与化学家的方法最不相容的即是"本然观",而"本然观"却是实现表述性科学之客观性的先决条件。[18]

化学家的操作现实主义并未假定存在任何深层的固有现实,所以必然不需要任何知者能够超越科学家对世界的参与(理论上和实验上)而投射现实。所有科学知识都是条件性的,而且其客观性要取决于具体的模型、材料状况、装置和实验。

幸运的是,还有另外一个涉及大象的比喻,可以更加充分地描述化学家对物质世界的参与。意大利化学家和集中营幸存者,普利莫·莱维(Primo Levi),在自传《猴子的扳手》(*The Monkey's Wrench*)中就用另外这个大象比喻来描述化学家的技艺。在书中,莱维把化学家比作在金匠铺千辛万苦制作珠宝的大象。显然,大象们不得不付出极大的努力只为了一个小小的回报,大象化学家们可以想出很多创意然而却无法实现。这种情形与柏拉图的洞穴寓言是截然不同的,困于洞穴中的人对洞外世界只有模糊的、低级的认识。在金匠铺中工作的大象,它们的局限是由天生笨拙的应对世界的方式造成的。规格差异产生近似,进而导致不匹配。这里的不匹配不是指金匠铺工具和大象的脚之间(这是假定工具只是为了某些型号的手而设计,对于大象如此而对于化学家则不然),而是指所述情况下大象可以设计的珠宝与能够实现的设计这两个概念之间的不匹配。化学家在一个充满可能性同时又受到反应参与者之间的无数关系(比如同质性关系和异质性关系等)约束的空间中实践他们的技艺。所以,化学家的现实不是寻找假定存在的终极的解释机制,或是寻找可以担保观察现象的本体论。把化学家们比作金匠铺中尝试实践协作以完成某项技术或者认知计划的一群大象,那么化学家的现实,其基础就是大象之间的共同讨论。

关于化学家的现实主义,还有一点值得指出,即不可简化的多样性,这反映了化学家的工具的多样性。与其追逐物理学和哲学的圣杯(统一的大自然理论所捕获的终极事实),化学家们更需要假设和思考更加广泛和多样性的物质实体,而每一个实体都有其自身特定的约束。这个特征的多样性意味着,化学家之间关于化学的界定对象(包括分子、元素和原子等)的争论,注定是无果的,是没有定论的。所以,化学哲学存在于物理学和自然历史这两个令人敬仰的科学传统之间。前者寻求建立物质的一般性质和终极机制,而后者采用的是描述法。化的确有一个清晰的自然历史特征,有不计其数的专著是对化合物或者反应的描述,而化学家们自己把文献比喻为"动物世界"。但是这里边所有的并非是"邮票的收集",化学也拥有相当多的理论知识并为此感到自豪,比如名目繁多的化学键合和反应机理的记述,但同样,它们也不是想要表述物质世界的终极结构。化学科学的描述性和理论性这种双重特性共同构成了化学认识论的主要特征。[19]

之所以信奉化学存在一个有意义的特征性哲学世界观,其中一个原因是它可以结束还原论者们的一项事业,他们致力于把所有科学还原成一个简单的基础科学,而其他所有科学都可以从这个基础科学中衍生而来。化学家们有一个哲学理论,可以使他们承认存在模式的多样性,或者更具体说,承认参与现实的模式是开放的,所以可以寻找不同的模式来参与现实。在面对他们眼中均一、被动、无生命的物质时或者由"智能"物质组成的实体时,不论该物质本身具有活动性还是被赋予活动的能力,科学家们的行为方式不会是完全相同的。许多当代科学批评家都控诉科学没有灵魂,只对被动机器的相互作用感兴趣,但是如果对化学多了解一些,他们就不会有这种想法了。

注释:

[1] 第一,我们需要主动和被动元素以互惠方式改变彼此,以生成新的同质性实体。所以,完全被动或惰性的实体放在一起是不能形成混合体的。第二,实体需要可以分割成精细粒子,这就是液体很容易混合在一起的原因。第三,为了形成真正的新实体,需要确保混合体构成组分的比例是大致相等的。所以,任何人都可以看到,把一滴酒滴入大量水中并没有产生任何不同于水的新事物。

[2] A. L. Lavoisier(1789),由 R. Kerr 翻译,p. 24。

[3] W. Homberg(1703)。

[4] H. Boerhaave(1732),法文译本,第 1 卷,p. 267。

[5] 在他的《化学制度》(*Institutions chymiques*)中,卢梭对四元素作了以下表述:为

了以大自然实验室为模型建立人工实验室,我们不能只考虑大自然的一般工作方式,而需要对她所使用的工具了如指掌。大自然拥有很多工具:太阳、水、盐、土,甚至是被赋予各种运动和形态的实体的部分。可以把所有这些工具还原成四大类:水、火、土和空气,这是所有自然实体存在、产生、保存或按照一开始建立的定律发生改变所依赖的方式。J. J. Rousseau(n. d.) ,p. 63。

[6] F. L. Holmes(1995)和(1996)。

[7] B. Fontenelle(1686)。

[8] A. L. Lavoisier, "Mémoire sur la nécessitéde réformer et de perfectionner lanomenclature de la chimie, lu àl' Assemblée publique de l' Académie royaledes sciences du 18 avril 1787"(化学命名法改革与完善会议纪要,皇家科学院,1787 年 4 月 18 日)。

[9] U. Klein(2001) ,p. 13-34。

[10] P. Ramberg(2001)。

[11]为使有机化合物命名标准化,各国都朝着相同的方向努力。1892 年日内瓦会议上订立的规则要求官方名称应该能表示化合物的结构,对最长的碳链给予排序优先权,后缀表明官能团,前缀表明取代基团。1930 年列日大会(Liège Congress)颁布了官能团的优先权规则。命名还必须表明所有双键或三键的位置,因为这些是分子的主要反应活性位点。参阅 F. Dagognet(1969) ,p. 176-177 和 B. Bensaude-Vincent(2003)。

[12] I. Hacking(1983) ,p. 262。

[13]出处同上,可特别参阅第 16 章,"实验与科学现实",p. 262-275。

[14] N. Cartwright(1989)。

[15] R. Harre(2003)。

[16] D. Baird(2004) ,p. 12 ,48。

[17]参阅 I. Stengers 和 B. Bensaude-Vincent(2003)中"Realite"(现实)。

[18] L. Daston(1992)。

[19]化学的双重性是莱纳斯·鲍林希望通过他成功的教科书传递给大学生们的主要特征,L. Pauling(1950)。

第 *13* 章

征服纳米世界

在拥护分子制造的埃里克·德勒克斯勒(Eric K. Drexler)看来,化学合成的传统技艺是一种脏乱、原始的制造方式。化学家选择某些反应物之后,把它们置于容器中进行混合,希望合适数目的分子会结合到一起形成所需要的产物。德勒克斯勒倡导的是一种新的技术,它涉及对单个原子和分子的操控,像拼凑乐高玩具的拼块一样把原子和分子拼凑在一起,从而干净高效地给出复杂的分子产物。与这种没有废物的合成梦想相对比,德勒克斯勒把当今的有机合成方式描述为一种杂乱无章的和有些不可靠的关于复杂分子链的制造方法:

化学家对溶液中滚动翻转的分子无法直接控制,所以分子可以在任何方向自由发生反应,这主要取决于它们是怎样碰撞在一起的。然而化学家可以诱导反应分子形成规则的结构,比如立方体和十二面体分子,以及形成似乎不可能的结构,比如具有很大张力的分子环。而分子机器在成键方面具有更大的灵活性,它们可以利用分子运动成键,也可以指导这些运动朝着化学家做不到的方式成键。[1]

德勒克斯勒在 1986 年发表的《造物引擎》(*Engines of Creation*) 中

对两种技术风格进行了对比。第一种是成批处理物质建造模块的当前化学技术,第二种是即将到来的纳米技术时代,"将以更加可控和精确的方式处理单个的原子和分子"。[2] 化学合成属于古老的批量处理传统技术,所处理的是"削石"引发的几百亿个原子,这样的技术如今仍然用在微电路制作上。德勒克斯勒的这个比喻是要把这种自上而下的化学设计方法与纳米技术提供的自下而上的新方法作一个对比。新的合成工艺类似于通过把一件件部件逐步拼凑的方法来建造一台汽车,传统的合成技艺像是把所有汽车部件放在一个大箱子里然后摇动箱子以期最终产生一台可以运转的汽车。德勒克斯勒给出结论说:化学家们似乎无所不能,这令人对他们刮目相看,事实上,他们已经取得令人瞩目的成就并且他们也仍在不断取得新成就。[3]

　　这些话可以解读为对合成化学家心灵手巧的称赞,但是实际上德勒克斯勒是以此来反讽化学家的合成方法,意指它们脏乱而缺乏控制。化学家们依赖于溶液中大数目分子的杂乱无章的运动,在德勒克斯勒的理想分子生产工厂中,纳米级的机器人将选择和放置构型合适的单个原子以逐步组装成大个的分子。从有计划的使用分子机器执行特定任务这一点来看,纳米技术类似于基因工程,与不能够以高精确模式控制化学反应的合成化学家的老式的合成实践方法完全不同。采用这种纳米技术的结果是,新分子的生产会在干净和环境友好的纳米生产设施中进行,它取代的是老、脏、污染的化学工厂。而且,传统化学工业把公众暴露于各种不稳定或者危险试剂和中间产物相关的危害中,而通过纳米机器人进行分子制造则是完全安全的。进而,化学工业不再被迫应付不需要的副产物,特别是那些带来环境问题的副产物。

　　事实上,分子生物学家们就把核糖体和蛋白质描述为分子机器,受到这种描述的启发,德勒克斯勒把基因工程作为他的纳米技术的构想模型。他的想法是,纳米技术能够建造类似的纳米机器人,可以按照预设程序在分子水平执行特定的具有工业用途的任务。这些规划好的纳米机器人与在细胞中运转的天然"机器"之间的主要差别在于后者是自组装的而前者是由人组装的。纳米技术的灵感来自于可组装出分子组分的核糖体和蛋白质,其目的是为未来的纳米工程师设计人工制造的纳米机器人。这些德勒克斯勒所称的"通用组装器",将会像自动机器人一样运转,以高精确度模式键合单个的原子和分子。而且,与脆弱的活细胞分子机器人相比,这些机器人的制造将会充分利用元素周期表的资源,由更加富有顺应力的分子材料制成。[4]

对能够维护库存、修理或者是建造新机器人的人工自组装分子机器人的建造设想只是迈向纳米机器人技术的一小步。最终,这些纳米机器人也许能够模仿简单的生物有机体,只不过需要通过执行程序来完成人类设计者预设的有用的目标功能,而且与通常在天然生物中发现的分子机器相比,这些人工纳米机器人也会融合进更加多样化的化学元素。由此我们可以看出,纳米机器人发起者的乌托邦梦想非常接近于倡导转基因生物的那些人的梦想。

从德勒克斯勒的雄辩中可以清晰看出,纳米技术概念是得益于分子生物学的启发并最终渴望获得像生物有机体那样的成功。方法模型是基于涉及 DNA 和 RNA 的细胞机制。但是模拟生命过程这样的事业仍然有资格被称为化学事业吗? 还是应该把它更好地理解为一种新形式的生物学? 从这个逻辑看,将要来临的纳米技术时代会是化学的终结者吗?

分子制造:自下而上与自上而下

学科重构问题十分重要,因为纳米技术似乎不仅挑战的是传统的合成技术还是化学这门学科本身。纳米技术的特点是：

　　工作水平为原子、分子、超分子，长度范围大约为 1~100 nm，目标是理解、创造和使用微小结构带给材料、装置和体系的新的基本性质和功能。[5]

　　纳米技术区别于经典化学的三个主要特征是：(1)在纳米级别(10^{-9}米)，有可能观察和处理单个分子而无须 N_A 个分子(阿伏伽德罗常数 6.02×10^{23})水平的操作；(2)在纳米水平，无机物质和有机物质之间的边界不再有意义，在许多项目中纳米和生物技术结合在了一起；(3)分子、超分子以及基因和蛋白质被看作是执行特定任务的机器人而不是物质的建造模块。

　　或许相比任何其他领域，纳米技术领域是以工业为定位的知识生产新领域的最佳典范。由此看来，完全区分开"纯粹"和"应用"研究是不可能的。[6]以高度学科交叉为特点的纳米生物技术领域的研究也模糊了传统学术学科比如物理学、化学和生物学之间的界限。各种跨学科或后学科如今被配置在诸如分子遗传学和合成生物学这样的范畴之中，这些学科范畴有望对化学地位产生深刻影响，甚至会终结化学作为一门独立学科的存在。然而，鉴于化学仍然以学术和工业领域的双重身份存在，所以一些化学家们必然已作好准备随时保卫化学被过多的纳米技术拥护者占领。

　　德勒克斯勒的分子制造概念受到了若干化学家的严厉批判。理查德·斯莫利(Richard Smalley)、乔治·怀特赛兹(George Whitesides)等认为，能够转移原子或分子部件到正确位置以进行组装的德勒克斯勒分子组装器从化学角度看是不可能实现的。[7]怀特赛兹提出了两个反对意见：不仅"分子手指"显然占据了太多空间而且缺乏实施纳米级反应所需要的精确性("胖手指"问题)，而且它们也粘附在被移动的原子上,使得不可能把一块建造模块移动到你想要它去的地方（"粘手指"问题）。此外,化学家们已经指出,德勒克斯勒的纳米制造技术是组合装配合成,而不是真正的化学合成。他把分子想象为无相互作用的刚性建造模块,可以像爱斯基摩冰屋中的冰块一样进行组装。而且,分子机器的各种部件所执行的功能被设想为基本上属于机械性的。它们可以执行定位、移动、传递力、携带、保持、储存等操作,组装过程则被想象成为一个以机械建造的精确度来定位各种组分的过程。批评家们已经清晰表明,德勒克斯勒的机器模型不适合纳米级,因为他只是简单地把宏观机器模型转换成了纳米级,而并未考虑纳米世界存在根本不同的环境。正如乔治·怀特赛兹指出的,纳米潜水艇将是不切实际的,因为布朗运动的存在可导致潜水艇根本无法驾驶。[8]而且,给德勒克斯勒带来灵感的生物机器所应对的也不是刚性的建造模块。

理查德·琼斯从生物学家的角度指出,德勒克斯勒没有很好地理解细胞内的分子机器的本质,它们属于"软机器"。因此,他强调了生物机器和传统的人类技术之间的三个主要不同:（1）生命系统不是利用管子和管线传输物料流,而是利用布朗运动在周围转移分子;（2）生命系统不使用合成化学家用的刚性分子,因为蛋白质随时可以改变其形状和构造;（3）分子水平建造机器中存在的约束不同于"批量技术"。在前者中惰性不再是一个关键参数。反而,表面力特别是黏度成为了决定纳米级物体是否黏在一起的主要约束。[9]

菲利普·鲍尔（Philip Ball）曾表示,化学也许为纳米技术提供了一个相比德勒克斯勒的机械方式更好的思考方式:

　　我感到纳米技术学家比如埃里克·德勒克斯勒普及的按字面意思理解的机械工程小型化,即每一个纳米级器械都是由活动部件、齿轮、轴承、活塞和凸轮轴构建而成,未表明可能会存在更好、更有创新性的纳米工程技术,它们会充分利用化学和分子之间的相互作用所提供的可能性。[10]

如果菲利普·鲍尔是对的,那么化学家们与其停滞不前,倒不如争取处于这个交叉科学的领先位置。但是化学家们拥有哪些可能性可以征服纳米世界呢? 他们拥有什么样的资格可以从事这项分子工程的工作呢?

合理分子设计

近年来合成化学的演化为我们提供了上述问题的一种可能的答案。如同许多其他领域一样,合成领域的实践活动也因计算机的应用而发生了深刻的转变。20 世纪的化学家、材料科学家和制药化学家们研发出了各种计算机辅助的分子设计方法,所设计的分子可以具有医学、磁力学、光学或电子学的性能。而这些分子设计方法统称为"合理分子设计"技术,它与过去采用的经验性的更加偶然性的合成过程形成鲜明对比。[11]今天的化学家们可以选择的计算程序范围很广,这些计算程序通常采用计算机计算、组合和随机化等方式来进行分子设计。

"二战"后出现了采用数字计算来研究量子理论的计算化学,它利用研发出来的机器进行密码破解并支持原子弹研究。计算化学开始时是只接近于物理学的基础研究。研究者们的目的是从头开始构建化学物质,从最根本的原子信息和物理学的基础规则开始,利用计算机来计算什么样的化学物质是可能存在的。计算化学采取的是自下而上的方法,从这个方面看,它的原始形式接近于纳米技术。计算机也被运用于与工业过程相关的大型系统的分子力学模型。在 20 世纪 70 年代早期,塞勒斯·利文撒尔基于麻省理工学院的多路存取计算机程序所得到的 X 射线晶体学数据研发出一种数字模拟化学行为的技术。[12]这种方法通过在计算机上模拟化学行为来找出潜在化合物的合成可操作性,从而避免了合成成本的浪费。他对三种不同因素进行了探索:热力学性质、电子学性质和分子的空间构型。例如,通过观察一个化合物的三维旋转结构模型,研究人员可以预测出一个小分子可能与一个蛋白质发生怎样的相互作用。研究者们没有仅限于使用分子模型图来观察这些虚拟的分子,并且还研发出对这些分子进行操控的方法。

　　组合化学也属于一种计算机辅助方法,它是在化学和制药工业中研发起来的,是建造和鉴别潜在有用物质的廉价方式。组合化学法是反应一系列起始原料以生成所有可能的组合物然后再确定哪一些产物是感兴趣的。[13]在组合化学中,计算机的应用不是为了避免实际操作"脏乱的"合成反应,也不是为了像计算化学一样计算分子的生成,组合化学过程开始于制备一系列组成不同的相关化合物,目的是快速小量制备出这些化合物。一旦找到一条普适简单的合成路线并进行优化后,则几千个化合物可以通过这条路线合成出来,然后进行特定用途、性能的筛选。这种思路的宗旨是获得与识别的各个靶蛋白相匹配的各种分子"库",从而实现最大可能多样性而不会有任何冗余。然后在计算机运行"演化算法"辅助下,研究者们能够选择出最符合生理目标或者其他目标的分子结构。因此,这是一个把经验性实验结果——通常来自自动化过程——与计算机技术相结合的过程。

　　组合化学也可以认为是一种形式的"合理"设计,它借助组合数学规则和计算程序筛选的运用,希望淘汰仅仅依靠机缘巧合的常规筛选方法。然而,一些化学家会认为,组合化学是卑劣的物质制造方法,皮埃尔·拉斯洛(Pierre Laszlo)甚至提到"组合化学是低能拙劣的科学研究"。在拉斯洛看来,组合化学简直可以说是对科学化学的"性变态"

行为,可悲到只有一个目标,即化合物的增殖。[14]

但是,组合化学不只是一个廉价和快速的希望制备出可以用作药物或者其他某种商业用途的分子制备方法。某种程度上它也是一种类似于 18 世纪制作出亲和力表的化学家们的探索性的化学实践方法。这些化学家们操作了好几百个反应才把亲和力表整理出来,因而再一次说明了化学的"自然历史"传统。的确,这些亲和力表类似于现代的参考文献,分子库可以说是现代版的自然历史典藏,里面通常包含药典中描述的化合物以及许多其他或多或少属于外来的物种。

仿生化学

另外,在自然生命世界中寻找研究思路的趋势也对今天的纳米技术产生了深远的影响。研究方法包括狭义的仿生法,科学家们试图拷贝自然中发现的结构或者机制,以及更广义的仿生法,戏称为"生物灵感"。老问题来了:这个至少涉及化学和生物学之间紧密联盟的领域是否威胁到了化学的学科地位呢?

在化学的历史中,化学和生命科学之间的关系,犹如化学与物理学之间的关系一样,在塑造科学公众形象中是一个重要因素。我们在第 3 章已经指出,在实验室创造生命的化学家大人物们是如何在炼金术传统的崩塌中幸存下来,并在 19 世纪随着有机合成的兴起而重新回归科学视野。在 21 世纪早期,有机合成化学家的形象似乎比以往任何时候都更加显赫,但是今天的科学怪人弗兰肯斯坦更像是对 DNA 修修补补的分子生物学家而不是古老的有机化学家的代表。

讽刺的是,在 20 世纪七八十年代的"塑料时代",当合成化学品文化到达顶峰的时候,化学家们开始把注意力转向天然产物,并把它作为灵感的来源而不只是一个原始材料的供应站。以化学和生命科学这两个不同的学科相结合为背景,自然或者更精确说是生物又返回到了合成化学的世界。首先,分析生物作为原始材料来源的潜力,以制备环境友好的材料。所以,化学家们试图用植物纤维来合成生物高聚物以制备可降解的垃圾袋和其他环境敏感型的消费品。其次,在寻求设计高性能、多功能复合材料过程中,生物成为了灵感的来源。面对某些合成化合物不充足的问题,材料科学家和化学工程师意识到生物中已经存在更好的材料。[15]因此,通过分析贝壳或最索然无味的骨骼结构,研究者们开始发现这些生物是如何制造出天然的自适应结构,以及这些结构组成材料性能在生物环境约束下的最佳组合。海胆或者鲍鱼壳呈复杂的形态,能够承担各种功能,而这些奇异的生物矿物结构就是由常见的原材料碳酸钙构成的。类似地,蜘蛛丝是极其薄而坚韧的纤维,其强度重量比值是人工材料无法相比的。科学家们现在已经对木材这种原型材料重新下了定义,它不只是浸于轻木质基质中由定向长纤维构成的复合材料,而且也是具有不同组织水平结构并可观察的复合结构。因此,大自然似乎已经为现代化学家所面临的最具挑战性的问题提供了优雅的解决方案。正如材料科学家斯蒂芬·曼恩(Stephen Mann)的乐观表述:

　　我们知道在生物学领域已经找到了一套解决方案,我们因此备受鼓舞。那么接下来的挑战是阐明这些生物策略,进行体外检验,并将其进行合适修改并应用到相关的学术领域和技术研究中。[16]

　　通常,在材料科学与工程这个交叉学科新领域的保护伞下,上述这些仿生策略促进了生物学家和化学家之间的协作。生物材料带给化学家们许多经验教训:第一,大部分材料为多功能材料并且是对各种功能之间的一个良好甚至是最佳的折中。第二,不像人工化学品,生物材料不会排除甚至可以说不可避免会含有杂质、瑕疵、混合物和复合材料。第三,考察精细结构后会发现,生物材料存在复杂的等级结构,它在不同的放大级别中呈现不同的结构特点。

但是,仿生化学并不局限于仅仅尝试模拟生物材料的精致考究的复杂结构,纳米技术的到来也让化学家们把注意力放在了生物材料在生物物质建造中所承担的角色上。对于纳米级物质的设计,人的双手以及其他化学家们通常所使用的工具都是毫无用处的。德勒克斯勒构想了一个合适的工具用于克服实践难题,并杜撰了"通用组装器"一词来形容这个工具。这样的人工"通用组装器"在现实中还未出现,其实最低等的单细胞生物浑身上下都是特异性的组装器。进一步讲,由于组装器可以自我组装和自我维护,所以活细胞找到了更加优雅的解决方案来执行这种纳米级的合成。自组装现象在生物系统中无处不在,从技术角度看这将大有裨益,因为自组装是一个自发的可逆过程,应用广泛而且产生很少或者没有废物。

在活细胞自组装机制基础上演化出了两种不同的技术策略。第一种,科学家现在可以充分利用生物演化选择的分子机制把生物系统的建造模块拼装起来,并引导它们完成其他的目标。例如,用 DNA 双螺旋链的互补结构制备以 DNA 为模板的毫微晶体管或者其他电路,这在当今的许多实验室里是常规工作。在这个技术策略中,化学所处的首要地位让位于基因工程,因为是重组 DNA 完成的合成工作。生物计算是一个新的研究领域,它得益于 DNA 制造纳米级结构的潜在能力。生物工程师把 DNA 作为制造新结构的模板,在重新结合 DNA 时利用原子力显微镜(AFM)进行细节控制。[17]

另一种技术策略从更严格意义上来讲属于化学策略,它涉及利用原子和分子的热力学和化学性质模拟生物体中观察到的自组装生物过程。在这个背景下化学家面临的挑战是,在不依赖于 DNA 遗传密码系统的情况下如何实现组分的自组装并控制自组装导致的形态发生。为了迎接挑战,化学家们在合成中调用了所有的物理学和化学的资源。这些资源包括在空间受限的反应区域、外部诱导(比如使用重力场、电场或磁场)、机械压力、改变试剂等情况下发生化学转变。在形成和打破原子间共价键时他们还喜欢使用弱键,比如氢键、范德华力等。

　　化学家们最近还从大自然中吸取了其他方面非常有用的经验教训,特别是关于实现他们的最终目的将意味着什么。在多年的实践和经验累积中,合成化学家们慢慢地逐渐习惯了在极端条件协助下操作反应,比如高温、低压,这些极端条件非常消耗能量,他们也会用大量的有机溶剂实施反应,然而反应一旦完成则这些溶剂很难可以安全废弃。而大自然教会我们,在室温和非常脏乱的水溶液环境下实施化学反应也是有可能的。对这些自然反应条件的模仿导致形成一种新的化学风格,1977 年雅克·莱维治(Jacques Livage)首创用"温和化学"一词来表示这种化学风格。在准生理条件下利用温和化学法实施反应以获得新的物质,而同时只产生可以再生和生物降解的副产物。所有这些低成本的反应都与自然的合成过程密切相关。温和化学的发展导致了越来越多的复杂的反应原材料的使用,比如大分子、聚集物和胶体。在结合这些大型的复杂分子时,化学家们不再仅限于考虑原子和分子之间作用力强的共价键,而是与 DNA 模板一样,也可以有像氢键这样的弱键合力。这种定位氢键的化学导致产生了一个新的化学分支,1978 年让·马利·雷恩称之为超分子化学。按照雷恩的说法,这种新化学分支其目的是用氢键和立体化学重现生物学中观察到的受体和底物(配体)之间相互作用的选择性。基于这种选择性的分子识别使得建造模块可以自组装形成超分子结构,甚至可以利用这些组装机制形成宏观的物质材料。

化学的浮士德雄心的归来

在被毫不客气地抛弃之后，大自然又吹着胜利的号角重返化学实验室。而化学家与大自然的这种和解是否也导致了炼金术士和合成化学家相关的浮士德雄心的复苏？

19 世纪的化学家们虽然也能够合成生物体中发现的物质，但是却不能在实验室中模拟生物功能，与他们不同的，今天的化学家们似乎已经踏上了去掌控和复制大自然生命过程的征程。因此，当前在理解和复制自组装机制方面的密集研究取得的成功，可以说成为了化学家和生物学家之间长久以来的敌对状态的转折点。但是，我们此时需要明白的是，对于现代化学家来说，模拟大自然不意味着复制生命。证明生命可以简化成化学力的相互作用也不再是一道难题，因而粉碎了生命是从本质上不同于非生命大自然事物的这种臆想。化学已经赢得了这场对抗的"胜利"，至少在大多数科学家心目中是这样认为的。今天，至于如何去理解地球生命演化过程中发展起来的合成策略，化学家们正在用它们作为模型来研发自己的"生物模拟"合成过程。因此，当代化学家们已经超越了最初的简单复制大自然的思维，他们现在接受并且强调生命演化中所采用的策略与他们在实验室中进行发明创造并应用于实验室的策略存在不同。

尽管方式上存在实质性的差别，但是今天的化学家们的雄心壮志仍然类似于 19 世纪的先驱们，他们仍希望把化学的学科疆域扩展至囊括如今属于生物学的领域。自组装和自组织之间的界限很容易发生交叉。用热力学术语来表达，自组装是由于一个密闭体系中自由能的最小化导致的过程,并最终达到一个平衡态。例如,带有疏水和亲水终端的磷脂放置在水溶液中会自发形成一个稳定的结构。而自组织则仅发生在距离平衡状态很远的开放体系中,它需要有外来能量源的输入。如果化学家可以设法控制反应的动力学以获得复杂的亚稳态结构而不是结构井然有序的物质,那么他们就可以跨越学科界限从化学领域进入到生物学领域。

　　弱键合力的运用以及在不同水平进行操作的能力为化学家提供了另外一种将化学扩展进入生物学领域的方式。的确,像怀特赛兹这样的化学家们已经深信,最复杂的生命现象可以完全通过化学来解释。他们断言:"细胞的本质完全属于分子问题,与生物学无关"。[18] 浮士德雄心之所以在化学家们心中重现主要还在于他们意识到,许多化学性质具有集体性或者涌现性以及理解物质总体行为的重要性。一满杯的水不同于单个的水分子,因为孤立的水分子与相互作用的水分子行为不同。让·马利·雷恩坚持认为,这些"在一起"的分子一定是出现了新的性质,这种新的性质是结伙过程导致产生的集体行为,而非包含在每个单独的组分中的单纯的信息表达。这一基础性观察让雷恩提出了一个雄心勃勃的化学计划,对于雷恩而言,化学这门科学的终极目标是控制自组织的基础作用力。因此,他的构成动力学化学计划恢复了从19世纪开始就为人熟知的化学先驱的某些雄心,并且让人们回想起了贝特洛宏伟的合成化学计划,该计划旨在一步步引导他合成越来越复杂的化合物并最终达到对生命的合成。雷恩希望把化学重新定义为"富含信息的科学",一门斡旋于非生命物质(物质过程)和生命物质(生物及其复杂的行为)之中的核心科学。

化学的哲学雄心的升起

聚焦自组装的结果是化学认识论的深刻转变,因为化学家们放下了他们小心谨慎的实证主义哲学态度,而把注意力转向大的形而上学问题。菲利普·鲍尔说得十分正确,化学家们现在讨论的是关于宇宙大爆炸和生命起源的问题。化学家们并没有把他们的工作仅仅限定于制造有用物质,而是希望扩张它的胜任领域,使化学事业包括诸如生命起源甚至意识起源的问题。雷恩曾表示,化学至少为以下这些问题提供了部分答案:

> 我认为,化学的一个最重要的贡献是对所有问题中最大问题的解答:自组织是如何产生的,以及它如何引导宇宙产生能够反映其自身起源的实体?[19]

引用上述这段话有助于我们理解化学家雄心的专属性。首先,我们应该知道,在为赢得"科学之王"称号的学科战争的漫长历史中,物理学家和化学家采取了两种不同的策略。如第 8 章所见,物理学家们常常宣称只有他们才可以提供自然现象的终极解释,从而导致化学家们不得不时常对抗物理学家的这种挑衅。对于物理学是基础科学的宣称,化学家们的反应是发起反宣言,即称化学才是核心科学。反宣言论证了大自然中化学现象的普遍性。因为化学无处不在,存在于生物和非生物环境中,可以把它看作是所有不同领域科学知识之间的中间调停者。1949 年,莱纳斯·鲍林宣称,经过良好训练的化学家,尤其是结构化学家,拥有最佳机会可以为科学领域之间的融合作出贡献,因为与物理学家不同,化学家感兴趣的是不同类型的物质结构,而且他们可以把性质与特定结构关联起来。[20]因此,最雄心勃勃的化学观是,化学作为一门科学不仅拥有普世通用的工具,而且还能够联合各门科学而服务于科学的统一,所以它取代了物理学家想要支配所有其他科学的野心。

今天,化学家研究自然现象的方法,即"通过做实验来认知"的方法,似乎在其他科学中获得了支持。当化学家们在模拟生物结构和过程的同时,生物学家们则开始模仿化学技术。设置"合成生物学"课程的宗旨是实现以合成转变化学的方式转变生物学。在恢复19世纪贝特洛提出的自下而上的合成概念时,今天的合成生物学家们主要关注的是模拟、设计和建造生命系统的核心组分,以便能够把这些核心组分组装成更大的一体化的系统。但是合成化学与合成生物学不是严格类似的两项计划,现代合成生物学家把核心组分看作是某种工具,为了达到特定的性能标准可以对这些工具进行修改或者调节,因而也偏离了为解决技术问题而对生物产品完全和准确无误的模仿。我们可以引用来自得克萨斯大学奥斯汀分校曾经转基因大肠杆菌的学生为例,经他们转基因处理的大肠杆菌能够对光产生反应而生成一个细菌摄影系统。[21]

由自下而上方法诱导下的学科重组让很多感兴趣的化学家与生物学家和生物计算机科学家们形成多方协作,以便设计出带有可以执行特定任务的合成基因组的人工微生物。生产生物燃料的藻类、可以降解石油化学产品以及其他废物以帮助清洁污染区的细菌,这些是合成生物学中最具有吸引力的研究课题。有人预测在未来几十年里,生物工业将取代化学工业的半数市场份额。所以,随着化学家们启动的向大自然和技术靠拢的合成方法逐渐蔓延到生物学领域,化学工业也受到了新的生物工业的威胁,使得许多化学工业不得不转向生物合成以谋求生存。

　　合成化学和合成生物学之间的另一个重要共同特征是通过实验活动来学习知识的理念。基因工程背后的一个主要驱动力是想知道把新碱基顺序引入基因组后会有什么情况发生。虽然研究者们一般都是从结果开始进行反向思考的，但他们还是常常会被意外结果吓到。预测结果和真实结果之间的这种不一致其实可以提供非常有用的信息，这一点刚好类似于有机化学研究，其中许多关键的合成技术都是从未预料到的实验结果中总结得来的。

　　为了将实验活动标准化和一体化，合成生物学家研究出一种方法，他们将生产过程分解以便识别出合成过程中的"单元操作"。在这方面，生物学家们似乎采取的是一个世纪以前由化学工程师发明的化学合成方法。[22]一旦用这些单元操作来重新定义 DNA 片段，那么就可以把这些片段组装成一个具有特定行为方式的模块，比如这个模块可以用作为一个振子或者开关。这种方法的总目标是构建一个标准化和可互换的建造模块（"生物功能砖块"）库，称为《标准生物部件注册表》（ *Registry of Standard Biological Parts* ）。原则上，每一个操作单元不论在一条 DNA 链的哪个位置都可以用于执行特定的功能，这样便可以累积无数的功能。这些技术的潜在应用几乎是无限的，但是修复损坏细胞是技术启动者们引用最多的目标用途。

　　有不少具有科学远见的预言家，他们看到的不止是医学使命这个最谦卑的用途，像克莱格·文特尔（Craig Venter）这样的合成生物学的忠实拥护者们已经开始讨论利用这些技术来设计生物有机体。这些人工生物将拥有全套的人工基因组，它们采用 DNA 合成技术从头开始合成。同时，还有望把各种纳米技术融合成一种技术，通过融合后的技术可以观看人工分子机器生产人工生物，以及最终可以实现生物的自我复制。因此，合成生物学家们在采纳合成化学家方法的同时也重新开启了对一贯的活力论的攻击,企图打破仍然存在于生命和非生命物之间的那些障碍。[23]在制造人工生物的尝试中,合成生物学家们并非只是试着复制生物有机体,他们现在已经把目标上升到完善自然上,企图创造他们自己的新物种。鉴于 21 世纪的科学与技术已经取得了革命性的发展,那么科学家们有可能抵制住以同样的方式来扮演上帝这个诱惑吗?

注释:

[1] E. Drexler(1986),p. 13。

[2] 出处同上,p. 5。

[3] E. Drexler 等(1995),p. 2。

[4] E. Drexler(1986),p. 14。

[5] M. C. Roco 等(2000)。

[6] M. Gibbons 等(1994)和 H. Nowotny 等(2001)。

[7] 参阅 Richard Smalley 和 George Whitesides 在《科学美国》(*Scientific American*)上发表的文章,2001 年 9 月。

[8] G. Whitesides(2001)。

[9] R. Jones(2004),p. 56-86。

[10] P. Ball(2002),p. 16。

[11] D. E. Clark 等(2000)。

[12] E. Francoeur(2002)。

[13] X. -D. Xiang 等(1995)和 X. -D. Xiang(1999)。

[14] P. Laszlo(2001),p. 128。

[15] J. M. Benyus(1998)。P. Ball(2001)和(2002)。

[16] S. Mann 等(1989),p. 35。

[17] M. Amos(2006)。

[18] G. Whitesides,引用于 P. Ball(2006),p. 501。

[19] J. -M. Lehn,引用于 P. Ball(2006),p. 50。

[20] L. Pauling,"The Place of Chemistry in the Integration of the Sciences"（化学在各门科学相融合中所起的作用）（1949）,引用自 B. Marinacci 等（1995）,p. 107-111。

[21] A. Levskaya 等（2005）。

[22] 单元操作的概念是化学过程的基本步骤,由 Arthur D. Little（1863—1935）引入,Arthur D. Little 是一名化学工程师,他对 MIT 化学工程学生的训练进行了改革。参阅 W. F. Furter 等（1980）。

[23] 在《自然》（Nature）447,2007 年 6 月 28 日的社论中,文章的开始声言（p. 1031-1032）:"合成生物学首次为持久的活力论提供了一种解药。"

第 *14* 章

化学的责任

兴许,新技术的发展使化学家重新燃起了昔日炼金术士们希望扮演上帝创造生命的雄心壮志,但是我们想在此澄清,并不是所有的化学家都会或者已经受到这种浮士德精神的传染。毫无疑问,有多少化学家,对化学的雄心就存在多少种想法。同样地,化学没有可以追溯几个世纪的永恒本质。然而,公众对形成于 20 世纪的化学有一个相对一致的看法,但是这种看法并不代表化学学科的任何现实本质。所以,谦卑的仆人(供应现代社会需要的物质)和骄傲的创造者(宣称完善自然而同时却肆意排放污染物)这种两面神形象是在特定历史环境下随着时间推移逐渐形成的文化产物,而这个文化产物反过来又深深地影响了我们对现代性的理解。这些价值观包括:物质消费刺激社会进步,新物质的推出使选择多元化,工业的不断扩张,以及通常假定自然可以无限提供原材料而环境具有无限能力可以消化工业副产品和废弃物。[1]这些价值观与占据统治地位的工业和后工业文化意识形态有关,这自然而然会使一些人认为,对现代消费型社会持批判态度的政治运动的确应该把攻击目标指向化学。

对未来的担忧

近年来有些政治趋势,他们以反全球化运动为宗旨松散地组织在一起,对某些现代性的某些方面加以抵制。他们宣称现代科学与技术——不在于其本身,而是由于它们在军事与工业联盟、消费社会和更广义上的现代资本主义背景下的应用——是许多导致世界走上政治和环境灾难之路的生产过剩产生的原因。面对到来的 21 世纪,批评家们用一系列的著作谴责现代科学产生的影响,比如比尔·乔伊(Bill Joy)的《未来不需要我们》(*The Future Doesn1 Need Us*),马丁·瑞斯(Martin Rees)的《时终》(*Our Final Hour*)以及西奥·科尔伯恩(Theo Colborn)、黛安娜·杜迈洛斯基(Diane Dumanoski)和约翰·彼得森·迈尔斯(John Peterson Myers)合著的《我们被偷走的未来》(*Our Stolen Future*)。[2]这些预言者很容易被轻看为"新卢尔德主义者",看作是现代版的英国纺织工人,工业革命时期的英国纺织工人通过毁坏新工厂的机器以示反抗工业革命为他们的生活带来变化。但是,这远不是来自被剥夺权利的工匠的行动所反映的保守观,这些现代警示来自于受尊敬的科学家们:例如,比尔·乔伊是计算机科学家,马丁·瑞斯是英国皇家宇航员,而西奥·科尔伯恩是研究环境内分泌干扰化学物质方面的专家。虽然现代科学与技术的进步的确会使一些人幻想到自我复制的纳米机器或者狂奔的杀人机器,但是科学家们关心的是技术进步的长期作用而不是任何单独的灾难性事件。合成化学品是上述担心的一个主要来源,因为合成化学品在工业国家中已经被大量传播和消费逾一个世纪之久,所以杀虫剂或溶剂的大范围、大量分布的长期影响终于浮出了水面。

蕾切尔·卡森在她的著作中大加声讨 20 世纪 50 年代由于乱用DDT 和其他杀虫剂而带来毁灭性的意外后果,同样,西奥·科尔伯恩也发动了对各种被怀疑属于环境内分泌干扰物的化学品的抨击。科尔伯恩认为,这些化学品比如双酚 A,可以阻断各种荷尔蒙的功能,从而导致疾病、不育甚至死亡。从动物、鸟和鱼中得出的证据表明,即使痕量的上述化合物也与性行为的改变和其他会扰乱正常繁殖过程的问题有关。科尔伯恩认为,环境内分泌干扰化学品的长期存在,或是这些化学品的分解产物所产生的危险,为人类带来了直接的威胁。的确,在这些言论中有一个十分大胆的说法,认为整个工业化世界中男性生育能力普遍下降的难解之谜已经有了答案,那就是内分泌干扰物的影响。[3]科尔伯恩并不是孤军作战,2003 年几十名科学家、医生、法学家、伦理学家和其他巴黎公民联名郑重发布了一份名为《巴黎请愿》的文件。以下是其立场声明中的前两篇文章:

文章 1 当前无数疾病的发展是由于环境恶化的结果。

文章 2 化学污染是对儿童以及人类生存的一项严峻威胁。[4]

《巴黎请愿》的作者们接着便开始召集社会各阶层的决策者采取一些重大措施,比如"抵制所有必定或可能致癌、致突变或具有生殖毒性的产品,以及加强工业化学品的监管。"

《巴黎请愿》遭到了化学家的激烈反对,他们又一次感到成为了其他科学家的阴谋策划的无辜牺牲品。化学家们拒绝接受任何缺乏可靠事实基础的指控,并表示那些发布《巴黎请愿》声明的作者们对化学怀有深刻的偏见,他们借助这些偏见可以达成想要的谈判。不管双方的优势和弱点在哪里。很显然,对于人们召唤的化学品的伦理生产和管理,如果化学家们还只是声称现代批判主义是极端的环境保护主义者这些边缘群体的虚妄幻想而并不予真正理会,那么这样的简单回应方式已经不再能够被人们所接受了。同样地,从更广阔的角度看,我们正好可以借此机会重新思考以下哲学观念的利弊:不论潜在的风险是什么,我们无从选择而只能发展每一个可以想见的科学和技术进步。

　　显然作为一个社会,我们或许不能根据需要而发现,但是我们可以选择是否使用某项新技术或者合成产品。在西方社会,对科学伦理特别是化学伦理的普遍渴望,伴随着战后时期以信仰技术进步和科学家为特征的两大信仰的侵蚀而产生。技术进步不再被看作是决定人类未来的不可抗力。随着对科学家的公正甚至意图产生越来越多的怀疑,有越来越多的人也开始质疑这个由代表其自身利益的科学精英们负责决策技术进步问题的体制。未来,或者至少我们的未来,还需要我们(我们所有人)。对于未来的保护,要求每一位公民积极表现兴趣并在今天的决策制定中给予有见地的判断。风险评估仅仅依赖于几名专家的意见已经远远不够了。

从化学家信条到行为准则

　　1965 年,代表美国化学家的主要组织机构"美国化学会"(ACS)批准了第一个道德规范条文,称为《化学家信条》(*The Chemist's Creed*)。条文第一款:化学家对公众的职责声明,激励化学家"宣传对化学科学的真正领悟";条文第二款:"向我的科学"作出承诺,要求化学家"通过科学的方法寻找化学的真理",时刻铭记化学活动的终极目的是"为了造福人类"。[5]出于上述美好意图,这篇短文主要是关于化学科学的职业行为规范,指出了管理者商业行为和科学行为的标准道德原则,比如认可员工的贡献或者诚实面对顾客的咨询等。30 年后 ACS 恢复了这种行为规范的执行,采取的是内容经过扩展的 1994 年版《化学家行为准则》(*Chemist's Code of Conduct*),该准则于 2007 年夏天更新为《化学职业者行为准则》(*Chemical Professional's Code of Conduct*)。以下是准则全文:

化学职业者行为准则

对公众的责任

化学职业者有服务于公众利益、安全的责任,有取得科学知识进步的责任。他们应该积极关心同事、消费者和共同体的健康与安全。公众对科学问题的评论应该谨慎和力求准确,避免作出未经证实的、夸张的或者草率的陈述。

对化学科学的责任

化学职业者应该寻求化学科学的进步,明白他们的知识存在局限,尊重事实。他们应该确保其科学贡献以及协作者的贡献在设计、实施和呈现时是全面的和准确的。

对化学职业的责任

化学职业者应该努力保持与本领域当前的发展同步,分享想法和信息,保存准确和完整的实验记录,在所有行为和文章发表中维护正直的品质,给予其他贡献者应得的荣誉。利益冲突和科学行为不端比如捏造、伪造和剽窃行为与本准则不相容。

对雇主的责任

化学职业者应该促进和保护雇主的合法利益,诚实而尽责地工作,履行义务,维护知识产权和商业秘密信息。

对雇员的责任

作为雇主的化学职业者应该尊重下属的职业素养,关心下属的身心健康,公正公平对待每一位下属。雇主应该提供安全、和谐的工作环境,公平的薪资、机会和对雇员科学贡献的恰当认可。

对学生的责任

化学职业者应该把对学生的教导视为社会交予的一份信任，以促进学生的学习和职业的发展。每一位学生都应该受到尊重和公平对待，不剥削学生。

对同事的责任

化学职业者应该尊重每一位同事，不管他们的正规教育程度如何，鼓励他们，向他们学习，诚实分享想法，对他们的贡献给予认可。

对客户的责任

化学职业者应该忠诚服务于客户，不受贿施贿，尊重客户机密，诚实提供建议，合理收费。

对环境的责任

化学职业者应该争取了解并预估他们的工作可能会为环境带来的后果。他们有责任尽可能减少污染并保护环境。[6]

从最近的这份规章中可以看出当今的化学家们心目中对化学怀有目标和奉献精神，至少在制度条款上如此。化学家早期信条把对公共利益的关心放在第一位，甚至放在化学知识进步之前。化学家有能力、有责任推进公共福利事业的进步，这种看法说明现代化学家与 18 世纪的先驱们存在共同点。从这个意义上看，化学仍然是一种公民科学，因为化学家承担着确保社会大众的舒适和健康的责任。

虽然在上述规章中关于职业职责的呈现次序处于第二位，但是它却构成了规章最实质的部分，其中表述了化学职业者对职业、雇主和雇员、学生（未来的职业者）、同事和客户等的责任与奉献。化学家的职业理念涵盖了大部分常见的与科学（和商业）理念相关的良好行为指示和不良行为禁令。但是，如果这些科学中的良好行为规则与对雇主或者其他雇员的责任需要发生冲突时，该规章却没有解释化学家们这时候应该怎么做。的确,化学与其他应用科学一样,理论或者纯粹的研究通常会和工业利益交织在一起,研究者常常需要面对利益冲突问题。早在 1942 年由社会学家罗伯特·莫顿(Robert Merton)提出了科学家精神的四个基本原则,即普遍性、公有性、无私利性和有条理的怀疑主义,这四大原则是很少能够实际实现的理想原则。[7]在所有研究结果当中有很大比例的结果是由于工业机密的原因既没有散播流传也没有发表,所以,科学知识、技术经常过于受到金钱或者其他利益的影响。化学研究很少是不掺杂利益的,因为驱动化学研究的往往是希望通过专利或者通过其他类型的知识产权来赚取金钱。

　　美国化学会的行为准则中排在最后而且也是最不重要的一点是对环境的关注,关于这一点,我们也可以从正面角度去思考,它间接说明在 1965 年颁布《化学家信条》时还不存在环境问题。虽然环境不是最主要关心的问题之一,但是政府已经要求化学职业者们在制定研究计划时把环境问题考虑在内,倒不是为了遵守化学家行为准则而是迫于越来越大的法律和社会压力。事实上,自从 20 世纪 50 年代以来,政府监管机构对未经检验的新化学品推向市场越来越关注。欧盟感到有必要发起一项新的大胆举措来限制新合成化学品的任意生产和传播,这个举措就是 REACH 计划。

从小心谨慎到预防措施

　　REACH 是 Registration, Evaluation, Authorisation, Restriction of Chemicals 的首字母缩写词,意指化学品的注册、评价、授权和限制。REACH 条例自 2007 年开始生效,要求所有公司每年生产或进口一种化学物质,要求量在 1 公吨以上,并且需要在新的欧洲化学品管理局(ECHA)的中心数据库进行登记。[8]登记者还必须找到合适的风险管理措施并将之传达给化学品用户。这些措施是经过多方咨询商讨的结果,而这一商讨过程是对所有利益相关方开放的。所以,这些措施代表的是欧洲的各化学公司利益之间的一个折中,措施的制定出自于对化学品公司在日益全球化的市场中竞争力的担忧,以及对保护人类健康和环境的社会担忧。因此,可以把 REACH 条例看作是在提醒人们,管控和风险管理是化学的核心问题,因为所有化学物质都有潜在的危害性。

注册和风险评估的目的,是允许政府和非政府机构可以追踪和控制环境中的化学品。所以化学公司必然也可以利用这些信息来确保他们遵守安全边际,而限制化学品的生产可以保持化学品处于不可观察或预测到有害影响的浓度水平。REACH 还倡导高度透明化,要求所有相关安全信息从生产商传递至终端用户或消费者的整条供应链。但是,这只是条例的一部分,是困扰化学工业最少的部分。REACH 计划进一步明确规定,对人们熟悉的广泛使用的有潜在致癌性、导致不育或者出生缺陷的化学物质需要作出补充评价,以及对那些不发生降解而在环境中累积的化学物质也要作出补充评价。更重要的是,REACH 计划把这种潜在风险的评价责任从政府机构转移到了化学公司。

所以,REACH 计划清晰说明了欧洲政治中围绕公众健康和环境问题所普遍持有的预防态度。这种意义的预防应理解为与常规的态度不同,比如预见和防范。保险公司的专长是预见,他们根据对将来事故花费的预测来计算客户的投保金额,虽然不能够预测单独的个体会发生的事故,但是他们知道在客户中事故总会时有发生。防范是工程师和生产商的日常工作,他们需要权衡所涉每项工艺或者技术的成本和收益。一般而言,风险评估关注的情形是能够列出所有可能情况并计算每种情况的潜在危害和收益。这种情形可以运用概率演算作出合理选择,从而避免不可接受的高风险为依据作出的选择——不论这种风险有多么不可能发生——都可以看作是初级的预防。相比之下,风险预防原则关注的是无法进行概率演算的情形。[9]当我们知道我们无法列出所有潜在情况时,或者当我们知道我们无法鉴别出可能决定一项大灾难的所有因素和参数时,就属于这种情形。此时,我们没有进行风险评估所需要的元素,因而必须在没有科学证据的情况下作出决策并采取行动。简而言之,对于风险非常高的极端不确定性的情形,预防被认为是恰当反应。

这种伦理态度被上升到了政治原则的地位。风险预防原则是1992 年《里约热内卢环境和发展宣言》(*Rio de Janeiro Declaration on Environment and Development*)的基础,并包括在 1992 年签署的《欧洲马斯特里赫特环境条约》(*European Maastricht Treaty on the Environment*)中,它声明如果一项行动或者政策会对公众造成严重或者不可逆转的危害,那么在没有达成危害不会继而发生的科学共识的情况下,压力就落在倡导采取行动以证明不会发生上述危险上。而事实上,风险预防原则并没有形成一个共识表述,当前有众多版本的诠释。最弱的诠释版本是把原则简化成为成本—收益分析,而最严格的诠释版本则是禁止任何会带来潜在严重危害的行动,除非行动拥护者可以证明其行动不会出现任何可感知风险。

当必须决定是否推出一项具有潜在严重和不可逆转负面后果的创新时会需要采用风险预防原则,比如:水处理中化学品的使用,或者把转基因生物引入到环境中。显然,由于化学品在生物圈的长期影响,所以化学必定是会涉及上述情况的一个主要科学领域。而且,合成化学家一直并且永远会生活在一个不确定的世界中,因为他们富有创造力的头脑和双手同时属于大自然复杂的生态系统和他们无法控制并且仍然不可预测的社会环境中。风险预防原则的拥护者们常常面临着反科学的指控,化学家们逐渐意识到他们不能再满足于所谓的"小心谨慎的"化学品管理方式,他们将不得不采取预防的态度。

崭新的化学未来是什么?

如何让一个污染性工业对其行为更加负责任呢?通常直接的反应即是让该污染性工业为所产生的环境污染这样的负面影响买单。例如,乙烯是一种可用于生产各种产品的广泛应用的化学原材料。为了获得大量的乙烯,化学公司需要使用成吨的石油和运转巨大的高污染性蒸汽裂解器,而石油是一种不可再生的天然资源,燃烧时产生二氧化碳。因此,按照谁污染谁买单的逻辑,乙烯的生产应该上税,而税收所得应该用于资助相关研究或者污染净化工程。这是典型的懒人想法,它不会鼓励寻找污染较少的替代品,而且也阻止了对所有以石油为基础的技术体系合适与否问题的探究,在这个体系中乙烯是一个主要和关键的构成要素。而且,这种基于金钱的解决方案消除了争论中核心的政策问题,特别是我们应该如何生存以及应该生产什么和不应该生产什么的问题。

另外一种反应是宣布禁止威胁人类和环境健康的因素,把医学伦理中的希波克拉底"首先不造成危害"原则扩展至化学职业者当中。根据这个原则,医生在治疗患者时即便不能够治愈患者但首先应确保不会给患者造成危害。相似地,在完善大自然的努力中,化学家们至少应该不要让他们试图改善的环境状况变糟糕。

然而,与污染相关的化学家责任感问题还有另外一种解决方式,这就是首先要考虑如何避免产生环境危害物。这就要求化学家们在推出新的生产工艺或者研发新的合成产品之前就应该先思考他们的行为和生产可能带来的长期后果是什么。它需要化学家们超越"他们的意图是好的"这种道德上的陈词滥调。当然,化学家们是出于对公共健康和福利的关心,但谁又不是呢？然而,毋庸多言我们也知道只有美好的愿望是不够的。有责任的化学家必须考量和预估其行为会带来的长期和非意图的不良后果。

以氟氯碳化物(CFCs)为例说明。CFCs 过去广泛用作制冷剂和喷雾剂中的压缩气体,这个合成化学品家族是由于它们所具有的一些性质而被选中用于上述用途,它们是良好的导电体,稳定且呈惰性,与喷雾罐中含有的大部分产品(止汗剂等)不会发生反应,而当它们释放时又很容易膨胀从而使其中的有效成分扩散出来。但是 CFCs 经证明具有环境危害性,它们与大气中的臭氧作用,可以诱发连锁反应把臭氧转变成氧气,结果在臭氧层形成"空洞",经确认这种空洞会威胁人类的健康,所以 CFCs 的使用受到严格管制,最初始于 1987 年的《蒙特利尔公约》(*Montreal Protocol*),然后逐渐在整个欧洲颁布禁令。起初面对这些使用限制,化学家们发出了抗议,之后,他们又研发出了喷雾剂中 CFCs 的替代产品,当这些替代品释放进入大气中时不会使臭氧层发生降解。这个案例代表了化学家对环境问题的一种典型的技术应对,但是别忘了产生环境问题的技术体系和产生技术应对的体系是同一个体系。

其实,我们想要强调的是,上述案例只表明了对问题的反应和应对,而并没有涉及为了要避免问题的发生而采取主动和充分的考察研究和推理。而我们所要提倡的新化学伦理战略正是在化学合成的最开始便要积极鉴别出潜在问题,这种战略早已经被许多的公共和私人的实验室所采纳。虽然不可能预测一个化学反应或产物的所有可能的负面后果,但是可以对所有已知的问题给予更多关注,同时预想可能会出现的潜在问题。很多污染物比如汞、二噁英、近些年来最重要的污染物二氧化碳及其他温室气体等已经被鉴别出来。显然,在化学工艺的研发中需要考量的其中一个目标就是不把上述污染物引入到环境中。这种新的化学伦理战略一方面需要化学家们研究和生产污染性材料的替代品或者研发污染工艺的替代工艺,另一方面更重要的是要鼓励创新性研究,在研发一开始即把工艺或者产品可能带来的后果纳入考量。因此,化学家不应该再像过去对待 CFCs 一样对于危险物质的禁止采取抗议对策,而应该踊跃发现这种环境危害品,并作出尽可能的努力用其他产品取代这些危害品。而且,研究型化学公司不应该抗拒或者掩盖上述威胁的发现,而应该积极走在考察研究工作的最前面,并且把研究结果直接融入到产品的研发策略当中。生产非危害产品是高于产品性能的最高宗旨而不是又一个成本—收益的权衡因素。化学工业的未来,或许也是人类的未来,就取决于这种工业战略的转变。

由此说来,化合物的整个生命周期都需要考虑进去,特别需要考量使用后释放到环境中会带来什么样的影响,这一点非常关键。多数化学家都已经开始思考环境影响问题,把"减少使用,再使用和循环使用"的著名箴言运用到产品生产当中。从"摇篮到摇篮"原则,新设计方法的兴起可以清晰看出,上述三层使用箴言的逻辑可以再进一步推进。在同名成功著作《从摇篮到摇篮:重塑事物制造方式》(Cradle to Cradle:Remaking the Way we Make Things)中,作者威廉·麦克唐纳(William McDonough)和迈克尔·布朗嘉(Michael Braungart)提倡将合成材料作为原材料使用,它自动限制了化工产品在环境中的含量。[10]这两位富有远见的作者不是化学家而是设计者,他们的灵感是从围绕可持续发展的争论中获得的而不是从绿色化学中获得的。而工业化学家们很显然可以从"摇篮到摇篮"思维中学到很多。这不但关乎化学家的公众形象,而且还要求他们去预测和控制生产什么样的材料以及何时和如何生产,这些都是对人类、其他物种以及最终整个星球肩负责任的化学家们需要面对的问题。

但是要求对环境方面给予考量的不应该仅限于工业化学家。在基础研究中,化学家的热情受到创造新分子或者完成大的合成挑战所驱使,而不考虑其研究会带来什么样的后果。然而他们需要回答以下这个问题:这些非天然分子一旦被创造出来以后会成为什么? 即便是仅保存在实验室或者分子库中,它们仍然是存在的,化学家们应该明白他们至少部分对这些分子现在和未来的用途所担负的责任,这其中当然包括这些分子在政治冲突或者战争中的各种用途。比如,在战争中,军队可能会为了执行特定的任务而使用有机物,比如细菌、病毒和蛋白质创造出的混合产品,这些混合产品与环境中活的组织或生物发生复杂的相互作用,而且,它们的复制能力更是会把转基因生物的环境危害带到一个新高度,那么化学家们应该为这些混合产品的使用所造成的后果负有不可推卸的责任。

最后,一个有责任心的化学家应该关心伦理价值观问题。毕竟,伦理关乎的是合法或者"美好"的生活。一个简单的观察或许可以帮助我们从一个新的角度重新思考杜邦那则有名广告标语的含义"借由化学实现更加美好的生活"。很久以来化学的价值观是把大量生产和大量消费合成化学品等同于更加美好的生活,但是为了评估这种生活是否"美好",关键是要考虑所有与这些物质绑定的人类价值观。化学家们需要反思蕴含在化学物质(和理论)的产生背后的各种价值观,而不应该把思考限制于金钱、产品技术规格、技术产品的性能相关的价值。

事实上,化学工业兴起的一个主要原因是化学家能够预估和回应

(以及有时会构建)美好生活的社会预期。在过去的一个世纪,化学家们在社会意识形态中提倡完善和进步这种价值观,其中物质生产和消费是社会文明的主要指标。化学家们能够转变这些与他们的化学活动紧密相关的价值观,以便适应保护环境和保护地球生命的社会新需求吗?这些社会新需求要求化学家们持有不同于以往的态度,需要他们尊重自然资源,不是把分子当作为化学家工作服务的工具或者机器,而是应该把周期表中的物质资源看作是与化学家共同参与一项计划的真正的合作伙伴。化学家以某种合约的形式与这些合作伙伴捆绑在一起,赋予这些分子(已经存在的分子和将来被制造出来的分子)作为合作伙伴应有的关心和尊重。化学家不再不假思索地利用分子那些令人赞叹的性质。对于尊重环境,只清洁污染是远远不够的;它还要求在设计新的工艺或者产品的阶段就能够预测对人类和环境健康可能带来的风险。当这种思想转变发生的时候,化学品或许就不再被看成是"天然品"的对立面,化学家们也不再被看作是环境保护运动的敌人。这时候,化学就可以被看作是保护自然资源这类公共事业的一支科学力量。

因此,化学家们不应该满足于化学不会危害环境,或者个别情况下会同意实施污染的净化。同样,当考量纳米化学的潜在影响时,只得出技术会降低工业化国家所消耗的原材料的量这种结论也是远远不够的。人们不是没有理由可以怀疑,与纳米技术相关的去物质化也可能只不过是一种科学幻想,或者更糟,只是将大脑对物质的统治权的老的双重思维范式的简单重新包装。对于这种化学观,我们太熟悉不过了,新的物质和技术只不过是化学家手中的新工具,如果社会需要,作为造物主的化学家们完全可以重塑世界。但是现在的化学家们所处的情形是能够把物质当作他们的认知和技术事业的合作伙伴。因此,化学家们发现自己已经站在新的立场,视分子为天然存在物,把分子当成合作伙伴而不是单纯为自己服务的工具。

此外,如果化学有机会被认为属于服务于公众利益的科学,则化学家和化学工业似乎就应该与普通公民一同承担化学的定位责任。这意味着对科学和技术的选择应该不再只留给化学家们决定,这种选择权应该与普通公民分享,以集体的决策取代企业决策,以作为人工物质研究与发展的驱动力。对化学物质的良好掌控需要公众参与到科学和技术政策的制定当中,允许发展社政论坛,将化学的不纯粹转变成一个正面的特征。自然与人工、社会以及科学与技术之间的交织,导致化学在20世纪形成了不完全和不纯净的科学形象,而这种交织也可以使化学成为21世纪的科学模型。所以,我们有可能看到一种新形式的化学,它是一种技术科学,可以把文化和社会融入化学实践中,如此即能够摆脱人类历史中一直挥之不去的自然和人工之间的冲突。

注释:

[1]近来,化学工业耗费了巨资想要把自身打造成一种保护环境并且处于可持续发展第一线的形象。但是这些主题活动正好对抗化学工业根深蒂固的负面形象,特别是物质消费社会的环境不友好的奴仆形象。

[2]B. Joy(2000),M. Rees(2003),T. Colborn 等(1996)。

[3]关于围绕内分泌干扰物的争论,可参阅 T. Colborn 等(1996),关于围绕争论所产生问题的分析及解决,可参阅 S. Krimsky(2000)。

[4]抗癌治疗研究会 http://artac. info。《巴黎请愿》分类位置:巴黎请愿(6 种语言版本),英语(访问时间 2007 年 9 月 17 日)。

[5]http://www. files. chem. vt. edu/chem-ed. ethics/vinny/chemcred. html(访问时间2012 年 3 月 19 日)。

[6]美国化学会 www. acs. org。《化学职业者行为准则》(*Chemical Professional's Code of Conduct*)分类位置:职位、伦理和职业指南(访问日期 2011 年 8 月 14日)。

［7］R. K. Merton(1942)。在这篇文章中莫顿提出了科学的四个特征标准:(1)普遍性,一个科学真理,不论提出者是谁;(2)公有性,所有科学知识和想法应该在化学界自由共享;(3)无私利性,科学家不应该为了意识形态的原因而支持任何立场;(4)有条理的怀疑主义,任何领域的任何科学研究都不应该没有限制。

［8］欧洲化学品管理局官网 http://echa. europa. eu/。(访问日期 2011 年 8 月 14 日)。

［9］参阅 M. Callon 等(2001)。

［10］W. McDonough 和 M. Braungart(2002)。

参考书名

Adam, David(2001) 'What's in a Name?' *Nature*, 411: 408-409.

Aftalion, Fred (1991) *A History of the International Chemical Industry*, trans. O. T. Benfey, Philadelphia, University of Pennsylvania Press.

Amos, Martyn(2006) *Genesis Machines: The New Science of Biocomputing*, London, Atlantic Books.

Andersen, Arne(1998) 'Pollution and the Chemistry Industry: The Case of the German Dye Industry' in E. Homburg, A. Travis and H. G. Schröter (eds) *The Chemical Industry in Europe, 1850-1914, Industrial growth, Pollution and Professionalization*, Dordrecht, Kluwer Academic Publishers, pp. 183-200.

Anderson, Wilda (1984) *Between the Library and the Laboratory: The Language of Chemistry in Eighteenth-Century France*, Baltimore, Johns Hopkins University Press.

Andrade Martins, Roberto de(1993) 'Os experimentais de Landolt sobre a conservacao da massa' *Quimica Nova* **16**: 481-490.

Arendt, Hannah (1958) *The Human Condition*, Chicago, University of Chicago Press.

Aristotle (350 BCE) *Physics II*, trans. R. P. Hardie and R. K. Gaye, available in electronic form on http://classics. edu/ (accessed on 16 June 2011).

Bachelard, Gaston (1930) *Le pluralisme coherent de la chimie moderne*, reprint Paris, Vrin, 1973.

Bachelard, Gaston (1938) *La formation de l' esprit scientifique*, reprint Paris, Vrin, 1971.

Bachelard, Gaston (1953) *Le matérialisme rationnel*, reprint Paris, PUF, 1990.

Bacon, Francis (1620) *Nocum Organum*, reprint New York, Colonial Press, 1899.

Baird, Davis (1993) 'Analytical Chemistry and the Big Scientific Instrumentation Revolution' *Annals of Science*, **50**: 27-290.

Baird, Davis (2004) *Thing Knowledge: A Philosophy of Scientific Instruments*, Berkeley, University of California Press.

Baird, Davis, Eric Scerri and Lee McIntyre (eds) (2006) *Philosophy of Chemistry. Synthesis of a New Discipline*, Dordrecht, Springer.

Ball, Philip (2001) *The Self-Made Tapestry: Pattern Formation in Nature*, Oxford, Oxford University Press.

Ball, Philip (2002) 'Natural Strategies for the Molechlar Engineer' *Nanotechnology*, **13**: 15-28.

Ball, Philip (2006) 'Chemistr: What Chemists Want to Know' *Nature*, **442**: 500-502.

Barthes, Roland (1971) *Mythologies*, Paris, Denoel-Gonthier, trans. A. Lavers, London, Vintage, 1993.

Baud, Paul (1932) *L' industrie chimique en France*, Paris, Masson & Cie.

Baudrillard, Jean (1968) *Le système des objets*, reprint Paris, Gallimard, 2000.

Beck, Ulrich (1992) *Risk Society: Towards a New Mondernity*, London, Sage.

Bèguin, Jean (1610) *Élements de chymie*, Paris.

Bensause-Vincent, Bernadette (1982) 'L' éther, élément chimique: un essai malheureux de Mendeleev en 1904' *British Journal for the History of Science*, **15**: 183-187.

Bensaude-Vincent, Bernadette (1986) ' Mendeleev ' s Periodic System of Chemical Elements' *British Journal for the History of Science* ,**19**: 3-17.

Bensaude-Vincent, Bernadette (1992) ' The Balcance: Between Chemistry and Politics' *Eighteenth Century* ,**33** ,3: 217-237.

Bensaude-Vincent, Bernadette(1993) *Lavoisier, Mémoires d' une récolution* , Paris, Flammarion.

Bensaude-Vincent, Bernadette (1994) ' La chimie, un statut toujours problématique dans la classification du savoir' *Revue de Synthèse* ,**115**: 135-148.

Bensaude-Vincent, Bernadette (1996) ' Between History and Momory: Centennial and Bicentennial Images of Lavoisier' *Isis* ,**87**: 481-499.

Bensaude-Vincent, Nernadette (1998) *Eloge du mixte. Matériaux nouveaux et philosophie ancienne* , Paris, Hachette Littératures.

Bensaude-Vincent, Bernadette(1999) ' Atonmism and Positicism: A Legend about French Chemistry' *Annals of Science* ,**56**: 81-94.

Bensaude-Vincent, Bernadette(2003) ' A Language to Order the Chao's in M. Jo Nye (ed.) , *The Cambridge History of Science* , Vol. V, *Modern Physical and Mathematical Sciences* , Cambridge, Cambridge, Cambridge University Press, pp. 174-190.

Bensaude-Vincent, Bernadette and Ferdinando Abbri(eds) (1995) *Lavoisier in European Context. Negotiating a New Language for Chemistry* , Cambridge, Science History Publications.

Bensaude-Vincent, Bernadette and Isabelle Stengers (1996) *A History of Chemistry* , Cambridge, MA, Harvard University Press.

Bensaude-Vincent, Bernadette, Herve Arribart, Yves Bouligand and Clement Sanchez(2002) ' Chemists at the School of Nature ' *New Journal of Chemistry* ,**26**: 1-5.

Bensaude-Vincent, Bernadette and Bruno Bernardi(eds) (2003) *Rousseau et les sciences*, Paris, L'Harmattan.

Benyus, Janine M. (1998) *Binmimicry, Innovation Inspired by Nature*, New York, Quill.

Berthelot, Marchllin(1876) *La synthese chimique*, Paris, Alcan.

Berthelot, Marchllin(1877) 'Réponse à la note de M. Wurtz, relative à la loid' Acogadro et à la théorie atomique' *Comptes-rendus de I' Académie des Sciences*, **84**: 1189-1195.

Black, Joseph (1754) *De Humore Acido a Cibis orto, et Magnesia Alba*, Edinburgh, MD thesis.

Blondel-Mégrelis, Marika (1996) *Dire les choses. Auguste Laurent te la méthode chimique*, Paris, Vrin.

Boas-Hall, Marie(1965) *Robert Boyle on Natural Philosophy*, Bloomington, IN, Indiana University Press.

Boas-Hall, Marie(1968) 'The History of the Concept of Element' in D. L. S. Cardwell(ed.) *John Dalton and the Progress of Science*, Manchester, Manchester University Press, pp. 21-39.

Boerhaave, Hermann (1745) *Element chemiae*, Leyden, Severinus, French trans. Elémens de Chymie, *Paris, Tarin*, 1748.

Boltanski, Luc, and Eve Chiapello (2000) *Le nouvel esprit du capitalisme*, Paris, Gallimard.

Bougard, Michel(1999) *La chimie de Nicolas Lemery, apothicaire et médecin (1645-1715)*, Bruxelles, Brepols.

Boulding, Kenneth E. (1966) 'The Economics of the Coming" Spaceship Earth' in H. Jarrett(ed.) *Environment Quality in a Growing Economy*, Baltimore, Johns Hopkins University Press, pp. 3-14.

Bourdieu, Pierre(1979) *Distinction: A Social Critique of the Judgment of Taste*, London, Routledge and Kegan Paul.

Boyle, Robert(1661) *The Sceptical Chymist*, London, Cadwell and Crooke.

Brenner, Anastasios (2003) *Les origines francaises de la philosophie des sciences*, Paris, PUF.

Brickman, Ronald, Sheila Jasanoff, and Thomas Ilgen (1985) *Controlling Chemicals: The Politics of Regulation in Europe and the United States*, Ithaca, Cornell University Press.

Brock, William H. (1997) *Justus von Liebig: The Chemical Gatekeeper*, Cambridge, Cambridge University Press.

Brooke, John Hedley(1968) 'Wöhler's Urea and its Vital Force-A Verdict from the Chemists' *Ambix*, **15**: 84-114.

Brooke, John Hedley (1995) *Thingking about Matter*, Aldershot, Ashgate Variorum.

Bues, Christiane(2000) ' Histoire du concept de mole (1869-1969) à la croisée des disciplines physique et chimie ' *L'Actualité chimique*, October: 39-42.

Bushan, Nalini, and Stuart Rosenfeld(eds) (2000) *Of Minds and Molecules: New Philosophical Perpectives on Chemistry*, Oxford, Oxford University Press.

Butterfield, Herbert(1957) *Origins of Modern Science; 1300-1800*, New York, Macmillan.

Callon, Michel, O. Lascousmes, and Y. Barthes(2001) *Agir dans un monde incertain*, Paris, Seuil.

Cardwell, Donald S. L. (1975) 'Science and World War I' *Proceeidngs of the Royal Society of London*, A, **342**: 447-456.

Carneiro, Ana (1993) ' Adolphe Wurtz and the Atomism Controversy ' *Ambix*, **40**: 75-93.

Carson, Rachel(1962) *Silent Spring*, Boston, Houghton Mifflin.

Cartwright, Nancy (1983) *How the Laws of Physics Lie*, Oxford, Oxford University Press.

Cartwright, Nancy (1989) *Nature's Capacities and Their Measurement*, Oxford, Oxford University Press.

Cassirer, Ernst (1953) *Substance and Function and Einstein's Theory of Relativity*, New York, Dover Publications. Published in French as Substance et fonction. *Éléments pour nue théorie du concept*, trans. Pierre Caussat, Paris, Minuit, 1910.

Champetier, George (1940) 'L' évolution de la chimie' *Les cahiers rationalistes*, **8**: 5-30.

Chaptal, Jean-Anttoine (1807) *Chimie appliquée aux arts*, Paris, Déterville.

Clark, David E. (ed.) (2000) *Evolutionary Algorithms in Molecular Design*, Weinheim, Wiley-VCH.

Clave, Etienne de (1641) *Nouvelle lumiere philosophique*, reprint Paris, Fayard, 1999.

Clericuzio, Antonio (1993) 'From Van Helmont to Boyle: A Study of the Transmission of Helmontian Chemistry and Medical Theories in Seventeenth-Century England' *British Journal For the History of Science*, **26**: 303-334.

Clericuzio, Antonio (2000) *Elements, Principles and Corpuscles. A Study of Atomism and Chemistry in the Seventeenth Century*, Dordrecht and Boston, Kluwer.

Clow, Archibald and Nan L. Clow (1952) *The Chemical Revolution: A Contribution to Social Technology*, reprint London, Gordon and Breach, 1992.

Cognard, Philippe (1989) *Les applications industrielles des materiaux composites*, Paris, Editions du Moniteur, 2 Vols.

Cohendet, Patrick and Bernard Ancon (1984) *La chimie en Europe, innovations mutations et perspectives*, Paris, Economica.

Colborn, Theo, Diane Dumanoski, and John Peterson Myers (1996) *Our*

Stolen Future: Are We Threatening Our Fertility, Intelligence and Survival? —*A Scientific Detective Story*, New York, Penguin Books.

Collins, Harry (1985) *Changing Order: Replication and Induction in Scientific Practice*, Beverley Hills and London, Sage.

Comte, Auguste (1830-1842) *Cours de philosophie positive*, Paris, 6 Vols; reprint Paris, Hermann, 1975, 2 Vols.

Comte, Auguste (1844) *Discours sur l'esprit positif*, reprint Paris, Vrin, 1995.

Condillac, Etienne Bonnot de (1780) *La Logique*, reprinted in Bayer, R. (ed.) *Œuvres philosophiques de Condillac*, Paris, PUF, Vol. 2, 1948.

Crosland, Maurice (1967) *The Society of Arcueil A View of French Science at the Time of Napoleon*, Cambridge, MA, Harvard University Press.

Crosland, Maurice (ed.) (1971) *The Science of Matcer. Selected Readings*, *reprint* London, Gordon & Breach, 1992.

Dagognet, Francois (1969) *Taableaux et langages de la chimie*, Paris, Vrin.

Dagognet, Francois (1985) *Rematérialiser. Matières et matérialismes*, Paris, Vrin.

Darnton, Robert (1979) *The Business of Enlightenment: A Publishing History of the Encyclopédie, 1775-1800*, Cambridge, MA, Harvard University Press.

Daston, Lorraine (1992) 'Objectivity and the Escape from Perspective', *Social Studies of Science*, **22**, 597-618.

Daston, Lorraine and Katharine Park (1998) *Wonders and the Order of Nature 1150-1750*, New York, Zone Books.

Daumas, Maurice (*1946*) *L'acte chimique. Essai sur l'histoire de la philosophie chimique*, Bruxelles, éditions du Sablon.

Daumas, Maurice (*1955*) *Lavoisier, théoricien et expérimentateur*, Paris, PUF.

Daumas, Maurice and D. I. Duveen (*1959*) 'Lavoiser's Relatively

Unknown Large Scale Experiment of Decomposition and Synthesis of Water. February 27-28, 1785' *Chymia*, **5**, 111-129.

Debus, Allen G. (1967) 'Fire Analysis and the Elements in the Sixteenth and Seventeenth Centuries' *Annals of Science*, **23**: 127-147.

Debus, Allen G. (2006) 'Chemical Medicine in Early Modern Europe' in *The Chemical Promise: Experiment and Mysticism in the Chemical Philosophy*, Sagamore Beach, Science History Publications, pp. 63-97.

Delacre, Maurice (1923) *Essai de philosophie chimique*, Paris, Payot.

Descartes, René (1628-1629) *Règles pour la direction de l'esprit*, trans. J. Sirven, Paris, Vrin, 1990.

Descartes, René (1647) *Principes de la philosophie*, in C. Adams and P. Tannery (eds) *Oeuvres*, Paris, Vrin, Vol. 9, 1964.

Diderot, Denis (1753) *Discours sur l'interprétation de la nature*, in *Œuvres philosophiques*, Paris, Garnier, 1964.

Diderot, Denis, and Jean D'Alembert (eds) (1751—1765) *Encyclopédie ou dictio-nnaire raisonné des sciences des arts et des métiers par une société de gens de lettres*, Paris, Panckoucke.

Diderot, Denis (1857) *A Letter upon the Blind for the Use of those Who See*, trans. S. C. Howe, Boston, Institute for the Blind.

Dirac, Paul (1929) 'Quantum Mechanics of Many-electron Systems' *Proceedings of the Royal Society of London*, A, **123**: 714-733.

Donovan, Arthur (1993) *Antoine Lavoisier: Science, Administration and Revolution*, Oxford, Blackwell.

Drexler, Eric (1986) *Engines of Creation*, New York, Anchor Books, 2nd edition, 1990.

Drexler, Eric (1995) 'Introduction to Nanotechnology' in M. Krummenacker and J. Lewis (eds) *Prospects in Nanotechnology. Proceedings of the 1st General Conference on Nanotechnology: Developments, Applications, and*

Opportunities, *Palo-Alto*, *1992*, New York, John Wiley & Sons.

Du Clos, Samuel C. （1680） *Dissertation sur les principes des mixtes naturals. Fait en l' an 1677*, Amsterdam, Elzevier.

Duhem, Pierre （1892） 'Notation atomique et hypothèses atomistiques' *Revue des questions scientifiques*, **31**: 391-454.

Duhem, Pierre （1902） *Le mixte et la combinaison chimique*, English translation in P. Needham （ed.） *Mixture and Chemical Combination and Related Essays*, Dordrecht, Kluwer, 2002.

Duhem, Pierre （1906） *La théorie physique*, *son objet*, *sa structure*, trans. P. P. Wiener, *The Aim and Structure of Physical Theory*, Princeton, Princeton University Press, 1954.

Duhem, Pierre （1916） *La chimie est-elle une science fran. aise?* Paris, Hermann.

Dumas, Jean-Baptiste （1837） *Lecons sur la philosophie chimique*, Paris; reprint, Brussels, Culture et civilisation, 1972.

Duncan, Alistair W. （1988） 'Particles and Eighteenth-Century Concepts of Chemical Combination' *British Journal for the Hi story of Science*, **21**: 447-453.

Duncan, Alistair W. （1996） *Laws and Order in Eighteenth-Century Chemistry*, Oxford, Clarendon Press.

Emptoz, Gérard, and Patricia Aceves Pastrana （eds） （2000） *Between the Natural and the Artificial. Dyestuffs and Medicine*, Bruxelles, Brepols.

Fajans, Kasimir （1913） 'Radioactive Transformations and the Periodic System of The Elements' *Berichte der Deutschen Chemischen Gesellschaft*, **46**: 422-439.

Farrar, William V. （1965） 'Nineteenth-Century Speculations on the Complexity of Chemical Elements' *British Journal for the History of Science*, **2**: 297-323.

Feyerabend, Paul (1965) 'On the Meaning of Scientific Terms' *Journal of Philosophy*, **62**: 266-274.

Fjors, Hjalmar (2003) *Mutual Favours: The Social and Scientific Practice of Eighteenth-Century Swedish Chemistry*. PhD Diss. Uppsala University.

Fontenelle, Bernard Le Bovier de (1686) *Entretiens sur la pluralité des mondes habités*, reprint Paris, Fayard, 1991.

Foucault, Michel (1977) *Discipline and Punish: The Birth of the Prison*, trans. A. Sheridan, New York, Pantheon Books.

Francoeur, Eric (2002) 'Cyrus Leventhal, the Kluge and the Origin of Interactive Molecular Graphics' *Endeavour*, **26**, 1: 127-131.

Friedel, Robert (1983) *Pioneer Plastic: The Making and Selling of Celluloid*, Madison, University of Wisconsin Press.

Furter, William F. (ed.) (1980) *History of Chemical Engineering*, Washington DC, American Chemical Society.

Fustel de Coulanges, Numa (1888) *Histoire des institutions de l'ancienne France*, reprint, Brussels, Culture et civilisation, 1964.

Galison, Peter, and D. J. Stump (eds) (1996) *Disunity of Science, Boundaries, Contexts and Power*, Stanford, Stanford University Press.

Gavroglu, Kostas, and Ana Simões (1994) 'The Americans, the Germans, and the Beginnings of Quantum Chemistry: The Confluence of Diverging Traditions' *Historical Studies in the Physical Sciences*, **25**: 47-110.

Gerhardt, Charles (1853) *Traité de chimie organique*, Paris, Didot.

Gibbons, Michael, Camille Limoges, Helga Nowotny, Simon Schwartzmang, Peter Scott and Martin Trow (1994) *The New Production of Knowledge*, London, Sage Publications, 2nd edition, 1996.

Ginzburg, Carlo (1989) 'Traces. Racines d'un paradigme indiciaire' in *Mythes, emblèmes, traces*, Paris, Flammarion, pp. 139-180.

Golinski, Jan (1992) *Science as Public Culture. Chemistry and Enlightenment in Britain, 1760-1820*, Cambridge, Cambridge University Press.

G. rs, Britta （1999） *Chemischer Atomimsus: Anwendung, Veränderung, Alternativen in deutschsprachigen Raum in der zweiten H. lfte des* 19 *Jahrhunderts*, Berlin.

Goupil, M. （1991） *Du flou au clair? Histoire de l' affinité chimique*, Paris, éditions du CTHS.

Grapi, Pere （2001） ' The Marginalization of Berthollet' s Chemical Affinities in the French Textbook Tradition at the Beginning of the Nineteenth Century' *Annals of Science*, **58**, 115-136.

Gras, Alain （2003） *La fragilité de la puissance. Se libérer de l' emprise technologique*, Paris, Fayard.

Guyton de Morveau, Louis-Bernard, Antoine-Laurent Lavoisier, Claude-Louis Berthollet and Antoine-Fran. ois de Fourcroy （1787） *Méthode de nomenclature chimique*, Cuchet, Paris, reprint, Paris, Seuil, 1994.

Haber, Ludwig F. （1958） *The Chemical Industry During the Nineteenth-Century*, Oxford, Clarendon Press.

Haber, Ludwig F. （1986） *The Poisonous Cloud. Chemical Warfare in the First World War*, Oxford, Clarendon Press.

Hacking, Ian （1983） *Representing and Intervening*, Cambridge, Cambridge University Press.

Hamlin, Christopher （1993） ' Between Knowledge and Action: Themes in the History of Environmental Chemistry' in S. H. Mauskopf （ed. ） *Chemical Sciences in the Modern World*, Philadelphia, University of Pennsylvania Press, pp. 295-321.

Handley, Susannah （1999） *Nylon: The Story of a Fashion Revolution*, Baltimore, Johns Hopkins University Press.

Hannaway, Owen （1975） *The Chemist and the Word: The Didactic Origins of Chemistry*, Baltimore, Johns Hopkins University.

Harré, Rom (2003) 'The Materiality of Instruments in a Metaphysics for Experiments' in H. Radder (ed.) *The Philosophy of Scientific Experimentation*, Pittsburgh, University of Pittsburgh Press, pp. 19-38.

Haynes, Roslynn D. (1994) *From Faust to Strangelove: Representations of the Scientists in Western Literature*, Baltimore, Johns Hopkins University Press.

Heidegger, Martin (1954) 'The Question Concerning Technology' in William Lovitt (ed.) *The Question Concerning Technology and Other Essays*, reprint New York, Harper, 1977, pp. 3-35.

Hiebert Erwin (1971) 'The Energetics Controversy in Late Nineteenth Century Germany' in D. H. Roller (ed.) *Perspectives in the History of Science and Technology*, Norman, University of Oklahoma Press, pp. 67-86.

Hoddeson Lilian, Ernst Braun, Jurgen Teichman, and Spencer Weart (eds) (1992) *Out of the Crystal Maze. Chapters from the History of Solid State Physics*, Oxford, Oxford University Press.

Hoffmann, Roald (1995) *The Same and Not the Same*, New York, Columbia University Press.

Hoffmann, Roald (2001) 'Not a Library' *Angewandte Chemie*, International edition, **40**, 18: 3337-3340.

Holmes, Frederic L. (1962) 'From Elective Affinity to Chemical Equilibrium: Berthollet's Laws of Mass Action' *Chymia*, **8**: 105-145.

Holmes, Frederic L. (1971) 'Analysis by Fire and Solvent Extractions: The Metamorphosis of a Tradition' *Isis* **62**: 129-148.

Holmes, Frederic L. (1989) *Eighteenth-Century Chemistry as an Investigative Enterprise*, Berkeley, Office for the History of Science and Technology, University of California.

Holmes, Frederic L. (1995) 'Concepts, Operations and the Problem of

"Modernity" in Early Modern Chemistry', paper presented at the workshop on early modern chemistry, Max Planck Institute, Berlin.

Holmes, Frederic L. (1996) 'The Communal Context for Etienne-Fran. ois Geoffroy's "Table des rapports", *Science in Context*, **9**: 289-311.

Holmes, Frederic L. and Trevor H. Levere (eds) (2000) *Instruments and Experimentation in the History of Chemistry*, Cambridge, MA, MIT Press.

Homberg, Wilhelm (1703) 'Essai sur l'analyse du souffre commun' in *Mémoires de l'Académie royale des sciences de Paris*, pp. 31-40.

Homburg, Ernst, Anthony Travis and Harm G. Schr. ter (eds) (1998) *The Chemical Industry in Europe, 1850-1914, Industrial Growth, Pollution and Professionalization*, Dordrecht, Kluwer Academic Publishers.

Hooykaas, Robert (1972) *Religion and the Rise of Modern Science*, Edinburgh, Scottish Academic Press.

Jacques, Jean (1954) 'La thèse de doctorat d'Auguste Laurent et la théorie des combinaisons organiques (1836)' *Bulletin de la Société chimique*, May supplement: D-31-D-39.

Jacques, Jean (1981) *Les confessions d'un chimiste ordinaire*, Paris, Seuil.

Jacques, Jean (1987) *Berthelot. Autopsie d'un mythe.* Paris, Belin.

Jacques, Jean (1991) 'Professeurs et marchands' *Culture technique*, **23** 'La chimie, ses industries et ses hommes': 46-52.

Jensen, Pablo (2001) *Entrer en matière. Les atomes expliquent-ils le monde?*, Paris, Seuil.

Joly, Bernard (1996) 'L'édition des Cours de chymie aux XVIIe et XVIIIe siècles: Obscurités et lumières d'une nouvelle discipline scientifique' *Archives et bibliothèques de Belgique*, **51**: 57-81.

Joly, Bernard (2000) 'Descartes et la chimie' in B. Bourgeois and J. Havet (*eds*) *L'esprit cartésien*, Paris, Vrin, 2000, Vol. 1, pp. 216-221.

Joly, Bernard (2001) 'La théorie des cinq éléments d'Etienne de Clave' *Corpus*, *revue de philosophie*, **39**: 9-44.

Jones, Richard L. (2004) *Soft Machines*, Oxford, Oxford University Press.

Joy, Bill (2000) 'Why the Future Doesn't Need us' *Wired*, **8**. Available at www. wired. cpm/wired/archive/8. 04/joy. html (accessed 16 June 2011).

Kant, Immanuel (1781) *Critique of Pure Reason*, trans. N. K. Smith, London, Macmillan, 1963.

Kant, Immanuel (1790) *Critique of Judgement*, trans. J. C. Meredith and N. Walker, Oxford, Oxford University Press, 2007.

Kekulé, August (1861) *Lehrbuch der organischen Chemie, oder der Chemie der Kohlenstoffverbindungen*, 2 Vols, Erlangen, Enke.

Kekulé, August (1867) 'On Some Points of Chemical Philosophy' *The Laboratory*, I, July 27, 1867, reprinted in R. Anschütz (1929) *August Kekulé*, Vol. 2, Berlin, Verlag Chemie.

Kim, Mi Gyung (2000) 'Chemical Analysis and the Domains of Reality: Wilhelm Homberg Essais de chimie, 1702-09' *Studies in History and Philosophy of Science* **31**: 37-69.

Kim, Mi Gyung (2003) *Affinity, that Elusive Dream. A Genealogy of the Chemical Revolution*, Cambridge, MA, MIT Press.

Klein, Ursula (1994) 'Origin of the Concept of Chemical Compound' *Science in Context*, **7**: 163-204.

Klein, Ursula (1996) 'The Chemical Workshop Tradition and the Experimental Practice: Discontinuities within Continuities' *Science in Context*, **9**: 251-287.

Klein, Ursula (ed.) (2001) *Tools and Modes of Representation in the Laboratory Sciences*, Dordrecht, Kluwer Academic Publications.

Klein, Ursula and Wolfgang Lefevre (2007) *Materials in Eighteenth-Century Science: A Historical Ontology*, Cambridge, MA, MIT Press.

Knight, David M. (1967) *Atoms and Elements. A Study of Theories of Matter in England in the Nineteenth Century*, London, Hutchinson.

Knight, David M. (1978) *The Transcendental Part of Chemistry*, Folkestone, Kent, Dawson.

Kragh, Helge (1979) 'Niels Bohr's Second Atomic Theory' *Historical Studies in the Physical Sciences*, **10**: 123-186.

Krimsky, Sheldon (2000) *Hormonal Chaos: The Scientific and Social Origins of the Environmental Endocrine Hypothesis. Baltimore*, Johns Hopkins University Press.

La Métherie, Jean-Claude (1786) 'Discours préliminaire contenant un précis des nouvelles découvertes' *Observations sur la physique*, **27**: 1-53.

Langlois, Charles-Victor and Charles Seignobos (1898) *Introduction aux études historiques*, Paris, Hachette.

Larrère, Raphael (2002) 'Agriculture, artificialisation ou manipulation de la nature?' *Cosmopolitiques*, **1**: 158-173.

Laszlo, Pierre (2000) *Miroir de la chimie*, Paris, Seuil.

Laszlo, Pierre (2001) 'Handling Proliferation,' *Hyle: An International Journal in the Philosophy of Chemistry*, **7**, 2: 125-140.

Laszlo, Pierre (2004) *Le phénix et la salamandre. Histoire de sciences*, Paris, Le Pommier.

Latour, Bruno (1979) *Laboratory Life*, Los Angeles, Sage.

Latour, Bruno (1987) *Science in Action*, Milton Keynes, Open University Press.

Latour, Bruno (1996) *Petite réflexion sur le culte moderne des dieux faitiches*, Paris, Synthélabo.

Latour, Bruno (2001) *L'espoir de Pandore. Pour une version réaliste de l' activité scientifique*, Paris, La découverte.

Laurent, Auguste (1837) *Recherches diverses de chimie organique*, PhD in chemistry and physics, Paris Faculty of Sciences, 20 December.

Laurent, Auguste (1854) *Méthode de chimie*, Paris, Mallet-Bachelet.

Lavoisier, Antoine-Laurent (1789) *Traité élémentaire de chimie*, Paris, Cuchet, trans. R. Kerr, *The Elements of Chemistry*, London, Kettilby, 1790.

Lavoisier, Antoine-Laurent (1862-1896). *Œuvres*, 6 Vols, Paris, Imprimerie impériale and Imprimerie nationale.

Le Chatelier, Henry (1925) *Science et Industrie*, Paris, Flammarion.

Lecourt, Dominique (1996) *Prométhée, Faust, Frankenstein. Fondements imagi-naires de l'éthique*, Paris, Synthélabo.

Legay, Natalie (1998) 'Chimie industrielle et principe de précaution' in Gérard Mondello (ed.) *Principe de précaution et industrie*, Paris, L'harmattan, pp. 120-151.

Lehn, Jean-Marie (1985) 'Supramolecular Chemistry, Receptors, Catalysts and Carriers' *Science*, **227**: 849-856.

Lehn, Jean-Marie (1995) *Supramolecular Chemistry*, Weinheim, VCH.

Lehn, Jean-Marie (2003) 'Une chimie supramoléculaire foisonnante' *La lettre de l'Académie des sciences*, **10**: 12-13.

Lequan, Mai (2000) *La chimie selon Kant*, Paris, PUF.

Lemery, Nicolas (1675) *Cours de chymie contenant la manière de faire les opéra-tions qui sont en usage dans la médecine Paris*, Jacques Langlois fils.

Lemery, Nicolas (1677) *A Course of Chymistry*, trans. W. Harris, London, Kettilby.

Levere, Trevor (1971) *Affinity and Matter. Elements of Chemical Philosophy 1800-1865*, Oxford, Clarendon Press.

Levi, Primo (1975) *Il Sistema periodico*, Torino, Einaudi, trans. R. Rosenthal, *The Periodic Table*, London, Abacus, 1985.

Levi, Primo (1978) *La chiave a stella*, Torino, Einaudi, trans. W. Weaver, *The Monkey's Wrench*, London, Penguin Books, 1995.

Levskaya, Anselm, Aaron A. Chevalier, Jeffrey J. Tabor, Zachary Booth Simpson, Laura A. Lavery, Matthew Levy, Eric A. Davidson, Alexander Scouras, Andrew D. Ellington, Edward M. Marcotte and Christopher A. Voigt (2005) 'Synthetic Biology: Engineering *Escherichia coli* to See Light' *Nature*, **438**: 441-442.

Lévy, Monique (1979) 'Les relations entre chimie et physique et le problème de la réduction' *Epistemologia*, **2**: 337-370.

Locke, John (1689) *An Essay Concerning Human Understanding*, reprint Oxford, Clarendon Press, 1975.

Lovelock, James (1979) *Gaia: A New Look at Life on Earth*, Oxford, Oxford University Press.

Lucretius (50 BCE) *De Rerum Natura*, available in English translation on http://classics.mit.edu (accessed 16 June 2011).

Lüthy, Christopher, John E. Murdoch, W. R. Newman (eds) (2001) *Late Medieval and Early Modern Corpuscular Matter Theories*, Leiden, Brill.

Malabou, Catherine (2000) *Plasticité*, Paris, éditions Léo Scheer.

Malley, Marjorie (1979) 'The Discovery of Atomic Transmutation: Scientific Style and Philosophy in France and Britain' *Isis*, **70**: 213-223.

Mann, Stephen, John Werbb and Robert J. P. Williams (eds) (1989) *Biomineralization, Chemical and Biological Perspectives*, Weinheim, VCH.

Marinacci, Barbara (ed.) (1995) *Linus Pauling in his own Words: Selection from his Writings, Speeches and Interviews*, New York, Simon

& Schuster.

Mauskopf, H. Seymour (ed.) (1993) *Chemical Sciences in the Modern World*, Philadelphia, University of Pennsylvania Press.

McDonough, William, and Michael Braungart (2002) *Cradle to Cradle. Remaking the Way We Make Things*, New York, North Point Press.

Meikle, Jeffrey L. (1993) ' Beyond Plastics : Postmodernity and the Culture of Synthesis' Working paper No. 5 in D. E. Nye and C. Granly (eds.) *Odense American Studies International Series*, Odense, Odense University, pp. 1-15.

Meikle, Jeffrey L. (1995) *American Plastic. A Cultural History*, New Brunswick, Rutgers University Press.

Meikle, Jeffrey L. (1997) ' Material Doubts. The Consequences of Plastic' *Environmental History*, **2**, 3: 278-300.

Meinel, Christoph (1983) ' Theory or Practice? The Eighteenth-Century Debate on the Scientific Status of Chemistry' *Ambix*, **3**: 121-132.

Mendeleev, Dmitrii (1871) ' La loi périodique des éléments chimiques' *Le Moniteur scientifique*, 1879, **21**: 693-745.

Mendeleev, Dmitrii (1889) ' The Periodic Law of the Chemical Elements' (Faraday Lecture) *Journal of the Chemical Society*, **55**: 634-656.

Merton, Robert K. (1942) ' The Ethos of Science' in P. Sztompka (ed.) *On the Social Structure of Science*, Chicago, University of Chicago Press, 1972, pp. 267-276.

Metzger, Hélène (1923) *Les doctrines chimiques en France du début du XVIIe à la fin du XVIIIe siècle*, reprint Paris, Blanchard, 1969.

Metzger, Hélène (1930) ' La chimie' in M. E. Cavaignac (ed.) *Histoire du monde, T XIII: La civilisation européenne moderne*, Paris, E. de Boccard, pp. 1-169.

Metzger, Hélène (1930) *Newton, Stahl, Boerhaave et la doctrine chimique*,

Paris,

Félix Alcan. Metzger, Hélène (1935) *La philosophie de la matière chez Lavoisier*, Paris, Hermann.

Meyer-Thurow, G. (1982) 'The Industrialization of Invention: A Case Study from the German Chemical Industry' *Isis*, **73**: 361-381.

Meyerson, Emile (1921) *De l'explication dans les sciences*, Paris, Payot, trans. M. Sipfle and D. A. Sipfle, Explanation in the Sciences, Dordrecht, Kluwer, 1991.

Monod, Jacques (1971) *Chance and Necessity: An Essay on the Natural Philosophy of Modern Biology*, trans. A. Wainhouse, New York, Alfred A. Knopf.

Morrell, Jack (1972) 'The Chemist Breeders: The Research Schools of Liebig and Thomas Thomson' *Ambix*, **19**: 3-46.

Morris, Peter (ed.) (2002) *From Classical to Modern Chemistry. The Instrumental Revolution*, Cambridge, Royal Society of Chemistry.

Mosini, Valeria (ed.) (1996) *Philosophers in the Laboratory*, Roma, Euroroma.

Mossman, Susan and Peter Morris (eds) (1994) *The Development of Plastics*, London, Science Museum.

Multhauf, Robert P. (1966) *The Origins of Chemistry*, London, Oldbourne.

Nagel, Ernst (1961) *The Structure of Science*, New York, Harcourt.

Nagel, Ernst (1970) 'Issues in the Logic of Reductive Explanations' in H. Kiefer and M. Munitz (eds) *Mind, Science and History*, Albany, SUNY Press, pp. 117-137.

Needham, Paul (1996) 'Aristotelian Chemistry: A Prelude to Duhemian Metaphysics' *Studies in the History and Philosophy of Science*, **27**: 251-269.

Newman, William R. (1989) 'Technology and the Alchemical Debate in the Late Middle-Ages' *Isis*, **80**: 423-445.

Newman, William R. (1991) *The Summa Perfectionnis of Pseudo-Geber*, Leiden, E. J. Brill.

Newman, William R. (1996) 'The Alchemical Sources of Robert Boyle's Corpuscular Philosophy' *Annals of Science* **53**: 567-585.

Newman, William R. (2004) *Promethean Ambitions. Alchemy and the Art-Nature Debate*, Chicago, Chicago University Press.

Newman, William R. (2006) *Atoms and Alchemy, Chemistry and the Experimental Origins of the Scientific Revolution*, Chicago, University of Chicago Press.

Newman, William R. and Larry Principe (2002) *Alchemy Tried in the Fire*, Chicago, University of Chicago Press.

Newton, Isaac (1730) *Opticks*, 4th edition (1st edition, 1704) reprint London, Dover Publication, 1979.

Nieto-Galan, Agusti (2001) *Colouring Textiles. A History of Natural Dyestuffs in Industrial Europe*, Dordrecht and Boston, Kluwer Academic Publisher.

Nowotny, Helga, M. Gibbons and P. Scott (2001) *Re-thinking Science: Knowledge and the Public in an Age of Uncertainty*, Cambridge, Polity Press.

Nye, Mary-Jo (1983) *The Question of the Atom: From the Karlsruhe Congress to the Solvay Conference, 1890-1911*, Los Angeles, Tomash.

Nye, Mary-Jo (1993) *From Chemical Philosophy to Theoretical Chemistry: Dynamics of Matter and Dynamics of Discipline, 1800-1950*, Berkeley, University of California Press.

Observatoire fran. ais des techniques avancées (2001) *Biomimétisme et matériaux*, Paris, éditions TEC & DOC.

Olby, Robert (1974) *The Path to the Double Helix: The Discovery of DNA*, Seattle, University of Washington Press.

Ostwald, Friedrich W. (1895) 'Über die Überwindung des wissenschaftlichen Materialismus,' *Verhanlungen der Gessellschaft deutscher Naturforscher und . Ärtze*, 155-168, French trans. (1895) 'La déroute de l'atomisme contemporain' *Revue générale des sciences pures et appliquées*, **21**: 935-948.

Paneth, Friedrich A. (1931) 'The Epistemological Status of the Concept of Element' *British Journal for the Philosophy of Science*, **13** (1962): 1-14, 144-160, reprinted in *Foundations of Chemistry*, **5** (2003): 113-145 (original German lecture given in 1931).

Pauling, Linus (1950) *College Chemistry*, New York, Freeman.

Perrin, Jean (1913) *Les atomes*, reprint Paris, Flammarion, 1991.

Pestre, Dominique (2003) *Science, argent et politique. Un essai d'interprétation*, Paris, INRA.

Petroski, Henry (1992) *To Engineer is Human. The Role of Failure in Successful Design*, New York, Vintage Books.

Polanyi, Michael (1958) *Personal Knowledge. Towards a Post-Critical Philosophy*, London, Routledge and Kegan Paul. Pouchard, Michel (2003) 'Chimie omniprésente, sa force, ses faiblesses' *La lettre de l'Académie des sciences*, **10**: 4-7.

Powers, Richard (1998) *Gain*, New York, Picador.

Principe, Lawrence (1998) *The Aspiring Adept. Robert Boyle and His Alchemical Quest*, Princeton, NJ, Princeton University Press.

Psarros, Nikos (1998) 'What has Philosophy to Offer to Chemistry?' *Foundations of Science* **1**: 183-202.

Quine, William O. (1961) *From a Logical Point of View: 9 Logico-Philosophical Essays*, 2nd edition, Cambridge, MA, Harvard University Press.

Ramberg, Peter (2000) 'The Death of Vitalism and the Birth of Organic

Chemistry: Wölher's Urea Synthesis and the Disciplinary Identity of Chemistry' *Ambix*, **47**: 170-195.

Ramberg, Peter (2001) 'Paper Tools and Fictional Worlds: Prediction, Synthesis, and Auxiliary Hypotheses in Chemistry' in U. Klein (ed.) *Tools and Modes of Representation in the Laboratory Sciences*, Dordrecht, Kluwer, pp. 61-78.

Ramsey, Jeffrey L. (1999) 'Recent Work in the History and Philosophy of Chemistry' *Perspectives on Science*, **6**: 409-426.

Rees, Martin (2003) *Our Final Hour. A Scientist's Warning, How Terror, Error, and Environmental Disaster Threaten Humankind's Future In This Century — On Earth and Beyond*, New York, Basic Books.

Reinhardt, Carsten (1998) 'An Instrument of Corporate Strategy: The Central Research Laboratory at BASF 1868-1890' in E. Homburg, A. Travis and H. Schr. ter (eds) *The Chemical Industry in Europe, 1850-1914: Industrial Growth, Pollution, and Professionalization*, Dordrecht, Kluwer, pp. 239-260.

Reinhardt, Carsten (2006) *Shifting and Reappraising. Physical Methods and the Transformation of Modern Chemistry*, Dagamore Beach, Science History Publications.

Renault, Emmanuel (2003) *Philosophie chimique. Hegel et la science dynamiste de son temps*, Bordeaux, Presses universitaires de Bordeaux.

Rey, Abel (1908) *L'énergétique et le mécanisme au point de vue des conditions de la connaissance*, Paris, Félix Alcan.

Rhees, David J. (1993) 'Corporate Advertising, Public Relations and Popular Exhibits: The Case of Du Pont' in B. Schroeder-Gudehus (ed.) *Industrial Society and its Museums 1890-1990*, London, Harwood Academic Publishers, pp. 67-76.

Rip, Arie (1991) 'The Danger Culture of Industrial Society' in R. E.

Kasperson and P. J. M. Stallen （eds） *Communicating Risks to the Public*, Dordrecht, Kluwer, pp. 345-365.

Riskin, Jessica （2002） *Science in the Age of Sensibility. The Sentimental Empiricists of the French Enlightenment*, Chicago, University of Chicago Press.

Roberts, Lissa （1991） 'Setting the Table: The Disciplinary Development of Eighteenth-Century Chemistry as Read through the Changing Structure of its Tables' in P. Dear （ed.） *The Literary Structure of Scientific Argument*, Philadelphia, University of Pennsylvania Press, pp. 99-132.

Roberts, Lissa （1995） 'The Death of the Sensuous Chemist: The New Chemistry and the Transformation of Sensuous Technology' *Studies in the History and Philosophy of Science*, **26**, 4: 503-529.

Rocke, Alan J. （1984） *Chemical Atomism in the Nineteenth Century, From Dalton to Cannizzaro*, Columbus, Ohio State University Press.

Rocke, Alan J. （1993） *The Quiet Revolution: Hermann Kolbe and the Science of Organic Chemistry*, Berkeley, University of California Press.

Rocke, Alan J. （2001） *Nationalizing Science. Adolphe Wurtz and the Battle for French Chemistry*, Cambridge, MA, MIT Press.

Roco, Mihail C. , Richard S. Williams, and Paul Alivisastos （2000） *Nanotechnology. Research Directions IWGN Interagency Working Group on Nanoscience Workshop Report*, Dordrecht and Boston, Kluwer.

Rousseau, Jean-Jacques （n. d.） *Institutions chymiques*, reprint Paris, Fayard, 1999.

Rouxel, Jean, Michel Tournoux, and Raymond Brec （eds） （1994） *Soft Chemistry Routes to New Materials*, Switzerland, Trans. Tech. Publications.

Russell, Colin （1987） 'The Changing Role of Synthesis in Organic Chemistry' *Ambix*, **34**: 169-180.

Ruthenberg, Klaus (1993) 'Friedrich Adolph Paneth (1887-1938)' *Hyle: An International Journal in the Philosophy of Chemistry*, **3**: 103-106.

Sainte-Claire Deville, Henri (1886-1887) 'Le. ons sur l' affinité chimique' in *Le. ons de la Société chimique de Paris*, Paris.

Scerri, Eric R. (2000) 'The Failure of Reduction and How to Resist Disunity of the Sciences in the Context of Chemical Education' *Science & Education*, **9**: 405-425.

Scerri, Eric R. (2007) *The Periodic Table. Its Story and Its Significance*, Oxford, Oxford University Press.

Scerri, Eric R. and Lee McIntyre (1997) 'The Case For the Philosophy of Chemistry' *Synthese*, **111**: 213-232.

Scheidecker, Myriam (1997) 'A. E. Baudrimont (1806-1880): Les liens entre sa chimie et sa philosophie des sciences' *Archives internationale d'histoire des sciences*, **47**: 26-56.

Schummer, Joachim (2003a) 'The Philosophy of Chemistry' *Endeavour*, **27**: 37-41.

Schummer, Joachim (2003b) 'The Notion of Nature in Chemistry' *Studies in History and Philosophy of Science*, **34**: 705-736.

Schummer, Joachim, Bernadette Bensaude-Vincent, and Brigitte Van Tiggelen (eds) (2007) *The Public Image of Chemistry*, Singapore, World Scientific Publishing.

Serres, Michel (1990) *Le contrat naturel*, Paris, François Bourin.

Shapin, Steven and Simon Schaffer (1985) *Leviathan and the Air Pump: Hobbes, Boyle, and the Experimental Life*, Princeton, Princeton University Press.

Siegfried, Robert (2002) *From Elements to Atoms, A History of Chemical Composition*, Philadelphia, American Chemical Philosophy.

Siegfried, Robert, and Betty Dobbs (1968) 'Composition: A Neglected Aspect of the Chemical Revolution' *Annals of Science*, **24**: 275-293.

Sim. es, Ana （2002） ' Dirac ' s Claim and the Chemists ' *Physics in Perspective*, **4**: 253-266.

Simon, Jonathan （2002） ' Analysis and the Hierarchy of Nature in Eighteenth-Century Chemistry ' *British Journal for the History of Science*, **35**: 1-16.

Simon, Jonathan （2002b） ' Authority and Authorship in the Method of Chemical Nomenclature' *Ambix*, **49**: 207-227.

Simon, Jonathan （2005） *Chemistry, Pharmacy and Revolution in France, 1777-1809*, Aldershot, Ashgate.

Smalley, Richard （2001） ' Of Chemistry, Love and Nanobots ' *Scientific American*, **285**: 76-77.

Smith, Pamela H. （1994） *The Business of Alchemy: Science and Culture in the Holy Roman Empire*, Princeton, Princeton University Press.

Stahl, Georg Ernst （1730） *Philosophical Principles of Universal Chemistry*, London, Osborn and Longman. A translation by Peter Shaw of *Fundamenta Chymiae Dogmaticorationalis et Experimentalis*, Nuremberg, 1723.

Stengers, Isabelle （1995） ' Ambiguous Affinity: The Newtonian Dream of Chemistry in the Eighteenth-Century' in M. Serres （ed.） *A History of Scientific Thought*, Oxford, Blackwell, pp. 372-400.

Stengers, Isabelle （1997） *Cosmopolitiques*, Paris, éditions Synthélabo, 7 Vols.

Stengers, Isabelle and B. Bensaude-Vincent （2003） *Cent mots pour commencer à penser les sciences*, Paris, Seuil.

Thenard, Jacques-Louis （1834-1836） *Traité élémentaire de chimie théorique et pratique*, 6th edition, Paris, Gauthier-Villars.

Travis, Anthony S., Willem J. Hornix and Robert Bud （1992） ' Organic Chemistry and High Technology, 1850-1950, *The British Journal for the History of Science*, **25**: pp. 1-4.

Urbain, Georges (1921) *Les disciplines d'une science*, Paris, Doin.

Urbain, Georges (1925) *Les notions fondamentales d'élément chimique et d'atome*, Paris, Gauthier-Villars.

Van Brakel, Jaap (2000) *Philosophy of Chemistry*, Leuven, Leuven University Press.

Van Spronsen, Jan W. (1969) *The Periodic System. A History of the First Hundred Years*, Amsterdam, Elsevier.

Van Helmont, Jan Baptist (1648) *Ortus Medicinae*, Amsterdam, Elzevir, reprint Brussels, Culture et Civilisation, 1966.

Whitesides, George M., J. P. Mathias, and C. T. Seto (1991) 'Molecular Self-Assembly and Nanochemistry: A Chemical Strategy for the Synthesis of Nanostructures' *Science*, **254**: 1312-1319.

Whitesides, George M. (1995) 'Self-Assembling Materials' *Scientific American*, September: 146-149.

Whitesides, George M. (2001) 'The Once and Future Nanomachine' *Scientific American*, **285**: 78-83.

Woodward, Robert Burns (1956) 'Synthesis' in A. Todd (ed.) *Perspectives in Organic Chemistry*, New York, Interscience Publishers, pp. 155-184.

Wurtz, C. Adolphe (1868-1878) *Dictionnaire de chimie pure et appliquée*, Paris, Hachette, 3 Vols.

Wurtz, C. Adolphe (1877) 'Réponse à M. Berthelot sur l'atome' *Comptes-rendus de l'Académie des sciences*, **84**, 23: 1264-1268.

Xiang, Xiao-Dong, Xiaodong Sun, Gabriel Briceño, Yulin Lou, Kai-An Wang, Hauyee Chang, William G. Wallace-Freedman, Sung-Wei Chen and Peter G. Schultz (1995) 'A Combinatorial Approach to Materials Discovery' *Science*, **268**: 1738-1740.

Xiang, Xiao-Dong (1999) 'Combinatorial Materials Synthesis and

Screening: An Integrated Materials Chip Approach to Discovery and Optimization of Functional Materials ' *Annual Review of Materials Science*, **29**: 149-171.

Zhang, Shuguang （2003） ' Fabrication of Novel Biomaterials Through Molecular Self-Assembly ' *Nature Biotechnology*, **21**, 10: 1171-1178.

Website

History and philosophy of chemistry site: http://www. hyle. org/